浙江省自然科学基金杰出青年科学基金（LR16B070001）
国家自然科学基金优秀青年科学基金（41522108）
国家重点研发计划项目子课题（2017YFD0800103）
国家科技重大专项课题（2018ZX07208009）
资助出版

土壤胶体磷储存与流失阻控

梁新强　主编

科学出版社
北　京

内 容 简 介

本书主要介绍了当前农业面源污染研究中有关胶体促发的土壤磷流失现状，揭示了胶体作为中间介质对磷元素迁移的重要作用，探明了多种农田土壤胶体磷的流失潜能、阻滞系数及其差异性，考察了土壤酸度变化、保护性耕作与多样化轮作、降雨和磷肥输入、施加生物炭等土壤调理剂对土壤胶体磷释放及流失的影响规律，并提出了土壤胶体磷流失的有效阻控对策。

本书适合环境学、土壤学、水科学、生态学、农学等领域的科研工作者和工程技术人员阅读，特别是从事农业面源污染防治研究的广大科技人员，对从事环境保护、生态保护和农业可持续发展的政府管理与决策者也有重要的参考价值。

图书在版编目（CIP）数据

土壤胶体磷储存与流失阻控/梁新强主编. —北京：科学出版社，2020.5

ISBN 978-7-03-065074-0

Ⅰ. ①土… Ⅱ. ①梁… Ⅲ. ①耕作土壤—土壤胶体—土壤磷素—养分流失—研究 Ⅳ. ①S153.3

中国版本图书馆 CIP 数据核字（2020）第 082038 号

责任编辑：朱 丽 郭允允 程雷星/责任校对：樊雅琼
责任印制：吴兆东/封面设计：图阅盛世

科 学 出 版 社 出版

北京东黄城根北街 16 号
邮政编码：100717
http://www.sciencep.com

北京虎彩文化传播有限公司印刷

科学出版社发行 各地新华书店经销

*

2020 年 5 月第 一 版 开本：787×1092 1/16
2020 年 5 月第一次印刷 印张：13 1/2
字数：320 000

定价：118.00 元

（如有印装质量问题，我社负责调换）

编 委 会

主　　编：梁新强

编委会成员：杨　姣　刘　瑾　何　霜　陈玲玲　王飞儿
闫大伟　刘子闻　赵　越　田光明

前　言

土壤胶体以巨大的比表面积、强大的吸附性能及多样的表面官能团，在污染物储存形态、迁移转化等生物地球化学循环过程中起到重要作用。胶体易化磷元素运移已成为农业面源磷污染的重要形式，因此，控制胶体磷从土壤向水体的流失至关重要。本书关于土壤胶体磷储存与调控的介绍可丰富当前在土壤磷储存形态、流失机制及阻控技术方面的研究成果。

本书共15章。第1章，回顾了农业面源污染、土壤磷的储存形态、胶体促发的土壤磷流失、影响胶体磷活化迁移的因素、土壤胶体磷存在的双重效应、农业面源胶体磷流失原位控制策略的研究现状。第2章，发现了胶体作为中间介质对磷元素从真溶解态向大颗粒态运移的动态过程起到维稳缓冲作用。第3章，探明了多种农田土壤真溶解态磷、胶体磷的流失潜能及其差异性。第4章，明确了我国南方典型稻田土壤胶体磷储存与释放的影响机制。第5章，分析了全国水稻主产区稻田土壤胶体磷含量的地带性差异。第6章，探究了不同pH影响下稻田和菜地土壤胶体磷的分子形态及其流失机制。第7章，明确了保护性耕作与多样化轮作对不同时期稻田土壤胶体磷储存规律的影响。第8章，考察了降雨和施肥对水稻田田面水和稻田排水径流中的胶体磷流失贡献的影响。第9～11章，评估了胶体磷在稻田土壤剖面中的分布特征、田面水中的流失风险及其与磷肥输入的关系。第12章，探究了施加粪源生物炭（简称粪源炭）对土壤胶体磷释放的影响规律。第13章，弄清了不同土地利用类型土壤中胶体磷的阻滞系数。第14章，建立了可以预测土壤胶体磷流失潜能的线性回归模型。第15章，考察了PAM和生物质炭施用对土壤胶体磷流失的联合阻控效应。

近年来，浙江大学环境与资源学院梁新强教授课题组在浙江省自然科学基金杰出青年科学基金（LR16B070001）、国家自然科学基金优秀青年科学基金（41522108）、国家重点研发计划项目子课题（2017YFD0800103）、国家科技重大专项课题（2018ZX07208009）等资助下，基于面上调查、田间定位试验、野外观测试验和室内模拟试验等手段，利用理化分析、计算机综合模拟等方法，开展了大量的农业面源污染过程与防治研究工作。本书以土壤胶体磷储存与流失阻控为主要内容，参考国内外该领域的最新研究进展，在参加该课题的博士研究生、硕士研究生发表相关论文基础上编著而成。

本书所用的许多资料含有诸多创新理论和学术观点，对发展我国农业面源污染控制理论具有较大的贡献。书中提出的土壤胶体磷流失防治对策大多来源于田间实际，是切实可行的，一些来自室内模拟和温室试验，在实际应用过程中可能会出现偏颇，有待实践检验。

我们在为完成科研任务而感到欣喜的同时，也深深感受到目前的成果只是冰山一角，科学永无止境，未来任重道远。在这百家争鸣、百舸争流的时代，书中所提出的一些建议和观点如能被读者参考、认可或采纳，我们将感到十分欣慰。同时，限于作者水平，书中仍有可能出现疏漏之处，恳请读者指正，以求再版时进行修改和完善。

作　者

2020年1月

目　录

前言
第 1 章　绪论 …… 1
1.1　农业面源污染形势 …… 1
1.2　土壤磷的储存形态 …… 2
1.3　胶体促发的土壤磷流失 …… 12
1.4　影响胶体磷活化迁移的因素 …… 19
1.5　土壤胶体磷存在的双重效应 …… 20
1.6　农业面源胶体磷流失原位控制策略 …… 22
参考文献 …… 29
第 2 章　胶体磷在典型面源污染河流中的分布特征 …… 40
2.1　引言 …… 40
2.2　试验设计与分析方法 …… 41
2.3　东苕溪磷元素粒径分布特征 …… 43
2.4　东苕溪磷元素组分特征 …… 44
2.5　胶体颗粒浓度效应分析 …… 46
2.6　河流胶体磷浓度变化原因分析 …… 46
2.7　小结 …… 48
参考文献 …… 48
第 3 章　稻田与其他土地利用类型土壤胶体磷的差异性 …… 51
3.1　引言 …… 51
3.2　试验设计与分析方法 …… 51
3.3　土壤胶体及胶体磷流失潜能 …… 52
3.4　土壤不同活性磷组分的分布特征 …… 53
3.5　土壤胶体磷流失潜能与不同活性磷组分的相关性分析 …… 54
3.6　不同土地利用类型土壤胶体磷差异原因分析 …… 55
3.7　小结 …… 57
参考文献 …… 58
第 4 章　稻田土壤基本理化性质与胶体磷储存的影响机制 …… 60
4.1　引言 …… 60
4.2　试验设计与分析方法 …… 60
4.3　南方典型稻田土壤的基本理化性质及遗产磷的储存情况 …… 63
4.4　南方典型稻田土壤中部分金属（Mg、Fe、Al、Ca）含量 …… 66

4.5　南方典型稻田土壤中不同形态磷元素组成 …… 69
4.6　稻田土壤中胶体磷的影响因素分析 …… 73
4.7　小结 …… 77
参考文献 …… 78
第 5 章　稻田土壤团聚体对胶体磷含量的影响 …… 79
5.1　引言 …… 79
5.2　试验设计与分析方法 …… 79
5.3　稻田土壤水稳性大团聚体含量总体特征 …… 81
5.4　稻田土壤胶体磷含量总体特征 …… 85
5.5　稻田土壤胶体磷含量稻区特征 …… 87
5.6　稻田土壤胶体磷含量影响因素 …… 88
5.7　小结 …… 90
参考文献 …… 90
第 6 章　土壤酸度对胶体磷流失的影响 …… 92
6.1　引言 …… 92
6.2　试验设计与分析方法 …… 92
6.3　pH 促发的土壤胶体及磷元素活化 …… 94
6.4　土壤胶体磷形态表征 …… 97
6.5　讨论 …… 100
6.6　小结 …… 103
参考文献 …… 103
第 7 章　保护性耕作及多样化轮作对稻田土壤胶体磷的影响 …… 105
7.1　引言 …… 105
7.2　试验设计与分析方法 …… 105
7.3　保护性耕作及多样化轮作下稻田土壤总磷含量变化特征 …… 107
7.4　保护性耕作及多样化轮作下稻田土壤胶体磷含量变化特征 …… 109
7.5　保护性耕作及多样化轮作下稻田土壤胶体磷分子形态表征 …… 113
7.6　保护性耕作与多样化轮作调控胶体磷的原因分析 …… 116
7.7　小结 …… 117
参考文献 …… 118
第 8 章　典型稻田田面水和排水胶体磷流失规律研究 …… 120
8.1　引言 …… 120
8.2　试验设计与分析方法 …… 120
8.3　稻田降雨-产流过程中胶体磷流失贡献的动态变化 …… 121
8.4　稻田田面水和排水径流中胶体磷流失规律 …… 123
8.5　稻田田面水与排水径流中胶体 MRP 和 MUP 含量 …… 125
8.6　稻田田面水和排水径流中胶体磷的赋存形态分析 …… 127
8.7　小结 …… 128

参考文献 128
第 9 章 不同施肥下稻田田面水胶体磷的分布特征 130
9.1 引言 130
9.2 试验设计与分析方法 130
9.3 气象水文参数变化情况记录 133
9.4 稻田田面水总磷浓度变化 133
9.5 稻田田面水胶体磷分布特征 134
9.6 稻田田面水无机磷与有机磷的分布变化 136
9.7 无机磷在不同粒级上的变化 138
9.8 各粒级磷浓度随施肥时间的回归分析 138
9.9 小结 139
参考文献 140
第 10 章 不同施肥下稻田径流排水中胶体磷的流失规律 141
10.1 引言 141
10.2 试验设计与分析方法 141
10.3 稻田径流中磷元素粒径组成 142
10.4 稻田径流中无机磷与有机磷的组成 143
10.5 稻田径流中胶体态元素的含量特征 144
10.6 稻田径流中各粒级磷的活性强度 145
10.7 小结 146
参考文献 147
第 11 章 不同施肥对稻田土壤剖面胶体磷的影响 148
11.1 引言 148
11.2 试验设计与分析方法 148
11.3 施肥对水稻产量与磷元素利用的影响 149
11.4 施肥对土壤总磷剖面分布的影响 150
11.5 施肥对土壤剖面胶体释放量的影响 151
11.6 土壤胶体形貌/官能团/晶体结构特征 152
11.7 施肥对土壤胶体磷剖面分布的影响 155
11.8 施肥影响下无机磷和有机磷在胶体和溶解相的分布 158
11.9 小结 159
参考文献 160
第 12 章 粪源炭对稻田土壤胶体磷释放的影响 161
12.1 引言 161
12.2 试验设计与分析方法 161
12.3 不同粪源炭的基本理化性质分析 163
12.4 不同种类粪源炭对土壤 pH、TC、TN 的影响 164
12.5 不同种类粪源炭对土壤 TP 和 Olsen-P 含量的影响 168

12.6　不同种类粪源炭对土壤胶体磷释放规律的影响 ……171
12.7　施加粪源炭后不同土壤中胶体磷流失潜能的预测 ……177
12.8　小结……178
参考文献……179
第 13 章　PAM 对土壤胶体磷迁移阻滞系数的影响……181
13.1　引言……181
13.2　试验设计与分析方法……181
13.3　PAM 对土壤中胶体磷的流失的影响 ……183
13.4　土壤对胶体磷的迁移阻滞的作用 ……184
13.5　小结……186
参考文献……187
第 14 章　PAM 对稻田土壤胶体磷释放阻控效应……188
14.1　引言……188
14.2　试验设计与分析方法……188
14.3　不同 PAM 施加量对土壤胶体磷流失潜能的影响……188
14.4　施加 PAM 后的不同质地土壤的胶体磷流失潜能的预测……193
14.5　土壤水分散性胶体的微观结构……194
14.6　PAM 调控胶体磷释放的原因分析……195
14.7　小结……197
参考文献……197
第 15 章　PAM 和生物质炭联合施用对稻田土壤胶体磷释放的影响 ……198
15.1　引言……198
15.2　试验设计与分析方法……198
15.3　生物质炭对稻田土壤水稳性大团聚体含量的影响 ……199
15.4　生物质炭对稻田土壤水分散性胶体含量的影响 ……200
15.5　生物质炭对稻田土壤胶体磷含量的影响 ……201
15.6　生物质炭添加下稻田土壤胶体磷流失因子方差分析 ……203
15.7　小结……205
参考文献……205

第1章 绪 论

1.1 农业面源污染形势

1.1.1 农业面源污染现状

农业面源污染及其引发的地表水体富营养化已成为当今环境领域的世界性难题，也是我国水体污染控制的核心问题（柴世伟等，2007）。早在20世纪90年代，美国评估报告已指出农业面源污染是面源污染的主要贡献源，其贡献量高达68%～83%，影响到50%～70%的地表水体（蒋茂贵等，2009）；丹麦、日本等发达国家也意识到农业面源污染对地表水氮磷的贡献不容忽视，直接影响到地表水体的质量控制目标（何萍和王家骥，1999）。我国农业面源诱发的水体污染问题至20世纪70年代以后日益突出，主要体现在滇池、太湖和巢湖等大型湖泊，淮河、汉江、珠江、葛洲坝水库、三峡水库等典型河流水体中氮、磷富营养化问题急剧恶化，部分湖泊、河流水质氮磷指标已达劣五类，其中农业面源污染是水体富营养化的主要贡献源（张维理等，2004）。2007年太湖大规模蓝藻暴发，直接导致无锡等城市自来水供给中断，严重影响了当地居民的正常生活及身心健康。鉴于农业面源污染及水体富营养化的严峻形势，我国根据《国家中长期科学和技术发展规划纲要（2006—2020年）》，在“十一五”期间设立了水体污染控制与治理科技重大专项，以缓解我国能源、资源和环境的瓶颈制约，为推进我国水体污染控制与治理提供强有力的科技支撑，体现了我国政府对农业面源污染及水体富营养化控制的高度重视。

1.1.2 农业面源磷污染研究状况

长期以来，氮、磷浓度高被认为是水体富营养化的主要促发因子。在区域尺度上针对长江流域40多个湖泊的野外试验结果表明富营养化治理的当务之急是集中控磷、放宽控氮，以大幅度降低处理成本（Wang et al.，2008）。《美国国家科学院院刊》（*Proceedings of the National Academy of Science of the United State of America*，PNAS）发表了针对安大略某湖泊近40年施肥实验的研究结果，表明削减氮的输入会大大促进固氮蓝藻的发展，只要磷充足且有足够的时间，固氮过程就可使藻类总生物量达到较高水平，从而使湖泊保持高度富营养状态（Schindler et al.，2008）。可见，开展针对农业面源磷污染的区域环境综合治理是推进水体富营养化控制进程的关键。

长期以来，多数对于土壤污染物运移过程的研究将土壤视为一个由可移动的水相和不可移动的土壤基质组成的两相系统，污染物只有溶解于水相才能迁移，因此通常认为污染物在土壤中的迁移能力主要取决于其在水相和固相间的分配比例（Mccarthy and Zachara，

1989)。土壤磷吸附性能强，传统观点通常以0.45μm为界将磷分为溶解态磷和颗粒态磷。虽然溶解态的钼蓝活性磷被认为可直接被藻类吸收利用，对水体富营养化具有最直接的影响，而众多研究也早已表明颗粒态磷在农田磷元素流失中占了相当大的比重。例如，在芬兰南部两处人工排水的农田，连续三年91次对地表径流和浅层地表排水中磷元素组成的检测结果表明，颗粒态磷占总磷流失量的63%～99%（Uusitalo et al.，2001)。Beauchemin等（1998）针对加拿大魁北克27个不同土壤黏粒含量的点位进行监测，发现连续两年的农田排水中大于50%的总磷以颗粒态磷流失。在我国东南沿海的西苕溪流域，梁涛等（2003）研究了当地五种代表性土地利用类型农田土壤磷元素随暴雨径流的迁移特征，发现颗粒态磷占地表径流中总磷的绝大部分（88%～98%)。黄满湘等（2002）利用室内模拟降雨径流试验发现：不同径流时段颗粒态磷占径流流失磷的91%以上，表明土壤磷通过侵蚀泥沙吸附以颗粒态形式流失是它们随地表径流迁移的主要方式；事实上，降雨产流过程中，只有一薄层表层土壤与雨水径流作用，仅少量磷溶出以溶解态磷流失。在自然降雨条件下，对瓜地和菜地径流液中颗粒组成与养分变化特征的研究表明：流失颗粒携带的养分含量与颗粒含量显著正相关（胡宏祥等，2007)。农田径流泥沙及其携带的磷元素流失不仅使土壤粗骨化，造成养分浪费，而且径流泥沙进入水体后会逐渐释放大量磷，恶化水体水质。Fan等（2001）实验研究了沉积物再悬浮对太湖梅梁湾和五里湖水体磷的贡献量，表明在静置条件下两个湖泊泥沙溶解态活性磷在4h的释放量分别仅为1.53mg/m^{2}和2.24mg/m^2；而在紊动再悬浮条件下，二者在1h的释放量即分别高达1.77mg/m^{2}和23.1mg/m^2。可见，侵蚀泥沙进入受纳水体，其所储存、携带的磷在适当环境条件下释放是水体富营养化的重要潜在污染源（Sekula-Wood et al.，2012)。

颗粒粒径及其表面性质是影响磷在土水界面吸附解吸、迁移转化行为的最关键因子。不同粒径颗粒对磷的富集作用不同（晏维金等，2000)。细颗粒物是农田土壤磷元素迁移的主要载体（陈洪松和邵明安，2000)。越来越多的研究认识到：传统以0.45μm为界划分的溶解态磷和颗粒态磷并不是真正界线，它忽略了与两者均有重叠的第三种形态——胶体态（Hens and Merckx，2002)。土壤胶体比表面积大、吸附性能强、表面官能团多样，在磷元素储存形态、迁移转化等生物地球化学循环过程中起到相当重要的作用，是磷元素在土壤及土水界面运移的潜在动力（Chen and Zheng，2010)。新近研究表明胶体易化运移是土壤溶液、河流、湖泊等地表水体以及农业面源污染中磷元素迁移的重要途径（Heathwaite et al.，2005)。

1.2　土壤磷的储存形态

1.2.1　土壤磷循环及周转

磷作为地球生命系统的主要营养元素及生态系统中常见的营养限制因子，其循环影响着包括碳、氮循环在内的多种元素的生物地球化学循环过程。土壤作为主要的磷库，土壤磷循环是自然界磷元素循环的关键。受地球生物化学过程与人类活动的影响，植物残体还田、无机/有机肥料过量施用使土壤磷元素日趋累积。例如，我国土壤含磷量一般在310～

1720mg/kg，很大程度上受土壤母质、气候条件、地理位置及施肥方式等因素影响，分布具有明显的地带性差异（王永壮等，2013）。磷元素在土壤固液两相中以多种形态存在，不仅包括溶解性磷酸盐、铁（铝）氧化物结合态磷、含钙矿物结合态磷、黏土矿物结合态磷等无机磷，还包括微生物磷、活性和稳定性的有机磷，同时不同磷各形态之间常发生循环周转。土壤磷循环过程复杂，涉及吸附-解吸、沉淀-溶解、矿化-固定等多种化学和生物化学过程，受成土过程、生物活动、土壤溶液化学（如 pH、离子强度、氧化还原电位）及多种环境因素（如土壤水热）等影响（Pierzynski et al.，2005）。

土壤无机磷是土壤磷的主体成分，多数土壤中的磷来自原生矿物磷灰石，包括氟磷灰石、氯磷灰石、羟基磷灰石、碳磷灰石[$Ca_{10}(X)(PO_4)_6$，X代表 F^-、Cl^-、OH^-、CO_3^{2-}]（张林等，2009）。随着土壤风化，磷灰石通过逐渐溶解，向磷酸铁/铝盐及有机磷酸盐转化而被植物利用。极少量的无机磷以 $H_2PO_4^-$ 和 HPO_4^{2-} 离子形式存在，在土体中主要通过扩散作用迁移被植物根系利用，其含量受土壤 pH、施肥管理等因素影响。其余大部分无机磷以铁、铝、钙盐的矿物形式存在。一部分溶解性无机磷酸盐可交换黏土矿物、铁/铝水合氧化物、碳酸盐表面或边缘的 H_2O 或 OH^-以单齿配位或双齿配位的形式被吸持。例如，当施肥后的短期内导致土壤溶液中正磷酸盐含量较高时，正磷酸盐可通过沉淀作用形成铁、铝、钙的次生矿物磷，该部分磷可通过溶解作用被植物利用（Tiessen et al.，1984）。一般而言，土壤无机磷受土壤 pH 影响很大，在石灰性土壤中以含钙矿物结合态磷为主，而在酸性土壤中以铁（铝）氧化物结合态磷为主（王永壮等，2013）。

土壤有机磷一般占总磷的 30%～65%，在成土过程中，土壤有机磷的累积常伴随土壤有机质的累积过程，因而在高有机质土壤中有机磷可高达总磷的 90%（Condron et al.，2005）。土壤有机磷以与有机基团结合为特征，来源于土壤动植物残体，由土壤生物合成。根据分子结构差异，目前土壤有机磷形态常分为正磷酸酯、膦酸盐以及磷酸酐。根据每个磷结合碳基团的个数，土壤中自然形成的正磷酸酯（C—O—P）包括正磷酸单酯和正磷酸二酯。大多数土壤中有机磷以正磷酸单酯为主，尤其是肌醇磷酸盐，包括一磷酸盐到六磷酸盐的一系列磷酸盐，其中肌醇六磷酸盐占较大比例，是最稳定的一种有机磷形态，存在多种异构体，以肌-肌醇六磷酸盐（又称植酸磷）最为常见，通常是土壤有机磷的主体成分（严玉鹏等，2012）。正磷酸二酯包括核酸、磷脂、磷壁酸等，农田土壤中的含量通常低于 10%。膦酸盐是含有碳磷键（C—P）的有机磷，比磷酸酯键更稳定，通常在寒冷、湿润或酸性环境下容易累积；多聚磷酸盐是磷酸酐的代表，是正磷酸残体通过高能磷酸酐键形成的线型多聚物，并且在土壤中多聚磷酸盐多为无机磷，少量以有机磷形式存在，而焦磷酸盐是两个正磷酸酐的聚合物，在土壤中含量通常不超过 5%（Turner et al.，2005）。相比无机磷，土壤有机磷形态更为复杂，受当前提取及分析技术的限制，仍有大量有机磷形态未被识别（Turner et al.，2012）。有机磷的矿化，尤其在缺磷土壤中，对磷循环及植物可利用磷的补给具有重要作用，矿化过程主要受土壤微生物活动及磷酸酶活性影响，两者随土壤碳磷比、水热条件、耕作管理等因素的差异而不同（Turner and Newman，2005）。

综上可知，土壤磷储存形态多样，周转过程复杂。鉴于土壤磷形态决定了土壤供磷能力及磷元素流失环境风险的差异。因此，减少磷元素污染，提高作物磷利用率，有效甄别土壤中各种磷形态成为环境学及农学领域共同关注的焦点（Toor et al.，2006；Kizewski et al.，2011）。

1.2.2 土壤磷储存形态的表征

目前土壤磷形态方面的研究仍不完善，一方面土壤磷元素组成本身具有复杂性和多变性，另一方面也与研究手段的局限性有关。长期以来，土壤磷形态表征多借助于化学连续提取法（chemical sequential fractionation），即将化学组成或分解矿化能力较为接近的一类化合物归为相同组分，分别以依次渐强的化学提取剂分级提取（Hedley and Stewart，1982）。多年来，在化学连续提取法研究磷元素组分的发展过程中形成了众多适用于不同土壤类型的提取方法，但由于提取剂缺乏专一性以及不同分级提取间的相互干扰等，该方法得到的磷分级仅具有操作意义，并不能确切反映土壤磷的真实形态（Hunger et al.，2005）。另外，在土壤磷含量测定方法中，当前应用最广泛的为钼蓝比色法，即在一定酸性条件下，正磷酸盐与钼酸铵反应，在锑盐存在的情况下形成磷钼杂多酸，之后被抗坏血酸还原，生成蓝色络合物，通过比色法定量（鲁如坤，2000）。由于该方法简单易行，实际操作中常作为无机磷的检测手段，总磷测定时经过消解前处理，将有机磷氧化成无机磷，再进行钼蓝比色，有机磷以总磷与无机磷的差值计算而得。事实上，以钼蓝比色法测得的仅是可与钼酸盐反应的正磷酸盐，称为钼蓝反应磷（molybdate reactive P，MRP）。而一些复杂的无机焦磷酸盐及多聚磷酸盐因不与钼酸盐反应而不能被检测，被归入钼酸盐非反应磷（molybdate unreactive P，MUP）（Turner，2004）。可见，MRP、MUP 并不能和无机磷、有机磷一一等同，以钼蓝比色法对无机磷、有机磷进行定量分析时存在误差，需借助更加先进精准的技术对磷形态及其含量进行表征。近年来兴起的同步辐射 X 射线吸收近边结构谱（synchrotron-based X-ray absorption spectroscopy，XAS）技术以及 ^{31}P 核磁共振（nuclear magnetic resonance，NMR）光谱技术因可在分子水平上表征土壤磷形态，大大推进了土壤磷形态及其环境化学过程的研究进程。

1.2.3 同步辐射 X 射线吸收近边结构谱技术在磷形态表征中的应用

基于同步辐射光源的 X 射线吸收结构谱技术对固、液、气三相样品均可实现元素氧化还原状态的原位探测，在分子水平上给出目标元素周围的局部结构和化学信息（Lombi et al.，2006），在非破坏性、原位直接等方面体现出其独特的优越性（Kizewski et al.，2011）。近年来，该技术已广泛应用于环境领域，成为环境介质中磷元素形态表征的前沿技术。

1. 磷的 XAS 技术简介

物质受 X 射线照射时，入射 X 射线强度随物质吸收呈指数型衰减。入射 X 射线强度为 I_0，物质的 X 射线吸收系数为 μ，X 射线作用于物质的厚度为 d，则衰减后强度 $I = I_0 e^{-\mu d}$。在特定能量处，内壳层（K、L 或 M）电子被激发，由基态向外部空轨道跃迁，吸收系数突增，此处对应的能量称为吸收边（E_0）。E_0 对应于原子中受激光电子的束缚能，具有元素特异性。同时，针对同种元素，随原子周围局部化学环境的不同，E_0 所处的位置有所差异。吸收系数在 E_0 附近一定能量范围内的振荡即为 XAS 谱，由此可以获得凝聚态物质复杂体系中目标原子的氧化还原状态、近邻配位原子的种类、距离、配位结构等信息。根据形成机理的不同，XAS 分为 X 射线吸收近边结构（X-ray absorption near-edge structure，XANES）和扩展边 X 射线吸收精细结构（extended X-ray absorption fine structure，EXAFS）。吸收边至高能侧 30～50eV 吸收系数的振荡为 XANES，由被激发光电子向外层空轨道跃迁，以及近邻原子的多重散射造成；E_0 高能侧 30～50eV 至 1000eV 吸收系数的振荡为 EXAFS，是被激发光电子受近邻原子的单散射，散射波与光电子波相干涉造成的（徐彭寿和潘国强，2009）。1974 年，同步辐射 X 射线源的出现，尤其是第三代同步辐射光源，显著提高了 XAS 技术的能量分辨率和检测限，大大推动了该技术在低浓度环境样品中污染物形态分析中的应用和发展。

根据激发能量的不同，磷的 E_0 有 2149eV（K）、137eV（L_2）和 136eV（L_3），分别由内壳层 1s、$2p_{1/2}$ 和 $2p_{3/2}$ 电子跃迁产生。由于常见的磷结合阳离子元素（Al、C、Ca 和 Si）背散射较弱，加之土壤等环境介质中磷含量不高，磷的 K 边 EXAFS 在环境领域中的应用受到限制（Rose et al.，1997），随着光束线站条件优化及检测器的升级这一问题将可能有所改善。目前 XAS 技术在磷元素固相形态研究中的绝大多数应用都基于 XANES。有研究表明，磷的 L 边 XANES 比 K 边 XANES 有更高的灵敏度（Kruse et al.，2010；Negassa et al.，2010），尤其对部分有机磷有更易辨别的特征峰（Kruse and Leinweber，2008）；但磷的 L 边能量低，采谱过程中背景干扰大，一定程度上限制了磷的 L 边 XANES 技术发展。因而，目前应用较多的仍是磷的 K 边 XANES 技术，早期 Franke 和 Hormes（1995）曾阐明含磷化合物磷的 K 边 XANES 谱不同特征峰的物理意义。随后 Hesterberg 等（1999）将该技术引入环境领域，发现不同金属（Fe、Al、Ca）配位结合态磷的 K 边 XANES 谱有可识别的特征峰，证明了该技术在环境介质中磷元素固相形态分析的可行性和适用性，自此，该技术受到土壤学和环境学领域研究者的广泛关注。环境介质中典型含磷化合物磷的 K 边 XANES 谱的特征峰及其物理意义归纳如下：钙磷在边后 2～6eV 处呈现明显的共振峰，该特征峰可能是磷的 1s 电子向更高能级的空轨道跃迁或多重散射造成的（Rouff et al.，2009），并随钙磷溶解度的不同而有所差异；铝磷在−1eV 处有微弱的边前峰，主要是磷的 1s 电子向铝的 3p 与氧的 2p 电子杂化形成的反键轨道跃迁所致（Khare et al.，2007）；铁(Ⅲ)磷在边前−5～−2eV 处出现明显的边前峰，这主要是磷的 1s 电子向过渡金属铁的 3d，氧的 2p 与磷的 3p 电子杂化形成的反键轨道跃迁所致（Franke and Hormes，1995）。该现象在具有空 3d 轨道的过渡金属结合态磷中普遍存在，且白线峰的位置随 d 电子数量的增加略向右偏移，而边前峰的强度随之减弱（Okude et al.，1999）。由此，利用不同磷化合物磷 K 边 XANES 谱的指纹特征，如边前峰的位置和强度，白线峰（第一强峰）E_0 的位置以及边后多重散射峰（图 1-1），将样品谱与标准样品谱进行比对，可定性分析非均相环境样品中的磷形态。此外，通过主成分分析（principal combination analysis，PCA）及目标转化（target transformation，TT）可识别样品谱构成中非正交独立成分的数量及真实的化学形态，以最小二乘法线性拟合（least-squares linear combination fittings，LCF）对各种磷形态进行定量分析（Ajiboye et al.，2007）。

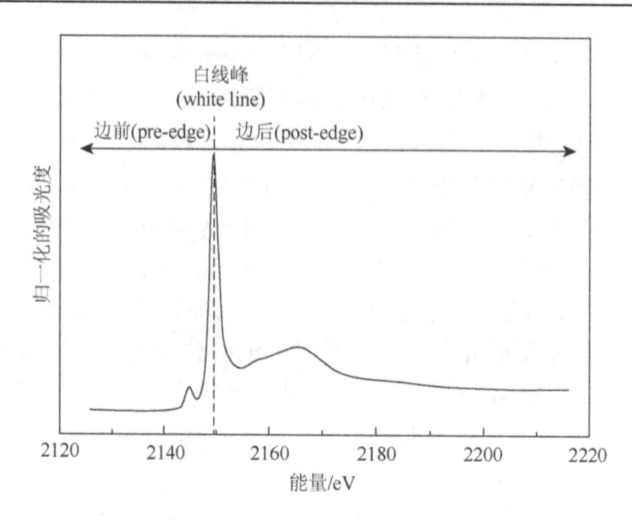

图 1-1 磷的 K 边 XANES 谱（以 $FePO_4$ 为例）

2. XANES 技术在土壤磷形态表征中的应用

XANES 技术的出现极大地推动了土壤磷形态表征的发展。Beauchemin 等（2003）借助磷的 K 边 XANES 技术对 5 种理化性质各异、长期施肥下的富磷农田土（总磷含量 800～1200mg/kg）中的磷形态进行了表征，结果表明：5 种土样中铁、铝矿物吸附态磷普遍存在，主要包括水铁矿吸附态磷（17%～60%）、针铁矿吸附态磷（15%～23%）、氢氧化铝吸附态磷（18%～27%）及氧化铝吸附态磷（16%～34%），酸性土壤中磷的含量比碱性土壤要高；同时，磷灰石和磷酸八钙形式的钙磷不受土壤 pH 的影响，普遍存在于所有土样中，分别占土壤总磷的 11%～59%和 24%～53%，为供试土壤中一种酸性土壤（pH 5.5）及两种微碱性土壤（pH 7.4～7.6）的主要磷形态。同时，该研究还发现 XANES 谱能够有效表征土壤磷形态，尤其是无机磷形态，但对土壤有机磷，因参比样缺乏可分辨的特征峰，不能对有机磷进行有效表征，因而常借助化学提取法为有机磷形态表征提供一些间接的补充信息。此外，该研究将两种表征方法得到的结果进行了比较，发现 XANES 技术所表征的钙磷及铁铝吸附态磷分别与化学提取法中盐酸提取态磷（磷灰石结合态磷）及氢氧化钠提取态磷（化学吸附态磷）有良好相关性（$R = 0.87$，$P = 0.05$；$R = 0.99$，$P = 0.001$），表明两种方法表征的磷形态具有一致性。Lombi 等（2006）以磷的 K 边 XANES 技术进行试验，研究表明，钙质土中颗粒肥磷酸二氢铵（MAP）施用后，肥料周围土壤磷主要以磷灰石和磷酸八钙沉淀形式存在；相比之下，在施用液态肥 MAP 的周围土壤磷以稳定的磷灰石形式存在的磷较少，一部分以较活跃的磷酸二氢钙形式存在，从磷的分子形态上揭示了石灰性土壤中液态肥比颗粒肥肥效高的机制。Ajiboye 等（2008）以磷的 K 边 XANES 对不同有机肥及无机 MAP 施用下两种钙质土的磷形态进行了研究。结果表明，两种钙质土壤在处理前后均以碳酸钙内配层吸附态磷为主（53%～65%及 53%～82%）。此外，未经处理的对照土壤中存在部分热力学最稳定的羟基磷灰石，不同施肥处理后的土壤中大多还有一定量较稳定的磷酸三钙出现，而其他形态的磷则相对较少，可见供试钙质土施用无机 MAP 及有机肥带来的环境风险有限。

3. XANES技术在土壤磷元素形态转化研究中的应用

XANES 技术也应用到有机质、施肥管理等因素影响下土壤磷形态转化的研究中。Schefe 等（2009）首次在溶液化学分析的基础上，以磷的 $L_{2,3}$ 边 XANES 技术研究了含羧酸基的三种典型有机酸对土壤磷的活化机制。对照土的 XANES 谱在磷 L 边附近未检测出明显特征峰，表明供试土壤表面没有可检测的磷存在；仅外源添加草酸处理后的供试土壤中磷 $L_{2,3}$ 边 XANES 谱有特征峰出现，可见草酸溶解土壤表面的铝，释放含铝胶膜包蔽态磷，而添加水杨酸和对羟基苯丙烯酸处理后的土壤无此现象，这可能是有机酸中羧酸基和酚羟基构象差异导致其与土壤表面含铝化合物的亲和力不同所致。Sato 等（2005）利用该技术研究了粪肥施用时间对土壤磷形态转化的影响，发现未施肥森林土（pH 4.3）的 K 边 XANES 谱有明显的铁（Ⅲ）磷边前峰，其峰形比粉红磷铁矿的标样谱更宽，表明其中不仅含诸如粉红磷铁矿的矿物铁磷，也含有针铁矿、水铁矿等铁氧化物的弱吸附态磷。线性拟合结果进一步表明，其中分别含有无定形磷酸钙（38%）、粉红磷铁矿（32%）及弱吸附态磷（30%），但这种拟合结果较差（$\chi^2 = 33.84$），可能是所选取的参比样库中缺乏供试土样中的主要含磷化合物（如无定形铁、铝磷）所致；短期（<6 年）施用粪肥后，铁（Ⅲ）磷的边前峰峰形减弱，线性拟合的结果显示其中弱吸附态磷含量升高（73%），而无定形磷酸钙（19%）含量降低，还有部分磷酸氢钙（8%）。该结果可能是一定时间内粪肥的施用提高了土壤 pH，导致部分铁磷释放进而吸附于土壤颗粒表面，并进一步形成具有溶解度较高的次生磷酸钙矿物；而 25 年粪肥长期处理后，发现具有一定溶解度的钙磷（磷酸氢钙、无定形磷酸钙）向更稳定的晶质 β-磷酸钙（TCP）转化，从而认为在较高 pH 的土壤中施加粪肥可在一定程度上缓解磷元素淋失。Sato 等（2009）利用磷的 K 边 XANES 技术对磷污染土壤中磷形态在大时间尺度上的转化规律进行了研究，结果表明：热力学最稳定的生源钙磷随着时间推移向溶解性更大的钙磷转化。600～1000 年，羟基磷灰石（34%）是晶体结合态磷的主要形态，900～1100 年之后，磷酸三钙增加至 16%。此后，两种形态的钙磷均消失，随之有铁磷出现。而在整个转化过程中，溶解态磷和有机结合态磷相对稳定（58%～65%），可见，生源钙磷的消失需几千年，较地质过程产生的钙磷快十几倍。

当前，如何将磷的 K 边 XANES 技术较好地应用到含磷量较低的农田土壤样品中是该技术所面临的挑战。据报道，XANES 技术适用于占总磷含量 10%～15%，且对应标样有明显特征峰的磷形态表征（Beauchemin et al.，2003）。样品含磷量不高通常导致谱线噪声很大，可通过使用高光通量的第三代同步辐射光源、提高探测器的灵敏度以及多次采谱取平均等方法来提高信噪比。此外，该技术在小尺度，如土壤黏粒等有磷元素富集的细颗粒上有更好的应用，但需注意保证样品在粒径分级等前处理过程中不受破坏。总之，作为一项前沿的微观分析技术，XANES 技术应与其他相关分析技术有机结合（Pagliari and Laboski，2012；Prietzel et al.，2013），为环境介质中磷元素形态表征及转化机制研究提供全面有效的技术支撑。

1.2.4 ^{31}P NMR 在磷形态表征中的应用

核磁共振技术是一项以原子核的磁共振特征识别样品中原子核化学形态的技术，根据核磁共振波谱图上共振峰的位置、强度和精细结构可研究样品的分子结构。核磁共振波谱是物质与电磁波相互作用而产生的，属于吸收光谱范畴。核磁共振现象于18世纪40年代由物理学家发现，Barton和Schnitzer（1963）最初将^{1}H NMR技术用于甲基化的土壤有机质研究中。Newman和Tate（1980）首次将^{31}P NMR技术应用于土壤提取液中磷形态表征，自此，该技术大大推动了人们对环境和土壤样品中有机磷的认识。由于^{31}P是自然界中唯一的磷同位素（自然丰度为100%），理论上讲，样品中所有磷形态均可被NMR检测。^{31}P NMR技术可用于固态或提取样品，可同时检测样品中不同磷形态，无须洗脱或层析分离而体现出其优越性（Majed et al.，2012）。然而，土壤在理化性质上的异质性，土壤磷含量相对较低及磷常与顺磁性离子（铁、锰）结合使得土壤样品的^{31}P NMR分析比化学纯品复杂得多（Majed et al.，2012）。

1. ^{31}P NMR简介

原子核是具有质量的正电荷粒子，存在自旋现象，因而具有自旋角动量ρ及自旋量子数I，满足$\rho = mh/2\pi$（$m = I, I-1, \cdots, -I$），其中，m为磁量子数，共有$2I+1$个取值；h为普朗克常数；I不为0的核均会发生自旋。$I>1/2$的原子核自旋过程中核电荷非均匀分布，共振吸收复杂，通常不用于NMR分析；而$I = 1/2$的原子核（如^{1}H、^{13}C、^{15}N、^{31}P）自旋过程中核电荷呈均匀的球形分布，核磁共振谱线较窄，适于NMR分析。原子核自旋产生磁场，类似小磁铁，具有磁矩μ。不同原子核具有不同的旋磁比γ，满足$\mu = \gamma\rho$。磷原子核$I = 1/2$，$\gamma = 10.829\times10^{7}\text{rad/(T·s)}$，$\mu = 1.9581$。无外加磁场时，自旋核的取向是任意的；而受外加磁场B_0作用时，磷原子核发生能级分裂，有两种取向：一种与外磁场B_0接近平行的低能状态；另一种与外磁场B_0接近相反的高能状态。两种取向不同的磷原子核之间的能级差$\Delta E = 2\mu B_0$。一定温度，无外加射频辐射条件下达到热力学平衡时，处于低能级的磷原子核比高能级的原子核略多。

处于外磁场中产生能级分裂的磷原子核，受到相应频率υ（兆赫数量级的射频）的电磁辐射作用，当电磁波的能量$h\upsilon$与核自旋能级的能量差相等时，原子核发生共振吸收，处于低能态的自旋核吸收一定频率的电磁波跃迁到高能态，检测电磁波被吸收的情况即得到核磁共振波谱。核外电子绕核运动会产生与外部磁场方向相反的感应磁场，对原子核起一定的屏蔽作用，使得核实际收到的磁场强度B为$B_0(1-\sigma)$，σ为屏蔽常数。发生磷的核磁共振需满足共振频率$\upsilon = \gamma B_0(1-\sigma)/2\pi$。不同化合物中磷原子核的化学环境不同，核外电子对核的屏蔽作用不同从而导致不同磷化合物的共振频率之间有微小的移动，称为化学位移δ。通过测定δ，可对不同化学环境的原子核进行定性。由于磷核磁共振谱的强度与磷原子核的浓度成正比，可根据特征峰的积分高度对不同磷化合物进行定量。由于磁场强度B难以准确测定，在实际操作中，δ的确定常以待测物中磷原子核相对于参考物（85%的H_3PO_4）磷原子核的吸收频率表示$\delta = [\upsilon(\text{sample})-\upsilon(\text{reference})]/\upsilon(\text{reference})$，由于$\delta$数值很小，常以ppm（1ppm表示$10^{-6}$）为单位。

^{31}P NMR包括固相^{31}P NMR和液相^{31}P NMR，表1-1列举了固、液相^{31}P NMR各自的特点。固相^{31}P NMR虽应用较早，但分辨率和灵敏度较低（图1-2），又因土壤中磷含量普遍偏低，且铁、锰等干扰性顺磁离子含量较高，所以在土壤等环境样品中液相^{31}P NMR

的应用更广泛（Cade-Menun，2005）。液相 ^{31}P NMR 常将固体样品经过溶剂提取后进行分析，提取方法的选择是液相 ^{31}P NMR 能否成功应用的前提。虽然已有众多关于提取方法的研究，但目前以 NaOH-EDTA 联合提取在土壤磷形态表征的研究中最为常见。液相 ^{31}P NMR 分析精度及灵敏度高，但并不适于分析微量样品，此外提取及分析过程可能发生的水解作用也是该技术应用中普遍存在的问题。

表 1-1 固相 ^{31}P NMR 与液相 ^{31}P NMR 特点对比

项目	固相 ^{31}P NMR	液相 ^{31}P NMR
前处理	干燥，研磨，几乎不改变样品	提取
所需样品量	0.2g	0.2～10g
图谱质量	受样品本身含磷量限制	可通过提取对样品磷进行富集
图谱分辨率	低	高

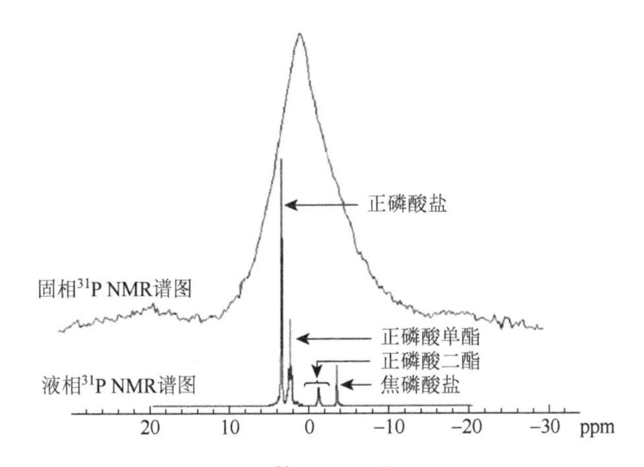

图 1-2 相同样品的固相、液相 ^{31}P NMR 谱图对比（Cade-Menun，2005）

环境样品的 ^{31}P NMR 谱中，常见含磷化合物的化学位移在 25～−25ppm（图 1-3）。其中，磷酸盐（phosphonate）在 20ppm，正磷酸盐（orthophosphate）在 5～7ppm，正磷酸单酯（orthophosphate monoesters）在 3～6ppm，正磷酸二酯（orthophosphate diesters）在 2.5～1ppm，焦磷酸盐（pyrophosphate）在−4～−5ppm，多聚磷酸盐（polyphosphate）的主链末端磷在−4～−5ppm，而中间磷在−20ppm。基于此，在有效控制实验条件，选择适宜采集参数的基础上，可对样品中的磷形态进行准确定性和定量分析。

2. ^{31}P NMR 在磷元素形态表征中的应用

迄今为止，仍没有直接准确测定土壤有机磷的方法，一直以来，常通过高温灼烧来估算土壤有机磷含量，然而由于挥发损失以及灼烧前的酸提取可能对无机磷提取并不完全（O'Halloran and Cade-Menun，2008），该方法不适用于有机土壤。因此针对有机土壤，提取法测定有机磷更为准确。1980 年 NMR 技术应用于土壤有机磷分析之前，土壤有机磷常用碱提取-钼蓝比色法进行分析，至今该方法仍广泛使用。然而，这种比色法可能存在两种误差。首先，无机多聚磷酸盐不与钼酸盐发生反应而归为有机磷，致使有机磷含量被高估（Haygarth and Sharpley，2000）。其次，在酸化碱性提取物将其中的腐殖酸沉降下来以避免干扰比色的同时，磷酸盐可能也会发生共沉淀。液相 ^{31}P NMR 的发展使得准确识别土壤的碱提取物中有机磷形态成为可能。近年来，液相 ^{31}P NMR 在农田土壤磷元素形态表征方面应用广泛，大大推动了人们对土壤性质、成土过程、施肥管理及土地利用等人为干扰影响下农田土壤磷形态变化的认识。

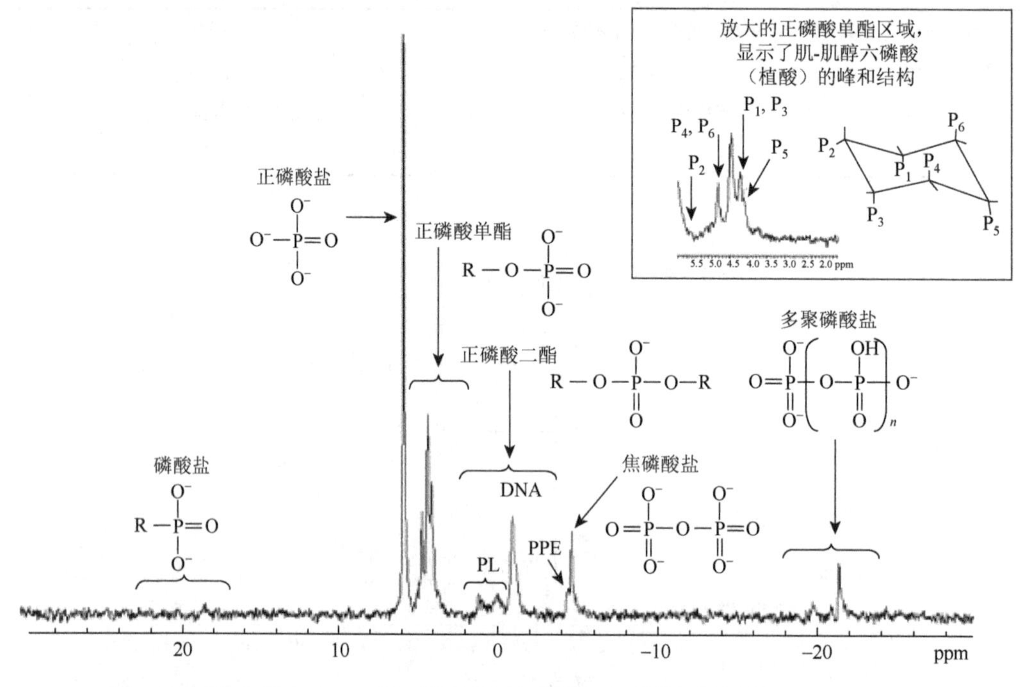

图 1-3　森林土壤 NaOH-EDTA 提取的液相 ^{31}P NMR 图谱（Cade-Menun，2005）

右上方为放大的正磷酸盐单酯

为研究土壤不同形态有机磷的移动性，Koopmans 等（2007）对施用粪肥 11 年的非钙质砂土中 0～50cm 剖面的磷形态进行了分析，发现土壤对正磷酸单酯的固持能力很强，正磷酸单酯常在土壤表层累积；而 40～50cm 剖面土中正磷酸盐的含量比表层土壤更高，表明正磷酸在土体中的迁移能力很强。Vincent 等（2012）以腐殖土为例研究了铁、铝在有机磷形态分布中的作用，发现在铁铝含量较低的土壤中正磷酸二酯及其降解产物在总磷中的比例更高，而正磷酸单酯在富含铁铝的土壤中比例较高。

McDowell 等（2007）研究了成土过程中有机磷形态的变化趋势，发现随时间推移，土壤中正磷酸盐和正磷酸单酯在总有机磷中的比值呈现先升高、后逐渐降低的趋势；起初的上升可能源于原生矿物风化释放活性磷或者植物生产力提高补给了土壤正磷酸单酯；而随后的下降可能是由于土壤淋溶流失或正磷酸盐的闭蓄化以及正磷酸单酯的矿化作用弱化；而鲨-肌醇六磷酸与肌-肌醇六磷酸的比值随时间推移呈上升趋势，这很可能与有机磷的矿化和微生物活动有关。同样，Turner 等（2007）对后冰期时代 120000 年内新西兰某土壤有机磷的形态演化进行了研究，发现肌醇磷酸盐、DNA、磷脂和膦酸盐含量在土壤发育的最初 500 年快速上升，随后缓慢下降。Doolette 等（2010）研究了肌醇六磷酸盐在钙质土壤中的降解过程，发现起初向土壤中添加的 58mg P/kg 在 13 周内迅速减少，同时伴随降解产物 α-及 β-甘油磷酸盐含量上升，这与肌醇六磷酸一阶盐降解的半衰期为 4～5 周是相符的。

此外，^{31}P NMR 技术同样被用于研究有机物料农用对土壤有机磷形态转化的重要影响。Dou 等（2009）研究表明，有机肥大量施用 8 年以上的土壤与对照土壤中肌醇六磷酸盐的含量相比并未明显变化，认为施用有机肥处理并未导致肌醇六磷酸盐的累积。Vincent 等（2010）研究指出巴拿马森林土壤三年不施用森林凋落物将使表层 2cm 土壤有机磷含量下降 23%，其中正磷酸单酯下降 20%，DNA 下降 30%；而每年以 6kg P/hm^2 的量施用森林凋落物三年后，土壤有机磷提高 16%，其中 DNA 提高 31%。Ohno 等（2011）以采自美国 6 个州的 10 个土样研究发现，外源磷肥输入可显著影响无机正磷酸盐在土壤中的含量，其与土壤总磷含量直接相关；而正磷酸单酯受外源磷肥输入的影响并不明显，表明土壤有机磷主要受土壤磷元素循环控制。

为全面认识土地利用类型及作物种植模式对土壤有机磷形态转化的影响机制，Turner（2006）对 Madagascan 一系列稻田土壤进行磷形态分析，发现 19%～44%的 NaOH-EDTA 提取态磷为有机磷，其中多为正磷酸单酯，还有少量 DNA。虽然普遍认为肌醇磷在土壤中广泛分布，但在该研究中仅不到一半的供试土壤中可检测到肌醇磷。另外，该研究还发现土壤中的正磷酸单酯主要包含 RNA 和磷脂的水解产物，并且有机质含量较多的土壤中有机磷含量较高，传统淹水耕作的稻田土壤和集约化耕作的稻田土壤磷形态分布及含量无明显差异。Redel 等（2011）以智利老成土试验发现相比燕麦-小麦轮作，羽扇豆-小麦轮作可增强酸性磷酸酶活性，提高土壤中正磷酸单酯的比例；而燕麦-小麦轮作可提高正磷酸盐含量。Zhang 等（2012）发现耕作土壤比非耕作土壤中正磷酸盐在总磷中的比例更高，而正磷酸单酯与正磷酸二酯则相反。

此外，液相 ^{31}P NMR 在土壤腐殖物质组分中磷形态研究中的应用方兴未艾。Guggenberger 等（1996）发现腐殖酸结合态磷主要为正磷酸单酯，正磷酸二酯次之，还有少量膦酸盐、磷壁酸、正磷酸盐和焦磷酸盐；而富里酸结合态正磷酸二酯的比例更高，正磷酸盐的含量也更高。Makarov 等（1996）在高加索山地的研究也得到相类似的结果，并发现寒冷潮湿的气候条件下，土壤腐殖酸中膦酸盐和正磷酸二酯含量更高。He 等（2011）对提取态的游离腐殖酸和钙结合腐殖酸中磷形态分布特征进行研究，发现其中活性无机磷约占 10%，有机磷主要以正磷酸单酯为主，其次为正磷酸盐二酯，仅有少量膦酸盐（0～3.7%），无焦磷酸盐或多聚磷酸盐；正磷酸单酯中并未发现肌-肌醇六磷酸盐，但可检测到鲨-肌醇六磷酸盐。Mahieu 等（2000）发现菲律宾水稻田游离腐殖酸中正磷酸二酯随着水田灌溉次数增加呈现一定程度上的累积；而正磷酸单酯的比例随淹水次数增加而降低（Mahieu et al.，2002）。

综上所述，基于同步辐射光源的 XANES 技术可实现环境介质中磷形态的定性及定量表征。尤其值得注意的是，目前应用最广的磷的 K 边 XANES 技术能够有效表征环境样品中的铁磷、铝磷和钙磷，而刚刚起步的 $L_{2,3}$ 边 XANES 对某些磷形态有更易识别的特征峰，可为K边XANES技术提供一些补充信息。总体来说，XANES技术主要应用于无机磷，在有机磷的形态表征上效果欠佳（Negassa et al.，2010）。相反，在无机磷的表征上受到限制的NMR技术可实现有机磷的有效表征，但是在高精度液相NMR测定前样品提取过程中对磷元素形态的影响需要加以考虑。传统的化学连续提取法操作简单，在实验室内便于实现，可一定程度上给出磷形态的大致信息，为XANES分析中参比样的选择及谱线处理等过程提供必要的参考。

1.3　胶体促发的土壤磷流失

1.3.1　土壤胶体及其活化机制

土壤胶体是粒径介于 1nm～1μm 的颗粒，通常包括铁铝氧化物、黏土矿物等矿物组成的无机胶体，有机大分子、微生物等有机胶体以及矿物和有机质交互形成的有机-无机复合胶体（熊毅，1979），广泛存在于土壤与水体环境中（Yu et al.，2011）。土壤胶体粒径小、比表面积大、反应活性强等理化特性，使其能够在土壤溶液中长期悬浮，其具有较强的移动性，是土壤系统中污染物和营养元素长距离运移的重要载体，因而胶体促发的土壤污染物迁移受到广泛关注。

土壤胶体释放是其促发的污染物迁移的首要条件（Elimelech and Ryan，2002）。环境条件扰动下，胶体微粒间发生化学键的断裂、微粒间的胶膜溶解，胶体表面电荷的变化使颗粒间静电斥力改变等，导致土壤胶体的活化（图1-4）。

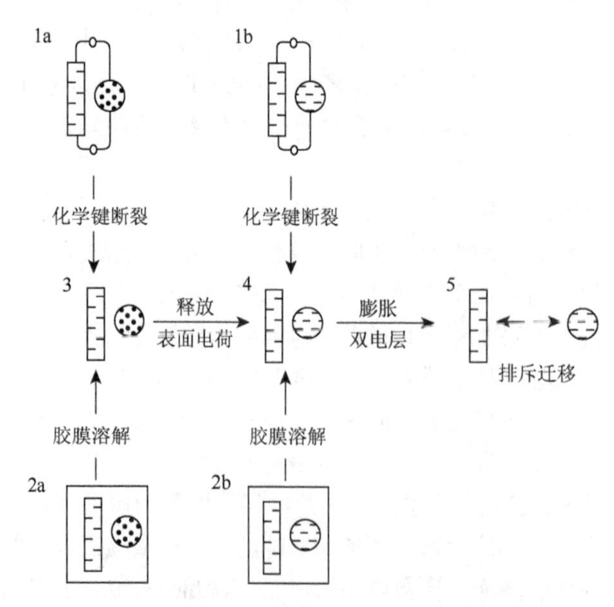

图1-4　胶体活化机制示意图［据Swartz和Gschwend（1998）修改］

污泥、有机肥施用等多种人为活动会向土壤引入大量外源胶体，而土壤内源胶体主要通过环境扰动下的原位活化产生，环境扰动可能通过以下途径导致胶体活化（图 1-4）（Swartz and Gschwend，1998）：胶体颗粒之间的化学键断裂（1a→3，1b→4）、颗粒间的胶膜溶解（2a→3，2b→4）、胶体颗粒表面电荷发生改变（3→4），以及颗粒间静电斥力增强（4→5）。土壤环境扰动使得土壤胶体与基质的静电力发生变化，当两者间的双电层斥力强于色散力-范德瓦耳斯力时，土壤胶体即可被活化而释放出来。

胶体在基质表面的释放过程可用 DLVO 理论描述，其静力学取决于色散力-范德瓦耳斯力及静电双电层斥力的相对大小（胡俊栋等，2009）。土壤溶液中，一般带负电的土壤颗粒吸附溶液中的阳离子形成双电层，由内吸附层及外扩散层构成（贾明云，2010）。若胶体颗粒扩散层较厚，颗粒间静电斥力强于范德瓦耳斯力，颗粒得以保持稳定的悬液状态；若扩散层被压缩，胶体颗粒靠近，导致静电排斥力小于范德瓦耳斯力，胶体颗粒便发生絮凝。扩散层的厚度由滑动面与溶液之间的电势差，即 ξ 电位决定。ξ 电位本身受胶体颗粒矿质组成及溶液的物理化学性质影响。

土壤环境扰动通常分物理扰动和化学扰动，物理扰动主要通过土壤孔隙水流速的变化影响土壤基质表面胶体颗粒的受力情况导致胶体释放。例如，地下水抽取常导致土壤胶体的剥离，因而一般在采集地下水样品时，需控制抽取速度低于 100mL/min 以避免过高孔隙水流速促发的胶体剥离（Backhus and Gschwend，1990）。降雨导致的土壤渗流可促发胶体释放，降雨强度和降雨时间是主要的影响因素（Kaplan et al.，1993）。胶体在基质表面受孔隙水流方向的拉力、基质的黏着力和孔隙水对胶体的浮力而平衡。在理想的光滑基质表面上，孔隙水流速一定时，大颗粒胶体受到的拉力比小颗粒胶体更大，因而更易活化（Sen and Khilar，2006）。物理扰动及其影响机制研究主要集中于土壤物理学研究领域，在土壤化学及环境学领域则更加注重化学扰动导致的土壤胶体释放及其对污染物迁移的影响。

化学扰动促发的胶体原位活化是土壤胶体的主要来源（Ryan and Elimelech，1996）。常见的化学扰动包括土壤溶液 pH、离子强度及氧化还原电位的变化（胡俊栋等，2009）。pH 对胶体活化的影响通常发生在可变电荷矿质胶体为主的土壤中，其胶体颗粒的带电性随环境 pH 变化而变化，进而影响胶体颗粒与土壤基质间的静电斥力而促发土壤胶体释放；而 pH 对永久电荷的黏土矿物胶体的影响仅在 pH 变化跨度较大或刚好发生在颗粒的等电点附近的情况下才表现出来（Sen and Khilar，2006）。通常土壤基质表面带负电荷，对负电性胶体，表面电荷越高，胶体与基质表面的斥力越大；而对正电性胶体，溶液化学性质变化使土壤基质或胶体发生电荷逆转，也可能促发基质表面的胶体释放。一般而言，高 pH 更有利于土壤胶体的活化（Swartz and Gschwend，1998），可能促发胶体结合态污染物的流失。在以铁铝氧化物为胶膜的沉积物中，当 pH 高于氧化物胶膜的等电点时这种作用相当明显（Elimelech and Ryan，2002）。低 pH 还可通过溶解胶体颗粒间的胶膜促进胶体结合态污染物释放（Slowey et al.，2005）。Gschwend 等（1990）发现煤灰处理厂中，低 pH 污水注入碳酸钙为胶膜的含水层中后，低 pH 溶解了碳酸钙胶膜从而促发了胶体释放。

另外，土壤溶液离子强度对土壤胶体释放的影响主要源于溶液离子强度对胶体双电层的压缩作用。当土壤水溶液的离子强度低于临界盐浓度（critical salt concentration，CSC）时，土壤胶体与土壤基质的双电层斥力高于两者间的结合力，进而导致土壤胶体颗粒释放

（Ryan and Elimelech，1996）。因而，强降雨及低离子强度液体灌溉等都能够强化土壤胶体释放（Grolimund and Borkovec，2006）。此外，土壤氧化还原电位变化导致土壤胶膜溶解也能促发土壤胶体释放。例如，Henderson 等（2012）新近发现农田土壤淹水处理可导致土壤胶体表面铁膜溶解，进而促发土壤胶体的释放。

1.3.2 胶体易化磷元素运移

土壤胶体磷即土壤磷与铁铝氧化物、黏土矿物等无机矿物胶体，有机大分子、微生物等有机胶体以及有机-无机复合胶体结合形成的一种细颗粒态磷（Kretzschmar，1999）。胶体磷的提出对全面深入认识磷的储存形态、迁移归趋具有重要意义。一方面，相当活跃的土壤胶体对磷的迁移、活化作用不可低估，相比于真溶解态磷与大颗粒态磷，胶体态磷的移动性截然不同（Heathwaite et al.，2005）：大颗粒重力大，易发生沉降进入沉积相，而胶体粒径小，布朗运动强于重力作用，可长期稳定存在（Ran et al.，2000），并且受土壤基质空间排阻和静电斥力的作用，胶体比溶解态示踪剂的迁移速度更快，因而胶体磷比真溶解态磷的移动性更强（Henderson et al.，2012），更易迁移进入土壤相以外的水体，且迁移距离更远（Heathwaite et al.，2005；Siemens et al.，2008）。据报道，在地表径流及河流湖泊中胶体磷可达总磷含量的50%左右（Mayer and Jarrell，1995）。胶体易化运移已被证实是土壤溶液、河流、湖泊等地表水体以及农业面源污染中磷元素迁移的重要途径（Heathwaite et al.，2005）。有研究表明，黏性土壤和砂性土壤中分别有68%和50%的颗粒态磷是粒径为 0.05～1μm 的胶体磷，这些胶体磷携带的生物可利用性磷平均为 0.46g P/kg，而 1～100μm 的较大颗粒的磷含量仅为 0.22g P/kg（Poirier et al.，2012）。可见，胶体磷流失会给水环境带来更大威胁。另一方面，胶体磷是土壤磷元素迁移转化过程中不可忽视的一种形态。例如，以钼酸盐比色法测定湖泊溶解性磷酸盐会大大高估实际值，其中一个重要原因在于测定过程中试剂酸化滤液导致颗粒结合态磷酸盐向溶解态的转化（Hudson et al.，2000）。另外，部分酸不稳定的有机质-金属-磷胶体在溶液 pH 改变时也往往受 H^+的竞争作用影响而发生溶解（Hens and Merckx，2002）。由此可见，对胶体磷的深入研究是全面认识环境中磷元素环境行为及流失风险不可或缺的环节。

土壤中，胶体易化磷元素运移需满足三个基本条件（图 1-5）：土壤胶体产生、胶体与磷结合以及胶体磷在土体或土水界面的运移。以上过程均受土壤理化性质等一系列因素影响，虽然已有诸多研究致力于土壤中胶体易化的磷元素运移情况，但由于土壤系统本身的复杂性，且多种影响因素可能相互作用，胶体易化磷元素运移机制还远未完全阐明。

研究表明，农田土壤中胶体磷广泛储存。例如，Hens 和 Merckx（2002）研究发现，耕地土壤溶液中 40%～58%的 MRP 及最少 85%的 MUP 以胶体态存在，胶体易化磷元素运移不容忽视。Turner 等（2004）对美国西部半干旱的钙质土壤进行了研究，结果表明模拟喷灌培养下径流液中胶体 MRP 达 0.16～3.07μmol/L，占小于 1μm 总磷组分的 11%～56%。其中，$CaCO_3$ 含量高、有机碳含量低的碱性土壤径流液中胶体 MRP 占小于 1μm 总磷的比重更大，并且虽然土壤水浸提液中的胶体 MRP 与浸提液中的胶体矿质组分并无显著相关性，但与土壤测试磷（Olsen-P、水提取态磷及 $CaCl_2$ 提取态磷）有良好相关性，说明供试土壤胶体 MRP 很可能是土壤磷流失的重要贡献源。此外，土壤胶体磷的流失量常与土壤胶体的流失量密切相关，研究发现在多种农田土壤 H_2O-$CaCl_2$ 浸提的胶体磷含量与浸提液浊度显著正相关（$R^2 = 0.86$，$P<0.001$）（Heathwaite et al.，2005）。土壤水分散性胶体（water-dispersible colloidal，WDC）是土壤可移动性胶体的最主要来源（Seta and Karathanasis，1996），加之多种土壤测试磷（Olsen-P、Mehlich III-P、草酸铵提取磷、Fe_2O_3 试纸测试磷及去离子水提取磷等）中，以去离子水提取态磷预测农田磷元素流失的变异最好（Sharpley，1982），因而，胶体磷成为表征农田土壤胶体磷流失潜能的常用指标（Ilg et al.，2005）。

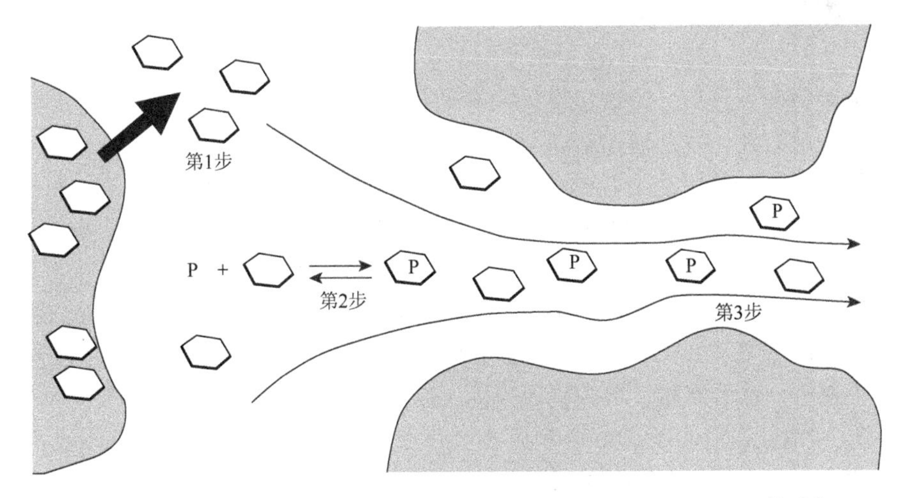

图 1-5　胶体易化磷元素运移的条件［据 Elimelech 和 Ryan（2002）修改］

农田土壤胶体磷的稳定性和移动性受到环境化学性质扰动（土壤 pH、离子强度和氧化还原电位）的影响。例如，Hens 和 Merckx（2001）发现，pH 为 3.2 的森林土中胶体磷含量显著低于 pH 大于 6 的草地土及农田土，这很可能是由于低 pH 条件下大量存在的 H^+ 与 Fe/Al 竞争有机质（OM）表面的吸附位点，从而抑制了 OM-Fe/Al-MRP 胶体复合物形成。Henderson 等（2012）则发现农田土壤淹水处理可显著降低土壤氧化还原电位，进而导致土壤胶体与土壤基质间结合的铁膜溶解，促发土壤胶体磷的流失。另外，农田土壤胶体磷的流失还与土壤质地及施肥管理相关。例如，McGechan（2002）研究发现外源施肥（粪便）中储存的颗粒态磷（含胶体磷）流失与土壤质地密切相关，胶体磷可能通过土壤大孔隙优先发生纵向迁移。Zhang（2008）针对不同土壤理化性质的土壤中磷流失机制研究发现，土壤电导率与胶体磷流失负相关，电导率高的土壤中胶体磷的流失受到抑制。Siemens 等（2008）对不同磷含量水平的农田土壤中胶体磷流失特征进行研究，发现高磷含量土壤较低磷含量土壤中胶体磷释放量高，但土壤胶体的释放量无显著差异，说明高磷含量土壤中胶体磷流失量高主要源于土壤胶体本身含磷量高，而非促进了土壤胶体的释放。

另外，磷在胶体表面的吸附也可能引发土壤胶体活化及胶体磷流失。研究表明，无论在饱和还是非饱和流的情况下，向砂土土柱中施用过量的磷都会提高铁氧化物和胶体磷的淋溶量（Zhang et al.，2003）。Ilg 等（2008）的模拟试验结果显示：磷对土壤胶体的分散作用缘于磷在氧化物胶体表面的吸附增强了胶体的电负性，尤其胶体表面电位低于−20mV时容易引发石英砂中铁氧化物及其结合态磷的释放。此外，滴定实验表明，磷吸附也可降低铁氧化物的等电点（Puls et al.，1993）。相比无机磷，有机磷对胶体迁移和稳定性的强化作用更大，因为其酸解离常数比无机正磷酸盐更小，其降低吸附剂表面电荷的能力更强。例如，肌醇磷饱和的针铁矿在 pH 为 2～10 时即可分散，而无机磷酸盐饱和的针铁矿要在 pH 大于 5 时才分散（Celi et al.，2001）。

1.3.3 土壤胶体磷储存形态

土壤中胶体磷大致可分为铁铝氧化物等细颗粒结合态磷、原生或次生矿物磷、有机或无机化合物闭蓄态磷，以及通过金属架桥与有机质间接结合态磷（Turner et al.，2004）。据报道，胶体对磷的吸附能力是单位重量不可移动土壤基质的 5000 倍（McGechan and Lewis，2002）。通常认为，非钙质土壤中磷主要被铁铝氧化物和黏土矿物胶体吸附；中性及钙质土壤中，磷输入导致磷酸盐固相（如磷酸钙）析出以及含钙矿物（如方解石）对磷的吸附（Frossard et al.，1995）。例如，Turner 等（2004）发现美国石灰质农田土壤部分 MRP 和铁、铝主要在 1.0～0.2μm 粒径组分中储存，而另外部分 MRP 和钙在 0.3～3nm 的粒径组分中储存，从而推测土壤大粒径胶体（1.0～0.2μm）中磷很可能主要与铁铝氧化物结合，而在小粒径胶体（0.3～3nm）中则主要以含钙磷酸盐形态存在。Regelink 等（2013）利用切向流超滤和高精度电感耦合等离子体质谱仪（ICP-MS）技术对农田排水中胶体磷形态进行了分析，发现胶体磷含量与胶体铁、铝和硅的含量密切相关，表明农田释放的胶体磷很可能与黏土矿物结合。

土壤磷也可能通过金属架桥与有机质间接作用形成有机质-金属-磷的胶体复合物（Kreller et al.，2002）。研究表明：向土壤提取液中加入 $CaCl_2$ 或 HCl 沉降溶解性有机质（DOM）中腐殖组分时，提取液中部分溶解性磷与全部铝和铁同时也被去除（Dolfing et al.，1999）。Gerke（1992）也发现从土壤溶液中超滤去除有机碳导致其中磷、铁和铝浓度的显著降低，这种现象随有机碳浓度的增加越发明显。Hens 和 Merckx（2001）通过凝胶过滤色谱、紫外光照射等多种技术联用，发现微酸性草原和耕地土壤中胶体磷很可能主要以腐殖质-铁（铝）-磷酸盐复合胶体存在。

土壤胶体磷常与胶体铁、铝、钙，有机质以及部分黏土矿物伴生，现有的相关研究多是基于间接方法得出的推测性结论，因而土壤胶体磷的真实形态研究还有待深入。

表 1-2 汇总了国内外学者对胶体磷在土壤中的储存及迁移研究。土壤胶体磷可以随径流排水发生横向迁移，或者随土壤优势流而产生纵向迁移（Vandevoort et al.，2013），因而对胶体磷的深入研究对全面认识环境中磷元素储存形式、环境行为及流失风险具有重要意义。胶体磷作为磷元素在土壤中储存和迁移流失的重要形式，因其粒径方面的特殊性，在控制水体富营养化过程中不可忽视。

表 1-2 农田土壤胶体磷部分研究文献汇总

土壤类型及应用	施肥情况	磷含量	研究对象	微粒粒径	所占比例	参考文献	备注
美国西北部 半干旱石灰性土壤	有机肥和无机肥	34～145mg/kg （Olsen-P）	径流排水	1nm～1μm	13%～22% （<1μm 悬浊液）	（Turner et al.，2004）	MRP
美国西北部 半干旱石灰性土壤	无机肥	11～101mg/kg （Olsen-P）	径流排水	1nm～1μm	11%～39% （<1μm 悬浊液）	（Turner et al.，2004）	MRP
美国西北部 半干旱石灰性土壤	无机肥	4～8mg/kg （Olsen-P）	径流排水	1nm～1μm	37%～56% （<1μm 悬浊液）	（Turner et al.，2004）	MRP
苏格兰北部泥炭灰壤	连续 5 年施肥 22kg P/（hm^2·a）	3356μg P/dm^3	土壤溶液	0.22～1.2μm	23%	（Shand et al.，2000）	MRP
苏格兰北部泥炭灰壤	连续 5 年施肥 22kg P/（hm^2·a）	3356μg P/dm^3	土壤溶液	0.22～1.2μm	46%	（Shand et al.，2000）	OP
比利时砂质灰壤/草地	有机肥和无机肥	16.8mmol/kg （草酸提取态 P）	土壤溶液	有机质-金属- 磷酸盐结合物	42%～57% （<0.45μm 土壤悬浊液）	（Hens and Merckx，2001）	HMMRP
比利时砂质灰壤/耕地	有机肥和无机肥	18.5mmol/kg （草酸提取态 P）	土壤溶液	有机质-金属- 磷酸盐结合物	20%～29% （<0.45μm 土壤悬浊液）	（Hens and Merckx，2001）	HMMRP
比利时砂质灰壤/林地	不施肥	0.39mmol/kg （草酸提取态 P）	土壤溶液	有机质-金属- 磷酸盐结合物	0	（Hens and Merckx，2001）	HMMRP
中国太湖流域水稻土	培养中施用有机肥	933.32mg/kg	土柱 渗漏液	0.01～1μm	25%～64% （渗漏液总磷）	（Zang et al.，2011）	TP
中国太湖流域水稻土	连续 5 年施用有机肥 210kg P/hm^2	1726.45mg P/kg （0～10cm） 1150.4mg P/kg （10～20cm） 553.43mg P/kg （20～30cm） 430.44mg P/kg （30～40cm） 290.04mg P/kg （40～50cm） 228.78mg P/kg （50～60cm）	土壤 水提取液	0.01～1μm	78% （1～10cm，<1μm 悬浊液） 88% （20～30cm，<1μm 悬浊液） 91% （50～60cm，<1μm 悬浊液）	（Zang et al.，2011）	TP

续表

土壤类型及应用	施肥情况	磷含量	研究对象	微粒粒径	所占比例	参考文献	备注
丹麦砂质土壤	—	734mg P/kg	土柱渗漏液	0.24～2μm	75%（土柱渗漏液）	（de Jonge et al.，2004）	TP
德国北部砂质土	不同梯度施肥	47～140mg P/kg	土壤水提取液	0.01～1.2μm	28%（0～30cm，水提取总磷）＞94%（＞30cm，水提取总磷）	（Ilg et al.，2005）	TP
比利时砂质灰壤/耕地	无机肥 50kg P/hm^2 有机肥 50×10^3～100×10^{3}kg P/（hm^2·a）	33.9μmol P（＜0.45μm 土壤溶液）	土壤溶液	0.025～0.45μm	40%～58%（＜0.45μm 土壤溶液）	（Hens and Merckx，2002）	MRP
比利时砂质灰壤/草地	有机肥 50×10^{3}kg P/（hm^2·a）	92.7μmol P（＜0.45μm 土壤溶液）	土壤溶液	0.025～0.45μm	40%～58%（＜0.45μm 土壤溶液）	（Hens and Merckx，2002）	MRP
比利时砂质灰壤/林地	—	23.8μmol P（＜0.45μm 土壤溶液）	土壤溶液	0.025～0.45μm	＜8%（＜0.45μm 土壤溶液）	（Hens and Merckx，2002）	TP
德国北部砂质土	施有机肥	104～176μmol P/kg（0～30cm）	土柱渗漏液	0.01～1.2μm	6%～37%	（Siemens et al.，2008）	TP
德国北部砂质土	长期施肥实验	696～1320μmol P/kg（0～30cm）	土柱渗漏液	0.01～1.2μm	1.4%～19%	（Siemens et al.，2008）	TP
中国太湖流域老成土/水稻	无机磷肥和有机肥	493mg P/kg（0～20cm）	土壤提取液	0.01～1μm	80.9%（＜1μm 提取液）	（Liu et al.，2013）	TP
中国太湖流域老成土/蔬菜	无机磷肥和有机肥	901mg P/kg（0～20cm）	土壤提取液	0.01～1μm	55.2%（＜1μm 提取液）	（Liu et al.，2013）	TP

注：MRP 表示钼蓝反应磷；OP 表示有机磷；HMMRP 表示高分子量钼蓝直接反应磷；TP 表示总磷。

1.4 影响胶体磷活化迁移的因素

土壤理化性质、施肥以及灌溉、降水等因素都会对胶体磷在土壤环境中的储存运移产生影响。

1.4.1 土壤理化性质的影响

胶体磷在土壤中的稳定性和移动性受到土壤理化因素（土壤孔隙、pH、离子强度、电导率等）的影响。Stamm 等（1998）的研究发现草地土壤中的优势流促进了溶解态磷和颗粒态磷的迁移流失。McGechan（2002）进一步指出土壤大孔隙结构影响磷的迁移，胶体磷可能会通过土壤大孔隙优先发生纵向迁移。章明奎和王丽平（2007）在旱耕地土壤磷垂直迁移的研究中，发现土壤优势流促进了磷元素的纵向迁移。土壤通气层中可移动的胶体是由土壤中水分散性胶体原位释放产生的（de Jonge et al.，2004）。de Jonge 等（2004）的研究表明土壤的空间异质性显著影响胶体和胶促性物质的迁移，在很大程度上控制了胶体和胶体磷的流失。

土壤 pH 是影响土壤胶体磷储存及运移的重要因素。研究表明，在低 pH 下，胶体之间、胶体与基质之间的表面斥力作用减弱，进而出现聚沉现象（Grolimund et al.，1998）；在高 pH 下，静电斥力和双电层厚度的增加，将促进土壤胶体的释放（Ryan and Elimelech，1996）。土壤溶液中存在以有机质-金属-磷酸根三元复合物形式的胶体磷，而 pH 的变化会通过 H^+竞争金属阳离子（Fe/Al）与有机质的吸附位点影响胶体磷（Hens and Merckx，2001）。Zang 等（2013）对稻田剖面土壤进行磷元素分析测定，结果发现底层土壤高 pH，促进了胶体微粒的释放。而 Liang 等（2010）研究了 pH 对土壤胶体磷释放的效应，高 pH 和低 pH 都会促进胶体和胶体磷的释放，高 pH 下有机胶膜破坏，带来水分散性胶体的释放，促进了胶体磷的形成。电镜能谱技术应用的结果说明了土壤酸化会引起无机矿物，特别是铝氧化物结合体的分解，增加胶体磷流失风险。

磷对土壤胶体具有分散作用，并且磷如果被氧化物胶体吸附，会增强胶体的电负性，特别在表面电位低于–20mV 时可引发土壤基质中含磷铁氧化物的释放（Ilg et al.，2008）。Zhang 等（2008）在土壤理化因素对土壤磷流失影响方面进行了研究，发现土壤电导率与土壤胶体磷流失有负相关性，电导率高会抑制土壤中胶体磷的流失。在约束胶体释放和促进胶体悬浮液聚合方面，二价离子（如 Ca^{2+}）要比单价离子（如 Na^+）影响更加显著（Ilg et al.，2008）。Henderson 等（2012）发现农田土壤淹水下土壤胶体磷易于活化流失，这是因为淹水会显著降低土壤氧化还原电位，引起土壤胶体与土壤基质间形成的铁膜发生还原溶解。

1.4.2 施肥对胶体磷的影响

农田磷元素的流失程度主要取决于磷肥施用量，并与施肥前后当地气候条件密切相关

（Stamm et al.，1998）。大量施肥会造成农田土壤中磷元素的积累，也进一步增加了胶体磷流失的风险。土壤胶体对磷的吸附使胶体表面电负性增强，进而使胶体微粒间斥力增强，更有利于胶体的运移（Ilg et al.，2008）。有研究表明，磷肥的过量施用，特别在吸附作用强、水溶剂多和电解质浓度低的条件下，会引起固相中部分磷元素以胶体磷形式迁移（Liu et al.，2013；Siemens et al.，2008）。Siemens 等（2008）通过不同磷饱和量的土柱实验，探讨了过量施肥是否会促进胶体磷的流失。结果显示，磷施用量高的土柱渗漏液中胶体磷的含量会相应变大，但是磷元素在土壤中的积累并不一定会导致胶体及胶体磷流失的增加，胶体磷的迁移受到多种独立性因素的影响。Ilg 等（2005）对不同施肥处理的土壤进行分层测定，结果显示在 0～30cm 和 30～60cm 土壤中，水散性胶体磷浓度随施肥量的增加而增加，而 60cm 以下的土壤之间并没有显著差异，这说明施肥对胶体磷的影响主要集中在上层土壤。Makris 等（2006）的实验也说明，向土壤中增加水散性胶体和增施有机肥可以不同程度增加胶体无机磷的量。

不同肥料类型对土壤胶体磷的影响也有差异。对比施用无机磷肥，粪肥施用对有机胶体的影响不可忽视。有机肥因为富含较多的有机磷，对比无机磷肥，将会引起更显著的胶体运移情况（Ilg et al.，2008）。Zang 等（2011）通过土柱培养实验，对比了施用有机肥和无机肥情况下土壤胶体磷运移量，土壤胶体磷在有机肥施用下迁移量增加了 25%。

1.4.3　其他因素

El-Farhan 等（2000）发现在农田大量灌溉或强降雨的初期，胶体和胶体磷的运移要高于平时水平，这一现象称为初期冲刷效应。他进一步指出，在土壤中发生渗透、聚集、运移胶体微粒现象，是空气和水相互作用的结果，显著的干湿交替可能引起土壤胶体的释放。

农田中的植被与径流中胶体物质也存在密切关系（Poirie et al.，2012）。Yu 等（2012）设计实验研究了径流中植被密度对胶体迁移和去除的效应，其实验结果表明，植被（包括根部）对胶体微粒具有吸附作用，在去除地表和地下流中的胶体起到一定积极作用。

土壤团聚体在环境扰动下发生分散或活化，与溶解态磷结合形成胶体磷，不同磷组分的化学活性不同，结合体的稳定性会有差异（Sauve et al.，2000）。Celi 等（2001）在研究 pH 和电解质对肌醇磷在针铁矿上的交互作用中，发现肌醇磷饱和的针铁矿在 pH 为 2～10 时分散性都很好，而无机磷酸盐饱和的针铁矿在 pH 大于 5 时才有良好的分散性，表明有机磷对胶体迁移和稳定性的强化作用更显著。

1.5　土壤胶体磷存在的双重效应

胶体磷对磷的生物可利用性有一定的促进作用，但胶体磷的浸出会导致磷元素养分的损失。

1.5.1　胶体磷对磷的生物可利用性的影响

在磷元素匮乏的土壤中，胶体是可流动磷的主要组分。胶体是至少在一维空间中大小在 1～1000nm 的颗粒，这使得它们可以通过布朗运动向周围的相进行扩散，而不是由于重力作用沉降下来（Ilg et al.，2005）。Santner 等（2012）发现营养液中植物根系对磷的吸收受到磷向根系扩散作用的限制，但是通过向溶液中添加磷-纳米氧化铝缓冲溶液（NPs）可以克服扩散屏障。他们认为，NPs 上吸附的磷在植物根系附近会释放，该处真溶解态磷的含量几乎为 0，这表明胶体磷是可以通过其胶体载体移动的，从而被植物根系吸收。此外，还有研究表明，在磷元素缺乏的时候，淡水水藻会吸收利用铁氢氧化物胶体上吸附的磷元素（Baken et al.，2014）。当前，越来越多的研究通过纳米材料，利用纳米缓冲溶液吸附胶体磷并迁移至植物根系释放，从而提高植物对磷的吸收利用。例如，Raliya 等（2016）利用磷-纳米氧化锌缓冲溶液提高磷酸酶（如肌醇六磷酸酶）的活性，从而增加了绿豆对磷的吸收。

Montalvo 等（2015）以火山灰土和氧化土的浸提液为研究对象，对比了没有过滤（含有胶体）以及经过 3kDa 过滤（不含胶体）的溶液中小麦对磷的吸收情况。实验表明，在火山灰土浸提液中，未过滤溶液中小麦对磷的吸收量是过滤溶液吸收量的 5 倍。而在氧化土浸提液中，两种溶液中磷的吸收量没有显著差异。该结果表明来自火山灰土的胶体磷不具有化学惰性，有助于植物对磷的吸收利用。在未过滤溶液中植物对磷的吸收量较高，一方面是因为溶液中不稳定胶体的存在（相当于自由离子的缓冲作用）增强了自由的磷离子的扩散，另一方面是植物根系对胶体磷可以直接吸收利用。

1.5.2 胶体磷对钼蓝反应磷测定的影响

胶体磷会干扰钼蓝反应磷的测定。Koopmans 等（2005）证实了胶体对钼蓝反应磷测定的影响。低的离子强度的浸提（平均浓度为 0.64mmol/L）可能会导致土壤分散，增加浸提液从土壤中分离出来的胶体的含量。Koopmans 等（2005）向溶液中加入氯化钠，经过 0.45μm 滤膜过滤，发现钼蓝反应磷的含量平均降低了 93%，这一方面归因于过滤对磷的去除，另一方面是低的离子强度导致了胶体颗粒对钼蓝反应磷测定的直接干扰。

此外，有研究表明，标准的钼蓝反应技术测定磷含量可能严重高估了天然水体中存在的正磷酸盐，这种差异一方面是由于有机磷组分的水解作用（Kjaergaard et al.，2004），另一方面则是该方法忽略了胶体对磷形态所起的作用（Klapper，1991）。

1.5.3 胶体磷的浸出流失情况

胶体磷的浸出会导致农业土壤中磷的损失。Siemens 等（2008）利用原状土柱的灌溉模拟实验，探究了土壤中磷元素累积是否会提高胶体磷从砂质土壤中浸出的浓度。实验中，胶体磷的浸出浓度范围是 0.46～10μmol/L，占浸出总磷的 1%～37%。实验中缺磷和富含磷的土柱的渗滤液中胶体磷的含量没有显著差异，同时，从 40cm 土柱淋溶得到的胶体磷含量并没有小于从 25cm 土柱淋溶得到的胶体磷。这些结果表明，砂质土壤中磷的累积并不一定会增加胶体磷的浸出，因为有众多和磷形态无关的因素会影响胶体的迁移。相反，在非石灰性土壤中，磷的累积一般会增加磷的饱和度，从而增加真溶解态磷的浓度。这表明，在富含磷的砂质土壤中，真溶解态磷的浸出流失风险要远高于胶体磷的流失风险。

El-Farhan 等（2000）认为养分由于下渗作用通过土壤时会经过气液界面，收集和携带胶体物质，这意味着明显的干湿循环可以促进胶体从土壤中的释放。但是，有研究表明，干燥的土壤会减少从土壤中释放的低能量水分散性黏粒的数量以及从土柱中浸出的胶体数量。这归结于胶体颗粒间黏结性的增加以及干燥土壤中孔隙水离子浓度的增加（Kjaergaard et al.，2004）。Kjaergaard 等（2004）的实验表明，最大浸出量的胶体出现在中等湿度的土壤中。在砂质土壤中，将松弛的土壤团聚体浸湿后胶体的释放不会有大的变化，因为这些土壤缺乏团聚体结构。Zhang 等（2003）证明在交替饱和和不饱和灌溉的条件下，施加超过土壤吸附能力的磷肥会显著增加与铁氧化物结合的胶体磷的浸出。

1.6　农业面源胶体磷流失原位控制策略

1.6.1　农业面源磷元素流失阻控

随着农业面源磷污染带来的水体富营养化问题日益突出，研发有效的农田磷流失阻控策略引起国内外的广泛关注。相对于点源污染，农业面源污染具有随机性、分散性和空间异质性，与当地地形地貌、水文气候、土地利用情况等众多因素相关，使面源污染的有效控制尤为困难。因而，针对大流域尺度，国内外多采用综合治理措施。欧美等国家和地区广泛实行最佳管理措施（best management practices，BMPs）以改善流域水质，美国环境保护署（USEPA）将 BMPs 定义为“任何能够减少或预防水资源污染的方法、措施或操作程序，包括工程、非工程措施的操作和维护程序”（代才江等，2009）。BMPs 侧重于国家、地方政府及农户共同参与，通过耕作管理、养分管理、畜禽养殖管理等管理措施与缓冲带、人工湿地、降雨沉淀塘等工程措施的综合应用控制、降低农业面源污染（D’Arcy and Frost，2001）。中国科学院南京土壤研究所吴永红等（2011）基于我国经济发展特征提出了农业面源污染控制的策略性理论，即“减源-拦截-修复”理论（简称 3R 理论），强调在农业面源污染控制工程建设过程中，从源头开始减少污染物输入，以生态工程措施削减污染物迁移，并进行深度处理，在此基础上对整个农业生态系统进行生态修复，实现农业与环境利益的双赢。

虽然农业面源污染发生过程复杂、发生途径多样，但农田氮磷等生源要素是面源污染的物质基础，在农田水分运动的驱动下向水体运移是面源污染发生的本质（Wang et al.，2001）。可见，相比于人工湿地、缓冲带等过程拦截及污水处理等末端治理的治标技术，有效的农田营养元素原位控制措施可谓农田面源污染最小化的治本技术（张维理等，2004）。

农田土壤磷向地表水体的运移主要以溶解态磷和颗粒态磷两种形态通过渗漏和地表径流两种途径发生（Schoumans and Chardon，2003）。一般而言，两种途径中土壤溶解态磷的流失与土壤磷饱和度密切相关，在磷饱和度低的土壤中，土壤溶解性磷主要被土壤固相组分吸持，在土壤溶液中储存量少，流失潜能低；而在磷饱和高土壤中，土壤溶解性磷的流失量显著提高，通过两种途径的流失潜能很大。例如，Pautler 和 Sims（2000）发现土壤溶解态磷含量在磷饱和度高于30%时显著升高，表明土壤溶解性磷的流失潜能增加。鉴于此，针对磷饱和度低的土壤，主要通过平衡施肥技术以尽可能减少土壤磷流失。何传龙等（2011）考察了减量施肥对菜地土壤养分淋失的影响，结果表明，减量施肥使N、P淋失量分别减少90.0%、78.4%。而对于磷饱和度高的土壤，则主要通过土壤改良剂等吸附固定土壤溶解性磷而减少其流失量。Nelson等（2011）利用生物质炭对土壤进行改良，结果发现在未添加外源磷元素的情况下，施用生物质炭显著降低了土壤磷的有效性，但是添加外源磷元素的条件下，施用生物质炭则促进了土壤有效磷的释放。姬红利等（2011）发现以硫酸铝作为土壤改良剂施用，可显著减少农田土壤中溶解性磷的流失量。

另外，土壤溶解性磷和颗粒态磷还可能通过土壤裂隙等形成的优势流进行迁移（Addiscott and Thomas，2000）。例如，Stamm等（1998）研究发现，草地土壤中优势流的存在显著促进了土壤磷元素的流失，并且主要以溶解态磷和颗粒态磷储存。章明奎和王丽平(2007)针对旱耕地土壤磷垂直迁移机理的研究也表明土壤优势流可促进磷元素迁移。因此，针对优势流的产生特点，通常通过改善土壤孔隙结构等农艺措施防止土壤优势流产生，进而抑制土壤磷元素流失（王道涵和梁成华，2002）。然而，相对于渗漏途径，地表径流一般认为是农田土壤磷元素流失的主要途径，是受纳水体磷元素的主要供给源（全为民和严力蛟，2001）。因此，开发控制土壤径流磷元素流失的原位控制技术具有重要实际应用价值。这些原位控制技术主要包括水土保持耕作技术（保护性耕作、作物残茬管理等）（全为民和严力蛟，2001）、土壤水分-养分控制技术（alternate wetting and drying integrated site-specific nutrient management，AWD-SSNM）、土壤改良剂施用（如金属硫酸盐、聚丙烯酰胺、粉煤灰）等（Sojka et al.，2007）。

1.6.2 保护性耕作原位控磷

保护性耕作作为一种管理理念，具有保持水土和提高作物产量的潜力，近年来在全球范围内受到普遍关注（Andersson and Giller，2012；Powlson et al.，2016）。最小的土壤扰动（如免耕）、土壤覆盖（如残茬覆盖）和多种作物轮作是保护性耕作的主要组成部分。在某些情况下，土壤结构的退化导致土壤中有机质含量低的细颗粒持续压实。这种土壤更容易通过水和风蚀造成土壤侵蚀，最终导致沙漠化，就像20世纪30年代美国所经历的那样（Biswas，1984）。传统的土壤耕作方式不仅造成田间土壤、水分和养分流失，而且降低了有机质含量，物理结构脆弱的土壤则会出现作物产量低、水肥利用率低的现象（Wang et al.，2007）。耕作对土壤、环境等的影响取决于耕作的时间和耕作系统的组合。毫无疑问，如果这些土壤得到良好的健康管理，不同作物的产量潜力可以显著提高（Indoria et al.，2016）。然而，土壤物理管理技术具有地域特殊性，其带来的效益主要取决于当地作物以及耕作制度以外的降雨强度、坡度和土壤质地等。因此，科学家和决策者强调以保护性耕作体系作为传统耕作的替代形式。与传统的耕作方式相比，保护性耕作增加了收获后留在土壤中的农作物残留量，减少了土壤侵蚀，增加了有机质，提高了土壤聚集、渗水和持水能力（Basic et al.，2004）。在不同的气候条件和土壤类型下，减少耕作，覆盖作物残茬和作物轮作有可能逆转土壤的物理、化学和生物降解过程（Daraghmeh et al.，2009）。与传统耕作相比，保护性耕作有几个好处，如经济效益、节约成本和时间、减少侵蚀、保持水土（Głąb and Kulig，2008）、增加土壤肥力或减少养分流失（Limousin and Tessier，2007）。因此，保护性耕作管理（免耕技术）成为农田最成功的土壤管理技术之一，在全球范围内得到应用（Lieskovský and Kenderessy，2014）。

保护性耕作对土壤性质的影响有所不同，这些变化取决于所选择的特定系统。免耕管理会影响到土壤、水文和地貌等（Gao et al.，2014）。保护性耕作改善了土壤结构，从而促进了养分循环，提高了水资源可利用性和生物多样性，同时减少了水蚀和风蚀，改善了地表水和地下水质量（Lahmar，2010）。不同类型的保护性耕作下，土壤物理性质普遍得到改善。一般而言，免耕土壤的物理性质比耕作系统下的更加有利。免耕处理可以保持较高的表土覆盖率，导致土壤性质的微小变化，尤其是在几厘米以上的表层土壤（Anikwe and Ubochi，2007）。免耕条件下活性有机物质组分积累，大孔隙以及土壤聚集也因此增多，渗透率和内部排水得到提高，土壤持水能力也得到改善。免耕土壤的最佳入渗能力通常对于长期保水而言是非常理想的，但是在高入渗速率下，也可能导致一些养分物质更快地浸出。

保护性耕作对稻田土壤性质的改变会进一步影响农田磷元素的迁移。在大多数情况下，保护性耕作通过将表层的磷转化为有机磷来提高磷的利用率。植物从根部下方吸取磷元素，“挖掘”并将磷元素沉积在土壤表层上；传统耕作系统，由于对土壤的扰动，土壤表层的磷会被重新混合到土壤剖面中，而在保护性耕作中，磷则累积在土壤表面（Zibilske et al.，2002）。因此，磷元素保持可能是保护性耕作的一个潜在优势，其还能提高磷的可利用率。一些研究发现，与耕作土壤相比，免耕的可提取磷水平较高（Franzluebbers and Hons，1996；Duiker and Beegle，2006）。这是因为在免耕时，磷肥与土壤的混合减少，从而导致磷的固化减少。Ismail 等（1994）研究表明砂壤土在免耕 20 年后，0～5cm 土层的可提取磷比例高于传统的耕作处理，但是 5～30cm 土层的可提取磷比例少于传统耕作。也有研究表明与翻耕的表层土壤相比，免耕表层土壤的可提取磷水平较高（Unger，1991）。因此，连续免耕后土壤表层磷累积的现象常被发现（Franzluebbers and Hons，1996）。

保护性耕作具有减少农业生态系统的干扰，提高土壤肥力，增加有机物投入，提高植物覆盖度等特点，可以改善土壤聚集性。土壤结构和土壤团聚体的稳定性与土壤团聚体内土壤有机质的物理性保护密切相关（Bachmann et al.，2008）。团聚体的稳定性取决于团聚体内部的黏结强度与可能受到破坏的区域分布，这些受破坏的区域与空气填充孔隙的几何形状、小的裂缝、土壤颗粒之间有机矿物或其他黏合剂的强度有关（Kodešová et al.，2009）。在农作物系统中观察到免耕土壤层中土壤团聚体浓度最大值高于传统耕作的最大值，这通常是由于免耕土壤干扰减少，导致土壤有机质增加（Andersson and Giller，2012）。免耕土壤中有机质的增加提供了更多的可用能量用于微生物黏液和黏合剂的生产，这有助于在土壤聚集期间将土壤颗粒结合在一起（Caesar-Tonthat，2002）。在德国哥廷根，Jacobs 等（2009）发现，与传统耕作相比，最低程度的耕作提高了团聚体的稳定性。Zhang 等（2012）报道了不同耕作方式下 0～20cm 土壤团粒分布，研究表明免耕条件下，大于 2mm 的大团聚体所占比例显著高于传统耕作条件下的比例。捷克黏性土壤的水稳性团聚体（0～20cm，6 年平均值）的比例为：耕作土壤为 27.8%，免耕土壤为 45.9%。此外，土壤团聚体的浓度和稳定性还与作物残留物的分解速率有关，较慢的残渣分解使得大量稳定的微团聚体（直径≤0.25mm）结合在一起形成稳定的大团聚体（直径>0.25mm）（Six et al.，2000）。

研究表明，免耕可以增加大孔隙的连通性，且有效地保持大孔隙，而耕作却使其中的许多大孔隙受到破坏（Edwards，1988）。与传统的耕作方式相比，总孔隙度和土壤容重存在不一致的变化（Stubbs et al.，2004）。植物根系生长、动物（如蚯蚓）的活动或其他连续不均匀通道通常会形成大孔隙。在免耕系统下，蚯蚓的种群数量通常高于传统耕作系统（Blancocanqui and Lal，2007），而与容重直接相关的总孔隙度在免耕处理下降低。Jiang等（2007）的研究表明，免耕处理将增加微孔（<10μm）的数量，即使在土壤有黏盘的情况下。在从传统耕作向免耕转换的地区，容重通常会增加，除非土壤有机质含量增加或大孔隙比例增加。在免耕条件下，如增加残茬覆盖物，增加冬季覆盖作物（包括小粒谷物轮作），会增加孔隙度（Blancocanqui and Lal，2007；Jemai et al.，2013）。Raczkowski等（2012）在北卡罗来纳州进行了一项为期8年免耕实验，实验在砂质土壤，低残留的棉花、大豆、花生以及高残留玉米和高粱的轮作系统下进行。这项研究表明，与传统耕作相比，免耕的容重更高，大孔隙度更低和微孔率更高。这些结果是预料之中的，因为使用了低残留作物，在潮湿的气候条件下以及温热的土壤环境下，残留物迅速分解。

免耕土壤的渗透率有时（但并非总是）明显高于耕作土壤。渗透速率的增加主要是因为土壤表面的残茬物对雨滴冲击的保护作用和靠近土壤表面的团聚体的稳定性以及垂直导向的大孔隙的表面和次表面层之间的连续性（Ehlersw，1997）。渗透率可能会随着时间的推移而增加，免耕土壤的渗透率显著高于耕作土壤的（Vogeler et al.，2009）。这些效应通常归因于免耕土壤中团聚体稳定性更大，以及有更多的有机质和保护性的残茬物（Lampurlanés and Cantero-Martínez，2006）。然而，渗透速率与土壤表面几毫米的渗透性以及该层中孔隙与下层孔隙的连通性紧密相关。免耕条件下，蚯蚓接连不断地从地表潜入地下，有助于增加渗滤量和降低径流量。在免耕土壤表面会出现一层土壤结皮，可能是由残茬物覆盖不完全时的雨滴冲击引起的，这将大大降低渗透率（Armand et al.，2009）。

我国高产稻田土壤中存储的“遗产磷”（以Olsen-P计）含量一般在20mg/kg以上（鲁如坤，2000）。如此高的“遗产磷”库可能以胶体磷等形态流失，特别是在传统耕作模式下，土壤的扰动容易加剧磷流失。因此，以免耕为核心的保护性耕作有望降低胶体磷从土壤释放进入田面水、沟渠及毗邻水体的水平。

1.6.3 粪源生物炭原位控磷

随着畜禽产业的发展，粪肥中的磷元素由于其可移动性强，可能会导致磷的流失。由于粪肥中磷元素的溶解度高（Liang et al.，2014），土壤中有机肥的施用可能会导致磷元素的径流损失从而造成水体富营养化；同时粪肥的储存问题也可能会导致养分流失（Brands，2014）。McDowell等（2001）曾报道在牛粪中，水溶性磷占无机磷的50%，在降雨期间，发现有95%的水溶性磷释放到土壤中。有机粪肥如果不加以管理，随处排放，会造成严重的环境问题，如被病原体污染的水体和土壤（Gerba and Smith，2005），有机污染物（如抗生素等）（Poulsen and Bester，2010）、硝酸盐、温室气体（N_2O、CH_4等）的排放和氨的挥发（Kirchmann and Witter，1989）。这些废弃物在施加到土壤前，通过热解的方式转化为粪源生物炭，可以有效减少上述环境风险。Dai 等（2014）的研究表明，将牛粪通过水热碳化处理制成牛粪生物炭，与原料相比，生物炭中磷的含量显著增加 20%，而水提取磷和 Mehlich-III 提取磷分别减少 80%和 50%以上。磷的溶解度降低，可能是由于通过水热碳化，生物炭中磷灰石显著增加（增长率大于 85%）以及可溶性钙磷减少了 50%。研究表明，将牛粪水热碳化成牛粪生物炭，可以有效固定牛粪中的磷元素，减少养分的损失。

畜禽粪便可能并不是理想的热处理原料，由于其水分和碱性金属含量高，高温下燃烧和气化会导致灰分团聚（Di Gregorio et al.，2014），而在较低温度（300～600℃）下热解时，与燃烧气化相比，可以减少灰分团聚以及有害气体的排放（NO_x、SO_2 和颗粒物）。但是，从废物管理的角度来看，将粪便进行热解处理有很多优点，主要是可以减少运输过程中体积和质量的浪费，减少病原体以及气味化合物，降低养分的径流损失；同时生产得到的灰分、生物炭以及气体还可以进行销售获益（Marchetti and Castelli，2013）。

粪源生物炭由于其灰分含量高，对酸性土壤具有石灰效应（Subedi et al.，2016）。生物炭改良土壤可以促进作物的生长，主要是通过增加作物对营养的吸收效率，减少土壤中某些物质的浸出。由木质热解而成的生物炭（木炭）含有较低的养分，只有当与肥料一同施用时，对作物的生长才具有促进作用（Subedi et al.，2015；Schmidt et al.，2015）。而粪源生物炭则由于其原料中营养物质丰富（Cantrell et al.，2012），可以直接作为生物肥料，但是其对于农学的价值，还需要进一步的实验验证。Subedi 等（2016）通过 150 天的盆栽实验评估了粪源生物炭在促进植物生长和改善土壤物理化学性质方面的潜力。研究中共有 3 种生物炭[家禽废弃物 PL（poultry litter）、猪粪 SM（swine manure）、木屑 WC（wood chip）]，其中 PL400 和 SM400 显著提高了植物的干物质和产量，同时提高了植物对土壤中氮、磷、钾元素的吸收。3 种生物炭处理都显著提高了土壤中碳的含量。脱氢酶活性在 PL400 和 SM400 处理下有显著提高，并且和生物炭中挥发物的含量呈正相关。研究结果表明，热解动物粪便得到的生物炭既可以作为土壤改良剂，还可以用作有机肥料，它可以提高作物对氮、磷、钾的吸收利用率，具有较强的石灰效应，同时可以增强土壤养分的可利用性，但是 WC 生物炭只能和肥料协同工作（有机和矿物质结合）。

Wang 等（2015）在实验室研究了家禽废弃物制成的生物炭中磷的水提性以及在土壤中释放的动力学规律。热解处理将家禽废弃物中不稳定的磷元素转化为生物炭中稳定的镁磷和钙磷，这些磷在水中不可萃取但质子可以释放。热解前，生物炭原料的总磷含量为 13.7g/kg，热解后，生物炭中总磷含量为 27.1g/kg。而可溶性磷从 2.95g/kg 下降到 0.17g/kg。家禽废弃物生物炭中可溶性磷的主要形式是正磷酸盐，其次是聚磷酸盐，有机磷酸盐几乎是没有的。生物炭中磷的释放是受到酸度驱动的，会随着溶液中酸度的提高而增加。与原始的家禽废弃物相比，生物炭不仅富含磷元素，而且可以在土壤中长期、缓慢、稳定地释放。这可以促进作物对磷元素的吸收，同时减少地表径流的损失。与家禽废弃物相比，将其热解制成生物炭可以减少营养物质的释放，从而减少家禽业对环境的影响。Song 和 Guo（2012）的研究表明，热解温度大于 350℃时，家禽废弃物制成的生物炭中可溶性磷的含量会从 19.5%下降到 6.9%；Cao 和 Harris（2010）的研究也表明热解温度大于 350℃时，牛粪生物炭中可溶性磷会从 10.2%下降到 0.21%。

生物炭具有储存碳源（减缓气候变化）、土壤改良与管理、环境修复、废弃物管理和能源的可持续利用等功能（Barrow，2012）。生物炭不仅含有碳元素，同时还富含其他植物所需的营养元素，施用生物炭的目的之一在于为营养缺乏、低肥力和退化土壤的植物提供养分（Woolf et al.，2010）。生物炭的施用对土壤养分的保持（Kloss et al.，2014）和可利用性的增强都是很重要的（Wang et al.，2012）。但是，当前关于生物炭应用对土壤中磷元素的影响（增强磷的吸附或释放磷元素）的研究结果是有所矛盾的（Xu et al.，2014）。部分研究表明生物炭的添加会增强磷的有效性（Kloss et al.，2014），但是也有报道显示生物炭对磷元素有吸附作用（Schneider and Haderlein，2016），可以减少磷元素释放。有的生物炭富含磷元素，还可以作为土壤的释磷肥料（Peng et al.，2012；Streubel et al.，2012）。生物炭添加对于土壤中磷元素的作用（吸附或释放）是由土壤和生物炭颗粒间的化学吸附作用以及静电吸引或排斥导致的溶解或吸附作用共同决定的（Zhang et al.，2016）。在这些复杂的过程中，磷的可利用性可以用吸附机制进行描述，即由于生物炭的施加增强了土壤的阳离子交换量，磷的可利用性有所增强（Gundale and Deluca，2007；Novak et al.，2009）。生物炭对磷可利用性的影响一方面是由于生物炭改变了土壤 pH（Gundale and Deluca，2007）；另一方面是生物炭溶解有机物导致的静电斥力作用与土壤中磷的吸附点位产生竞争作用（Schneider and Haderlein，2016）。长期的研究表明，当前无法明确阐述生物炭加入土壤中营养物质的迁移和转化（Jeffery et al.，2011），以及生物炭和环境污染的关系（如富营养化）（Jeffery et al.，2015）。

在酸性砂土中加入生物炭，生物炭对磷是吸附作用还是增加磷的可利用性取决于生物炭本身的性质。Dari 等（2016）研究了硬木生物炭和家禽废弃物生物炭对于土壤保磷性质（即吸附还是释放磷）的影响。培养结束后，各种磷添加水平下磷的浓度和磷吸附的含量表明，无论添加何种生物炭，与生物炭施加前土壤磷的储存量相比，磷的保持率都有所提高。生物炭作为可溶性无机养分，没有降低土壤结合磷的能力。此外，土壤中磷的最大保持量随着生物炭施加量的增加而有所增加。在土壤溶液磷浓度高时，生物炭会增强磷的吸附作用。该研究表明，施加到土壤中的生物炭对磷元素的作用不仅仅取决于生物炭的性质，还取决于土壤的保磷性能。

随着世界上磷肥的逐渐消耗，与畜禽粪便相比，粪源生物炭在时间和空间上都更易于储存，因此可以作为农作物有效磷的重要来源（Marchetti and Castelli，2013）。此外，粪源生物炭具有多孔结构以及丰富的养分，这些特性有助于土壤污染物的固定和肥力的改善（Tsai et al.，2012）。因此，为了解决全球磷资源稀缺的问题，粪源生物炭可以作为替代磷肥的资源之一（Vassilev et al.，2013）。添加粪源生物炭会增加土壤中磷的可利用性，其原理与其他生物炭相似：①增加土壤 pH，改变阳离子活性（如铝离子、铁离子和钙离子），从而可以降低磷的吸附、增加磷的解析过程（Xu et al.，2014）；②生物炭本身就含有大量的可溶性磷，增加了土壤溶液中可提取的磷元素（Vassilev et al.，2013）；③磷酸酶可以将有机磷转化为无机磷，而生物炭可以改善土壤中磷酸酶的微环境，从而提高磷的可利用性（Nèble et al.，2007）。

粪源生物炭由于其养分含量高，虽然与热解原料相比，可溶性磷等易于析出的成分有所减少，但是与其他原料的生物炭相比，施加到土壤中对磷元素的浸出有较大的促进作用。

Madiba 等（2016）探究了生物炭是否可以在小麦种植过程中降低磷的浸出，增加磷的吸收。研究采用了鸡粪（chicken manure，CM）生物炭和小麦麦麸（wheat chaff，WC）生物炭，磷肥设置 0、1%、2%三种施加条件，进行淋溶实验。与对照组相比，发现由于加入的生物炭富含磷元素，生物炭虽然增加了植株对磷的吸收，但是也增加了磷的浸出。同时，与 WC 相比，CM 的添加会显著增加土壤中有效磷和微生物量磷的含量。因此，生物炭不可以用于缓解砂壤土的磷元素淋失。

Guo 等（2014）通过淋溶实验发现，随着沼液和牛粪生物炭施加量（0、2%和 4%）的增加，土壤中有效磷和有效钾的含量显著增加；在淋溶溶液中，总氮、总磷、总钾的含量都随着施加沼液量的增加而增加。同时，生物炭会显著增加淋溶溶液中总磷、有效磷、总钾的浓度。生物炭添加量为 2%时，对总氮去除率在 10.6%以上，但是总钾含量增加；在 4%生物炭处理下，总磷去除率在 7.19%，总氮、总钾含量增加。因此，沼液和生物炭都会增加营养元素的浸出。Troy 等（2014）探究了两种生物炭（猪粪生物炭和云杉生物炭）对在低磷耕作区土壤施加猪粪时，碳、氮、磷浸出的影响。结果显示，猪粪生物炭不仅增加了土壤中磷的含量，还增加了浸出液中磷和碳的含量。但是，生物炭添加到土壤中磷的释放是不一致的。例如，将木炭加入到施加了有机肥的土壤中，可溶性磷的浸出减少了 69%，但是加入鸡粪生物炭时，可溶性磷显著增加（Laird et al.，2010）。

粪源生物炭以及污泥生物炭等由于含有大量的矿物成分，施加到土壤中会使得部分营养元素缓慢释放（如钙、镁、钾、磷等）（Lone et al.，2015；Liang et al.，2014）。因此，土壤长期施加生物炭会产生金属累积的风险，这主要取决于生物炭的原料和土壤性质（Shen et al.，2016）。Buss 等（2016）研究了 19 种生物炭施加到土壤中的风险适宜性，结果表明，高矿物含量的生物炭虽然是有益的营养来源，但是其中也会含有很多的有毒元素，因此在实际施用前需要评估其肥力以及毒性。

Zhao 等（2013）发现施用富含重金属的生物炭可能会造成环境中重金属的释放。实验表明，猪粪生物炭的施加使土壤中钾、磷、镁的含量提高了 40～50 倍，而施加污泥生物炭后，土壤中的营养元素只提高了 2～4 倍，但是钙的释放则是污泥生物炭要高于猪粪生物炭，碱性土壤中磷、钙、镁的释放要高于酸性土壤。由于原料的累积，重金属会积累在生物炭中，因此粪源生物炭的施加要考虑其环境效益，尤其是重金属的浸出情况。

1.6.4 聚丙烯酰胺原位控磷

阴离子型聚丙烯酰胺（polyacrylamide，PAM）是一种由丙烯酰胺聚合而成的具有交联结构的高分子材料，可促进土壤细小颗粒相互凝聚，形成稳定团聚体，从而减少土壤水蚀和风蚀。另外，PAM 具有空间网状结构，而且分子基团和水分子之间可以相互缔合，具有保水性。Sojka 等（2007）全面回顾了 PAM 技术在农业和环境养分管理中的应用范围，并将环境和生物安全问题纳入其中。在 20 世纪 80 年代，研究人员认识到 PAM 对土壤改良的作用，并逐渐认识到 PAM 在土壤管理中的应用潜力。自 20 世纪 90 年代以来，PAM 已成为美国水土保持工作的一项重要处理手段，尤其在沟灌系统中。作为土壤改良剂，PAM 具有改善不同土壤类型的物理性质、增加团聚体稳定性、保持高渗透率、减少土壤径流的特点（Busscher et al.，2007），因此得到广泛的研究（Flanagan，2003；Flanagan and Canady，2006；Lentz et al.，1996）。

PAM 通常通过土壤和聚合物阴离子基团之间的阳离子桥吸附到土壤中，土壤溶液中的多价阳离子（如Ca^{2+}）会将带负电荷的土壤颗粒和多聚物桥接在一起（Laird，1997）。因此，改良剂，如石膏（可以将Ca^{2+}提供给地表土壤溶液），可以使聚合物在土壤中一直保持絮凝状态，提高聚合物的效力（Shainberg and Levy，1994）。Flanagan（2003）研究发现将 PAM 与石膏改良剂结合共同施用于土壤表面，因石膏可以提供二价阳离子，可以帮助 PAM 更有效地减少黏土分散，并使 PAM 分子和土壤团聚体桥接在一起。

目前，文献中大部分的 PAM 研究都集中在土壤物理性质、渗透率、径流和土壤侵蚀的研究上，考察 PAM 对养分迁移影响的研究较少。Lentz 等（1996）发现 PAM 对正磷酸盐的影响不大，但总磷流失量减少了 25%。Sojka 和 Entry（2003）在田间试验中发现在沟渠中施加 PAM 后，径流中的总磷浓度降低了 90%。Flanagan 和 Canady（2006）研究了 PAM 在家畜潟湖中的使用及其对可溶性养分和总养分流失的影响。他们发现，PAM 处理减少了可溶性磷酸盐和总磷的流失。也有一些研究表明 PAM 可以降低径流中养分的流失，尤其是磷元素流失（Oliver and Kookana，2006）。PAM 虽然可以有效减少农田磷元素流失，但其作用还受土壤质地、PAM 施加量等众多因素的影响。崔海英等（2006）研究发现在黏粒含量较高的土壤中，PAM 发挥的作用更大，而在砂粒含量高的砂性土壤中，施加 PAM 会使土壤中大团聚体增多从而堵塞土壤孔隙，降低土壤渗透率，从而增加地表径流。

参 考 文 献

柴世伟，裴晓梅，张亚雷，等. 2007. 农业面源污染及其控制技术研究. 水土保持学报，20（6）：192-195.

陈洪松，邵明安. 2000. 非点源污染物细颗粒泥沙的絮凝-分散研究. 生态环境学报，9（4）：322-325.

崔海英，任树梅，刘东. 2006. 聚丙烯酰胺对不同土壤坡地降雨产流产沙过程的影响. 中国水土保持，2：20-22.

代才江，杨卫东，王君丽，等. 2009. 最佳管理措施（BMPs）在流域农业非点源污染控制中的应用. 农业环境与发展，26：65-67.

何传龙，马友华，李帆，等. 2011. 减量施肥对菜地土壤养分淋失及春甘蓝产量的影响. 土壤通报，42（2）：397-401.

何萍，王家骥. 1999. 非点源（NPS）污染控制与管理研究的现状，困境与挑战. 农业环境科学学报，18（5）：234-237.

胡宏祥，洪天求，马友华，等. 2007. 土壤及泥沙颗粒组成与养分流失的研究. 水土保持学报，21（1）：26-29.

胡俊栋，沈亚婷，王学军. 2009. 离子强度，pH 对土壤胶体释放、分配沉积行为的影响. 生态环境学报，18：629-637.

黄满湘，周成虎，章申，等. 2002. 农田暴雨径流侵蚀泥沙流失及其对氮磷的富集. 水土保持学报，16（33）：13-16.

姬红利，颜蓉，李运东，等. 2011. 施用土壤改良剂对磷元素流失的影响研究. 土壤，43（2）：203-209.

贾明云. 2010. 土壤胶体颗粒相互作用的光散射研究. 重庆：西南大学.

蒋茂贵，方芳，望志方. 2009. MCR 技术在农业面源污染防治中的应用. 环境科学与技术，S1：4-5.

梁涛，王浩，章申，等. 2003. 西苕溪流域不同土地类型下磷元素随暴雨径流的迁移特征. 环境科学，24（2）：35-40.

鲁如坤. 2000. 土壤农业化学分析方法. 北京：中国农业出版社.

全为民，严力蛟. 2001. 农业面源污染对水体富营养化的影响及其防治措施. 生态学报，22（3）：291-299.

王道涵，梁成华. 2002. 农业磷元素流失途径及控制方法研究进展. 生态环境学报，11：183-188.

王永壮，陈欣，史奕. 2013. 农田土壤中磷元素有效性及影响因素. 应用生态学报，24（1）：260-268.

吴永红，胡正义，杨林章. 2011. 农业面源污染控制工程的“减源-拦截-修复”(3R)理论与实践. 农业工程学报，27(5)：1-6.

熊毅. 1979. 土壤胶体的组成及复合. 土壤通报，5：1-8.

徐彭寿，潘国强. 2009. 同步辐射应用基础. 合肥：中国科学技术大学出版社.

严玉鹏，万彪，刘凡，等. 2012. 环境中植酸的分布、形态及界面反应行为. 应用与环境生物学报，18（3）：494-501.

晏维金，章申，唐以剑. 2000. 模拟降雨条件下沉积物对磷的富集机理. 环境科学学报，20（3）：332-337.

杨林章，吴永红. 2010. 农业面源污染控制工程战略："减源-拦截-修复"（3R）理论与实践. 南昌：中国水环境污染控制与生态修复技术高级研讨会.

张林，吴宁，吴彦，等. 2009. 土壤磷元素形态及其分级方法研究进展. 应用生态学报，20（7）：1775-1782.

张维理，武淑霞，冀宏杰，等. 2004. 中国农业面源污染形势估计及控制对策Ⅰ. 21世纪初期中国农业面源污染的形势估计. 中国农业科学，37（7）：1008-1017.

章明奎，王丽平. 2007. 旱耕地土壤磷垂直迁移机理的研究. 农业环境科学学报，26：282-285.

Addiscott T M，Thomas D. 2000. Tillage，mineralization and leaching：phosphate. Soil and Tillage Research，53（3-4）：255-273.

Ajiboye B，Akinremi O O，Jurgensen A. 2007. Experimental validation of quantitative XANES analysis for phosphorus speciation. Soil Science Society of America Journal，71：1288-1291.

Ajiboye B，Akinremi O O，Hu Y，et al. 2008. XANES speciation of phosphorus in organically amended and fertilized vertisol and mollisol. Soil Science Society of America Journal，72（5）：1256-1262.

Andersson J A, Giller K E. 2012. On Heretics and God's Blanket Salesmen: Contested Claims for Conservation Agriculture and the Politics of Its Promotion in African Smallholder Farming//Contested Agronomy. New York: Routledge：34-58.

Anikwe M A N，Ubochi J N . 2007. Short-term changes in soil properties under tillage systems and their effect on sweet potato（*Ipomea batatas* L.）growth and yield in an Ultisol in south-eastern Nigeria. Australian Journal of Soil Research，45（5）：351-358.

Armand R，Bockstaller C，Auzet A V，et al. 2009. Runoff generation related to intra-field soil surface characteristics variability：application to conservation tillage context. Soil & Tillage Research，102（1）：27-37.

Bachmann J, Guggenberger G, Baumgartl T, et al. 2008. Physical carbon-sequestration mechanisms under special consideration of soil wettability. Journal of Plant Nutrition & Soil Science，171（1）：14-26.

Backhus D A，Gschwend P M. 1990. Fluorescent polycyclic aromatic hydrocarbons as probes for studying the impact of colloids on pollutant transport in groundwater. Environmental Science & Technology，24（8）：1214-1223.

Baken S，Nawara S，van Moorleghem C，et al. 2014. Iron colloids reduce the bioavailability of phosphorus to the green alga *Raphidocelis subcapitata*. Water Research，59：198-206.

Barrow C J. 2012. Biochar：potential for countering land degradation and for improving agriculture. Applied Geography，34：21-28.

Barton D H R，Schnitzer M. 1963. A new experimental approach to the humic acid problem. Nature，198（4876）：217-218.

Basic F，Kisic I，Mesic M，et al. 2004. Tillage and crop management effects on soil erosion in central Croatia. Soil & Tillage Research，78（2）：197-206.

Beauchemin S，Simard R R，Cluis D. 1998. Forms and concentration of phosphorus in drainage water of twenty-seven tile-drained soils. Journal of Environmental Quality，27（3）：721-728.

Beauchemin S，Hesterberg D，Chou J，et al. 2003. Speciation of phosphorus in phosphorus-enriched agricultural soils using X-ray absorption near-edge structure spectroscopy and chemical fractionation. Journal of Environment Quality，32（5）：1809-1819.

Biswas M R. 1984. Agricultural production and environment：a review. Environmental Conservation，11（3）：253-259.

Blancocanqui H，Lal R. 2007. Impacts of long-term wheat straw management on soil hydraulic properties under no-tillage. Soil Science Society of America Journal，71（4）：446-449.

Brands E. 2014. Siting restrictions and proximity of concentrated animal feeding operations to surface water. Environmental Science and Policy，38：245-253.

Busscher W J, Novak J M, Caesar-Tonthat T C, et al. 2007. Amendments to increase aggregation in United States southeastern Coastal Plain soils. Soil Science，172（8）：651-658.

Buss W, Graham M C, Shepherd J G, et al. 2016. Suitability of marginal biomass-derived biochars for soil amendment. Science of the Total Environment，547：314-322.

Cade-Menun B J. 2005. Characterizing phosphorus in environmental and agricultural samples by ^{31}P nuclear magnetic resonance spectroscopy. Talanta，66（2）：359-371.

Caesar-Tonthat T C. 2002. Soil binding properties of mucilage produced by a basidiomycete fungus in a model system. Mycological Research，106（8）：930-937.

Cantrell K B，Hunt P G，Uchimiya M，et al. 2012. Impact of pyrolysis temperature and manure source on physicochemical characteristics of biochar. Bioresource Technology，107：419-428.

Cao X，Harris W. 2010. Properties of dairy-manure-derived biochar pertinent to its potential use in remediation. Bioresource Technology，101（14）：5222-5228.

Celi L，Presta M，Ajmore-Marsan F，et al. 2001. Effects of pH and electrolytes on inositol hexaphosphate interaction with goethite. Soil Science Society of America Journal，65（3）：753-760.

Chen D，Zheng A. 2010. Study of colloidal phosphorus variation in estuary with salinity. Acta Oceanologica Sinica，29（1）：17-25.

Condron L M, Turner B L, Cade-Menun B J. 2005. Chemistry and Dynamics of Soil Organic Phosphorus//Phosphorus: Agriculture and the Environment. New York: American Society of Agronomy, Crop Science Society of America, Soil Science Society of America.

Dai L，Wu B，Tan F，et al. 2014. Engineered hydrochar composites for phosphorus removal/recovery：lanthanum doped hydrochar prepared by hydrothermal carbonization of lanthanum pretreated rice straw. Bioresource Technology，161：327-332.

D'Arcy B，Frost A. 2001. The role of best management practices in alleviating water quality problems associated with diffuse pollution. Science of the Total Environment，265（1）：359-367.

Daraghmeh O A，Jensen J R，Petersen C T. 2009. Soil structure stability under conventional and reduced tillage in a sandy loam. Geoderma，150（1）：64-71.

Dari B，Nair V D，Harris W G，et al. 2016. Relative influence of soil- vs. biochar properties on soil phosphorus retention. Geoderma，280：82-87.

de Jonge L W，Kjaergaard C，Moldrup P. 2004. Colloids and colloid-facilitated transport of contaminants in soils：an introduction. Vadose Zone Journal，3：321-325.

Di Gregorio F，Santoro D，Arena U. 2014. The effect of ash composition on gasification of poultry wastes in a fluidized bed reactor. Waste Management and Research，32（4）：323-330.

Dolfing J，Chardon W J，Japenga J. 1999. Association between colloidal iron，aluminum，phosphorus，and humic acids. Soil Science，164（3）：171-179.

Doolette A L，Smernik R J，Dougherty W J. 2010. Rapid decomposition of phytate applied to a calcareous soil demonstrated by a solution ^{31}P NMR study. European Journal of Soil Science，61（4）：563-575.

Dou Z X，Ramberg C，Toth J，et al. 2009. Phosphorus speciation and sorption-desorption characteristics in heavily manured soils. Soil Science Society of America Journal，73（1）：93-101.

Duiker S W，Beegle D B. 2006. Soil fertility distributions in long-term no-till，chisel/disk and moldboard plow/disk systems. Soil & Tillage Research，88（1）：30-41.

Edwards W M. 1988. Contribution of macroporosity to infiltration into a continuous corn no-tilled watershed：implications for contaminant movement. Journal of Contaminant Hydrology，3（2）：193-205.

Ehlersw. 1997. Optimizing the Components of the Soil Water Balance by Reduced and No-Tillage//Dr Fachverlag W F. Experience with the Application of No-Tillage Crop Production in the West-European Countries. Evora, Portugal：Proceedings of the EC-Workshop HI.

El-Farhan Y H，Denovio N M，Herman J S，et al. 2000. Mobilization and transport of soil particles during infiltration experiments in an agricultural field，Shenandoah Valley，Virginia. Environmental Science & Technology，34：3555-3559.

Elimelech M, Ryan J N. 2002. The role of mineral colloids in the facilitated transport of contaminants in saturated porous media. IUPAC Series on Analytical and Physical Chemistry of Environmental Systems，8：495-548.

Fan C X，Zhang L，Qu W C. 2001. Lake sediment resuspension and caused phosphate release-A simulation study. Journal of

Environmental Sciences，13（4）：406-410.

Flanagan D C. 2003. Using polyacrylamide to control erosion on agricultural and disturbed soils in rainfed areas. Journal of Soil & Water Conservation，58（5）：301-311.

Flanagan D C，Canady N H. 2006. Use of polyacrylamide in simulated land application of lagoon effluent: part I. Runoff and sediment loss. Transactions of the Asabe，49（5）：619-631.

Franke R，Hormes J. 1995. The P K-near edge absorption spectra of phosphates. Physica B，216（1-2）：85-95.

Franzluebbers A J，Hons F M. 1996. Soil-profile distribution of primary and secondary plant-available nutrients under conventional and no tillage. Soil & Tillage Research，39（3-4）：229-239.

Frossard E，Brossard M，Hedley M J，et al. 1995. Reactions controlling the cycling of P in soils. Scope-Scientific Committee on Problems of the Environment International Council of Scientific Unions，54：107-138.

Gao X D，Wu P T，Zhao X N，et al. 2014. Effects of land use on soil moisture variations in a semi-arid catchment：implications for land and agricultural water management. Land Degradation and Development，25（2）：163-172.

Gerba C P，Smith J E. 2005. Sources of pathogenic microorganisms and their fate during land application of wastes. Journal of Environmental Quality，34（1）：42-48.

Gerke J. 1992. Orthophosphate and organic phosphate in the soil solution of four sandy soils in relation to pH-evidence for humic-Fe-（Al-）phosphate complexes. Communications in Soil Science and Plant Analysis，23（5-6）：601-612.

Głąb T，Kulig B. 2008. Effect of mulch and tillage system on soil porosity under wheat（*Triticum aestivum*）. Soil & Tillage Research，99（2）：169-178.

Grolimund D，Borkovec M. 2006. Release of colloidal particles in natural porous media by monovalent and divalent cations. Journal of Contaminant Hydrology，87（3-4）：155-175.

Grolimund D，Elimelech M，Borkovec M，et al. 1998. Transport of *in situ* mobilized colloidal particles in packed soil columns. Environmental Science & Technology，32（22）：3562-3569.

Gschwend P M，Backhus D A，Macfarlane J K，et al. 1990. Mobilization of colloids in groundwater due to infiltration of water at a coal ash disposal site. Journal of Contaminant Hydrology，6（4）：307-320.

Guggenberger G，Haumaier L，Zech W，et al. 1996. Assessing the organic phosphorus status of an oxisol under tropical pastures following native savanna using ^{31}P NMR spectroscopy. Biology and Fertility of Soils，23（3）：332-339.

Gundale M J，Deluca T H. 2007. Charcoal effects on soil solution chemistry and growth of *Koeleria macrantha* in the ponderosa pine/Douglas-fir ecosystem. Biology and Fertility of Soils，43（3）：303-311.

Guo Y，Tang H，Li G，et al. 2014. Effects of cow dung biochar amendment on adsorption and leaching of nutrient from an acid yellow soil irrigated with biogas slurry. Water Air and Soil Pollution，225（1）:1820.

Haygarth P M，Sharpley A N. 2000. Terminology for phosphorus transfer. Journal of Environmental Quality，29（1）：10-15.

He Z，Olk D C，Cade-Menun B J. 2011. Forms and lability of phosphorus in humic acid fractions of hord silt loam soil. Soil Science Society of America Journal，75（5）：1712-1722.

Heathwaite L，Haygarth P，Matthews R，et al. 2005. Evaluating colloidal phosphorus delivery to surface waters from diffuse agricultural sources. Journal of Environmental Quality，34（1）：287-298.

Hedley M J，Stewart J W B. 1982. Method to measure microbial phosphate in soils. Soil Biology and Biochemistry，14（4）：377-385.

Henderson R，Kabengi N，Mantripragada N，et al. 2012. Anoxia-induced release of colloid-and nanoparticle-bound phosphorus in grassland soils. Environmental Science & Technology，46（21）：11727-11734.

Hens M，Merckx R. 2001. Functional characterization of colloidal phosphorus species in the soil solution of sandy soils. Environmental Science & Technology，35（3）：493-500.

Hens M，Merckx R. 2002. The role of colloidal particles in the speciation and analysis of "dissolved" phosphorus. Water Research，36（6）：1483-1492.

Hesterberg D，Zhou W Q，Hutchison K J，et al. 1999. XAFS study of adsorbed and mineral forms of phosphate. Journal of Synchrotron Radiation，6：636-638.

Hudson J J, Taylor W D, Schindler D W. 2000. Phosphate concentrations in lakes. Nature, 406（6791）: 54-56.

Hunger S, Sims J T, Sparks D L. 2005. How accurate is the assessment of phosphorus pools in poultry litter by sequential extraction?. Journal of Environmental Quality, 34（1）: 382-389.

Ilg K, Siemens J, Kaupenjohann M. 2005. Colloidal and dissolved phosphorus in sandy soils as affected by phosphorus saturation. Journal of Environmental Quality, 34（3）: 926-935.

Ilg K, Dominik P, Kaupenjohann M, et al. 2008. Phosphorus-induced mobilization of colloids: model systems and soils. European Journal of Soil Science, 59（2）: 233-246.

Indoria A K, Sharma K L, Reddy K S, et al. 2016. Role of soil physical properties in soil health management and crop productivity in rainfed systems-Ⅱ management technologies and crop productivity. Current Science, 110（3）: 320.

Ismail I, Blevins R L, Frye W W. 1994. Long-term no-tillage effects on soil properties and continuous corn yields. Soil Science Society of America Journal, 58（1）: 193-198.

Jacobs A, Rauber R, Ludwig B. 2009. Impact of reduced tillage on carbon and nitrogen storage of two Haplic Luvisols after 40 years. Soil & Tillage Research, 102（1）: 158-164.

Jeffery S, Verheijen F G A, van der Velde M, et al. 2011. A quantitative review of the effects of biochar application to soils on crop productivity using meta-analysis. Agriculture Ecosystems and Environment, 144（1）: 175-187.

Jeffery S, Bezemer T M, Cornelissen G, et al. 2015. The way forward in biochar research: targeting trade-offs between the potential wins. Global Change Biology Bioenergy, 7（1）: 1-13.

Jemai I, Aissa N B, Guirat S B, et al. 2013. Impact of three and seven years of no-tillage on the soil water storage, in the plant root zone, under a dry subhumid Tunisian climate. Soil & Tillage Research, 126（1）: 26-33.

Jiang P, Anderson S H, Kitchen N R, et al. 2007. Landscape and conservation management effects on hydraulic properties of a claypan-soil toposequence. Soil Science Society of America Journal, 71（3）: 803-811.

Kaplan D I, Bertsch P M, Adriano D C, et al. 1993. Soil-borne mobile colloids as influenced by water flow and organic carbon. Environmental Science & Technology, 27（6）: 1193-1200.

Khare N, Martin J D, Hesterberg D. 2007. Phosphate bonding configuration on ferrihydrite based on molecular orbital calculations and XANES fingerprinting. Geochimica et Cosmochimica Acta, 71（18）: 4405-4415.

Kirchmann H, Witter E. 1989. Ammonia volatilization during aerobic and anaerobic manure decomposition. Plant and Soil, 115（1）: 35-41.

Kizewski F, Liu Y T, Morris A, et al. 2011. Spectroscopic approaches for phosphorus speciation in soils and other environmental systems. Journal of Environment Quality, 40（3）: 751-766.

Kjaergaard C, Poulsen T G, Moldrup P, et al. 2004. Colloid mobilization and transport in undisturbed soil columns. Ⅰ. Pore structure characterization and tritium transport. Vadose Zone Journal, 3（2）: 413-423.

Klapper H. 1991. Control of Eutrophication in Inland Waters. London: Ellis Horwood.

Kloss S, Zehetner F, Wimmer B, et al. 2014. Biochar application to temperate soils: effects on soil fertility and crop growth under greenhouse conditions. Journal of Plant Nutrition and Soil Science, 177（1）: 3-15.

Kodešová R, Rohošková M, Žlgová A. 2009. Comparison of aggregate stability within six soil profiles under conventional tillage using various laboratory tests. Biologia, 64（3）: 550-554.

Koopmans G F, Chardon W J, van der Salm C. 2005. Disturbance of water-extractable phosphorus determination by colloidal particles in a heavy clay soil from the Netherlands. Journal of Environmental Quality, 34（4）: 1446-1450.

Koopmans G F, Chardon W J, McDowell R W. 2007. Phosphorus movement and speciation in a sandy soil profile after long-term animal manure applications. Journal of Environment Quality, 36（1）: 305-315.

Kreller D I, Gibson G, Novak W, et al. 2002. Competitive adsorption of phosphate and carboxilate with natural organic matter on hydrous iron oxide as investigated by chemical force microscopy. Colloids and Surfaces A: Physicochemical and Engineering Aspects, 212（2-3）: 249-264.

Kretzschmar R. 1999. Mobile subsurface colloids and their role in contaminant transport. Advances in Agronomy, 66（8）: 121-193.

Kruse J，Leinweber P. 2008. Phosphorus in sequentially extracted fen peat soils：a K-edge X-ray absorption near-edge structure（XANES）spectroscopy study. Journal of Plant Nutrition and Soil Science，171（4）：613-620.

Kruse J，Negassa W，Appathurai N，et al. 2010. Phosphorus speciation in sequentially extracted agro-industrial by-products：evidence from X-ray absorption near edge structure spectroscopy. Journal of Environmental Quality，39（6）：2179-2184.

Lahmar R. 2010. Adoption of conservation agriculture in Europe：lessons of the KASSA project. Land Use Policy，27（1）：4-10.

Lampurlanés J，Cantero-Martínez C. 2006. Hydraulic conductivity，residue cover and soil surface roughness under different tillage systems in semiarid conditions. Soil & Tillage Research，85（1-2）：13-26.

Laird D A. 1997. Bonding between polyacrylamide and clay mineral surfaces. Soil Science，162（11）：826-832.

Laird D，Fleming P，Wang B，et al. 2010. Biochar impact on nutrient leaching from a Midwestern agricultural soil. Geoderma，158（3-4）：436-442.

Lentz R D，Sojka R E，Carter D L. 1996. Furrow irrigation water-quality effects on soil loss and infiltration. Soil Science Society of America Journal，60（1）：238-245.

Liang Y，Cao X，Zhao L，et al. 2014. Phosphorus release from dairy manure，the manure-derived biochar，and their amended soil：effects of phosphorus nature and soil property. Journal of Environmental Quality，43（4）：1504-1509.

Liang X Q，Liu J，Chen Y X，et al. 2010. Effect of pH on the release of soil colloidal phosphorus. Journal of Soils and Sediments，10（8）：1548-1556.

Lieskovský J，Kenderessy P. 2014. Modelling the effect of vegetation cover and different tillage practices on soil erosion in vineyards：a case study in Vráble（Slovakia）using WATEM/SEDEM. Land Degradation & Development，25（3）：288-296.

Liu J，Yang J J，Cade-Menun B J，et al. 2013. Complementary phosphorus speciation in agricultural soils by sequential fractionation，solution ^{31}P nuclear magnetic resonance，and phosphorus K-edge X-ray absorption near-edge structure spectroscopy. Journal of Environmental Quality，42（6）：1763-1770.

Limousin G，Tessier D. 2007. Effects of no-tillage on chemical gradients and topsoil acidification. Soil & Tillage Research，92（1）：167-174.

Lombi E，Scheckel K G，Armstrong R D，et al. 2006. Speciation and distribution of phosphorus in a fertilized soil：a synchrotron-based investigation. Soil Science Society of America Journal，70：2038-2048.

Lone A H，Najar G R，Ganie M A，et al. 2015. Biochar for sustainable soil health：a review of prospects and concerns. Pedosphere，25（5）：639-653.

Madiba O F，Solaiman Z M，Carson J K，et al. 2016. Biochar increases availability and uptake of phosphorus to wheat under leaching conditions. Biology and Fertility of Soils，52（4）：439-446.

Mahieu N，Olk D，Randall E. 2002. Multinuclear magnetic resonance analysis of two humic acid fractions from lowland rice soils. Journal of Environmental Quality，31（2）：421-430.

Mahieu N，Olk D C，Randall E W. 2000. Analysis of phosphorus in two humic acid fractions of intensively cropped lowland rice soils by ^{31}P-NMR. European Journal of Soil Science，51（3）：391-402.

Majed N，Li Y，Gu A Z. 2012. Advances in techniques for phosphorus analysis in biological sources. Current Opinion in Biotechnology，23（6）：852-859.

Makris K C，Grove J H，Matocha C J. 2006. Colloid-mediated vertical phosphorus transport in a waste-amended soil. Geoderma，136（1-2）：174-183.

Makarov M I，Guggenberger G，Zech W，et al. 1996. Organic phosphorus species in humic acids of mountain soils along a toposequence in the Northern Caucasus. Zeitschrift für Pflanzenernährung und Bodenkunde，159(5)：467-470.

Marchetti R，Castelli F. 2013. Biochar from swine solids and digestate influence nutrient dynamics and carbon dioxide release in soil. Journal of Environmental Quality，42（3）：893-901.

Mayer T D，Jarrell W M. 1995. Assessing colloidal forms of phosphorus and iron in the Tualatin River Basin. Journal of Environmental Quality，24（6）：1117-1124.

Mccarthy J F，Zachara J M. 1989. Subsurface transport of contaminants-mobile colloids in the subsurface environment may alter the transport of contaminants. Environmental Science & Technology，23（23）：496-502.

McDowell R W，Cade-Menun B，Stewart I. 2007. Organic phosphorus speciation and pedogenesis：analysis by solution ^{31}P nuclear magnetic resonance spectroscopy. European Journal of Soil Science，58（6）：1348-1357.

McDowell R，Sharpley A，Brookes P. 2001. Relationship between soil test phosphorus and phosphorus release to solution. Soil Science，166（2）：137-149.

McGechan M B. 2002. Effects of timing of slurry spreading on leaching of soluble and particulate inorganic phosphorus explored using the MACRO model. Biosystems Engineering，83（2）：237-252.

McGechan M B，Lewis D R. 2002. SW—soil and water：sorption of phosphorus by soil，part 1：principles，equations and models. Biosystems Engineering，82（1）：1-24.

Montalvo D，Degryse F，Mclaughlin M J. 2015. Natural colloidal P and its contribution to plant P uptake. Environmental Science and Technology，49（13）：8267-8267.

Nèble S，Calvert V，Petit L J，et al. 2007. Dynamics of phosphatase activities in a cork oak litter（*Quercus suber* L.）following sewage sludge application. Soil Biology and Biochemistry，39（11）：2735-2742.

Negassa W，Kruse J，Michalik D，et al. 2010. Phosphorus speciation in agro-industrial byproducts：sequential fractionation，solution ^{31}P NMR，and P K- and $L_{2,3}$-Edge XANES Spectroscopy. Environmental Science & Technology，44（6）：2092-2097.

Nelson N O，Agudelo S C，Yuan W，et al. 2011. Nitrogen and phosphorus availability in biochar-amended soils. Soil Science，176（5）：218-226.

Newman R H，Tate K R. 1980. Soil phosphorus characterisation by ^{31}P nuclear magnetic resonance. Communications in Soil Science and Plant Analysis，11：835-842.

Novak J M，Busscher W J，Laird D L，et al. 2009. Impact of biochar amendment on fertility of a southeastern coastal plain soil. Soil Science，174（2）：105-112.

O'Halloran I P，Cade-Menun B J. 2008. Total and Organic Phosphorus//Soil Sampling and Methods of Analysis，2nd Edition. Boca Raton，CRC Press.

Ohno T，Hiradate S，He Z. 2011. Phosphorus solubility of agricultural soils：a surface charge and phosphorus-31 NMR speciation study. Soil Science Society of America Journal，75（5）：1704-1711.

Okude N，Nagoshi M，Noro H，et al. 1999. P and S K-edge XANES of transition-metal phosphates and sulfates. Journal of Electron Spectroscopy and Related Phenomena，101-103：607-610.

Oliver D P，Kookana R S. 2006. Minimising off-site movement of contaminants in furrow irrigation using polyacrylamide（PAM）. II. Phosphorus，nitrogen，carbon，and sediment. Australian Journal of Soil Research，44（6）：561-567.

Pagliari P H，Laboski C A M. 2012. Investigation of the inorganic and organic phosphorus forms in animal manure. Journal of Environment Quality，41（3）：901-910.

Pautler M C，Sims J T. 2000. Relationships between soil test phosphorus，soluble phosphorus，and phosphorus saturation in delaware soils. Soil Science Society of America Journal，64（2）：765-773.

Peng F，He P，Luo Y，et al. 2012. Adsorption of phosphate by biomass char deriving from fast pyrolysis of biomass waste. Clean-Soil Air Water，40（5）：493-498.

Pierzynski G M，McDowell R W，Sims J T，et al. 2005. Chemistry，cycling，and potential movement of inorganic phosphorus in soils. Phosphorus: Agriculture and the Environment, 46：53-86.

Poirier S C，Whalen J K，Michaud A R. 2012. Bioavailable phosphorus in fine-sized sediments transported from agricultural fields. Soil Science Society of America Journal，76（1）：258-267.

Poulsen T G，Bester K. 2010. Organic micropollutant degradation in sewage sludge during composting under thermophilic conditions. Environmental Science & Technology，44（13）：5086-5091.

Powlson D S，Stirling C M，Thierfelder C，et al. 2016. Does conservation agriculture deliver climate change mitigation through soil carbon sequestration in tropical agro-ecosystems？.Agriculture Ecosystems & Environment，220：164-174.

Prietzel J，Dümig A，Wu Y H，et al. 2013. Synchrotron-based P K-edge XANES spectroscopy reveals rapid changes of phosphorus speciation in the topsoil of two glacier foreland chronosequences. Geochimica Et Cosmochimica Acta，108：154-171.

Puls R W，Paul C J，Clark D A. 1993. Surface chemical effects on colloid stability and transport through natural porous media. Colloids & Surfaces A Physicochemical & Engineering Aspects，73：287-300.

Raczkowski C W，Mueller J P，Busscher W J，et al. 2012. Soil physical properties of agricultural systems in a large-scale study. Soil & Tillage Research，119：50-59.

Raliya R，Tarafdar J C，Biswas P. 2016. Enhancing the mobilization of native phosphorus in the mung bean rhizosphere using ZnO nanoparticles dynthesized by soil fungi. Journal of Agricultural and Food Chemistry，64（16）：3111-3118.

Ran Y，Fu J M，Sheng G Y，et al. 2000. Fractionation and composition of colloidal and suspended particulate materials in rivers. Chemosphere，41（1-2）：33-43.

Redel Y D，Escudey M，Alvear M，et al. 2011. Effects of tillage and crop rotation on chemical phosphorus forms and some related biological activities in a Chilean Ultisol. Soil Use and Management，27（2）：221-228.

Regelink I C，Koopmans G F，Caroline V D S，et al. 2013. Characterization of colloidal phosphorus species in drainage waters from a clay soil using asymmetric flow field-flow fractionation. Journal of Environment Quality，42（2）：464-473.

Rose J，Flank A M，Masion A，et al. 1997. Nucleation and growth mechanisms of Fe oxyhydroxide in the presence of PO_4 ions. 2. P K-edge EXAFS study. Langmuir，13：1827-1834.

Rouff A A，Rabe S，Nachtegaal M，et al. 2009. X-ray absorption fine structure study of the effect of protonation on disorder and multiple scattering in phosphate solutions and solids. The Journal of Physical Chemistry A，113（25）：6895-6903.

Ryan J N，Elimelech M. 1996. Colloid mobilization and transport in groundwater. Colloid & Surfaces A Physicochemical & Engineering Aspects，107（95）：1-56.

Santner J，Smolders E，Wenzel W W，et al. 2012. First observation of diffusion-limited plant root phosphorus uptake from nutrient solution. Plant Cell and Environment，35（9）：1558-1566.

Sato S，Neves E G，Solomon D，et al. 2009. Biogenic calcium phosphate transformation in soils over millennial time scales. Journal of Soils and Sediments，9（3）：194-205.

Sato S，Solomon D，Hyland C，et al. 2005. Phosphorus speciation in manure and manure-amended soils using XANES spectroscopy. Environmental Science & Technology，39（19）：7485-7491.

Sauve S，Hendershot W，Allen H E. 2000. Solid-solution partitioning of metals in contaminated soils：dependence on pH，total metal burden，and organic. Environmental Science & Technology，34（7）：1125-1131.

Schefe C R，Kappen P，Zuin L，et al. 2009. Addition of carboxylic acids modifies phosphate sorption on soil and boehmite surfaces：a solution chemistry and XANES spectroscopy study. Journal of Colloid and Interface Science，330（1）：51-59.

Schindler D W，Hecky R E，Findlay D L，et al. 2008. Eutrophication of lakes cannot be controlled by reducing nitrogen input：results of a 37-year whole-ecosystem experiment. Proceedings of the National Academy of Sciences，105（32）：11254-11258.

Schmidt H P，Pandit B H，Martinsen V，et al. 2015. Fourfold increase in pumpkin yield in response to low-dosage root zone application of urine-enhanced biochar to a fertile tropical soil. Agriculture-basel，5（3）：723-741.

Schneider F，Haderlein S B. 2016. Potential effects of biochar on the availability of phosphorus-mechanistic insights. Geoderma，277：83-90.

Schoumans O F，Chardon W J. 2003. Risk assessment methodologies for predicting phosphorus losses. Journal of Plant Nutrition and Soil Science，166（4）：403-408.

Sekula-Wood E，Benitez-Nelson C R，Bennett M A，et al. 2012. Magnitude and composition of sinking particulate phosphorus fluxes in Santa Barbara Basin，California. Global Biogeochemical Cycles，26（2）：GB2023.

Sen T K，Khilar K C. 2006. Review on subsurface colloids and colloid-associated contaminant transport in saturated porous media. Advances in Colloid and Interface Science，119（2-3）：71-96.

Seta A K，Karathanasis A D. 1996. Water dispersible colloids and factors influencing their dispersibility from soil aggregates. Geoderma，74（3-4）：255-266.

Shainberg I，Levy G J. 1994. Organic polymers and soil sealing in cultivated soils. Soil Science，158（4）：267-273.

Shand C A，Smith S，Edwards A C，et al. 2000. Distribution of phosphorus in particulate，colloidal and molecular-sized fractions of soil solution. Water Research，34（4）：1278-1284.

Sharpley A N. 1982. Prediction of water extractable phosphorus content of soil following a phosphorus addition. Journal of Environmental Quality，11（2）：166-170.

Shen X，Huang D，Ren X，et al. 2016. Phytoavailability of Cd and Pb in crop straw biochar-amended soil is related to the heavy metal content of both biochar and soil. Journal of Environmental Management，168：245-251.

Siemens J，Ilg K，Pagel H，et al. 2008. Is colloid-facilitated phosphorus leaching triggered by phosphorus accumulation in sandy soils?. Journal of Environmental Quality，37（6）：2100-2107.

Six J，Elliott E T，Paustian K. 2000. Soil macroaggregate turnover and microaggregate formation：a mechanism for C sequestration under no-tillage agriculture. Soil Biology and Biochemistry，32（14）：2099-2103.

Slowey A J，Johnson S B，Rytuba J J，et al. 2005. Role of organic acids in promoting colloidal transport of mercury from mine tailings. Environmental Science & Technology，39（20）：7869-7874.

Sojka R E，Entry J A. 2003. The efficacy of polyacrylamide to reduce nutrient movement from an irrigated field. Transactions of the Asae Online，46（1）：75-83.

Sojka R E，Bjorneberg D L，Entry J A，et al. 2007. Polyacrylamide in agriculture and environmental land management. Advances in Agronomy，92：75-162.

Song W P，Guo M X. 2012. Quality variations of poultry litter biochar generated at different pyrolysis temperatures. Journal of Analytical and Applied Pyrolysis，94：138-145.

Stamm C，Flühler H，Gächter R，et al. 1998. Preferential transport of phosphorus in drained grassland soils. Journal of Environmental Quality，27（3）：515-522.

Streubel J D，Collins H P，Tarara J M，et al. 2012. Biochar produced from anaerobically digested fiber reduces phosphorus in dairy lagoons. Journal of Environmental Quality，41（4）：1166-1174.

Stubbs T L，Kennedy A C，Schillinger W F. 2004. Soil ecosystem changes during the transition to no-till cropping. Journal of Crop Improvement，11（1-2）：105-135.

Subedi R，Kammann C，Pelissetti S，et al. 2015. Does soil amended with biochar and hydrochar reduce ammonia emissions following the application of pig slurry?. European Journal of Soil Science，66（6）：1044-1053.

Subedi R，Taupe N，Ikoyi I，et al. 2016. Chemically and biologically-mediated fertilizing value of manure-derived biochar. Science of the Total Environment，550：924-933.

Swartz C H，Gschwend P M. 1998. Mechanisms controlling release of colloids to groundwater in a southeastern coastal plain aquifer sand. Environmental Science & Technology，32（12）：1779-1785.

Tiessen H，Stewart J W B，Cole C V. 1984. Pathways of phosphorus transformations in soils of differing pedogenesis. Soil Science Society of America Journal，48（4）：853-858.

Toor G S，Hunger S，Peak J D，et al. 2006. Advances in the characterization of phosphorus in organic wastes：environmental and agronomic applications. Advances in Agronomy，89（05）：1-72.

Troy S M，Lawlor P G，Flynn C J O，et al. 2014. The impact of biochar addition on nutrient leaching and soil properties from tillage soil amended with pig manure. Water Air and Soil Pollution，225（3）:1900.

Tsai W，Liu S，Chen H，et al. 2012. Textural and chemical properties of swine-manure-derived biochar pertinent to its potential use as a soil amendment. Chemosphere，89（2）：198-203.

Turner B L. 2004. Optimizing phosphorus characterization in animal manures by solution phosphorus-31 nuclear magnetic resonance spectroscopy. Journal of Environment Quality，33（2）：757-766.

Turner B L. 2006. Organic phosphorus in Madagascan rice soils. Geoderma，136（1-2）：279-288.

Turner B L，Newman S. 2005. Phosphorus cycling in wetland soils：the importance of phosphate diesters. Journal of Environmental Quality，34（5）：1921-1929.

Turner B L，Kay M A，Westermann D T. 2004. Colloidal phosphorus in surface runoff and water extracts from semiarid soils of the

Western United States. Journal of Environment Quality，33（4）：1464-1472.

Turner B L，Cade-Menun B J，Condron L M，et al. 2005. Extraction of soil organic phosphorus. Talanta，66（2）：294-306.

Turner B L，Condron L M，Richardson S J，et al. 2007. Soil organic phosphorus transformations during pedogenesis. Ecosystems，10（7）：1166-1181.

Turner B L，Cheesman A W，Godage H Y，et al. 2012. Determination of neo- and D-chiro-inositol hexakisphosphate in soils by solution P-31 NMR spectroscopy. Environmental Science & Technology，46（20）：11479-11481.

Unger P W. 1991. Organic matter，nutrient，and pH distribution in no- and conventional-tillage semiarid soils. Agronomy Journal，83（1）：186-189.

Uusitalo R，Turtola E，Kauppila T，et al. 2001. Particulate phosphorus and sediment in surface runoff and drainflow from clayey soils. Journal of Environment Quality，30（2）：589-595.

Vandevoort A R，Livi K J，Arai Y. 2013. Reaction conditions control soil colloid facilitated phosphorus release in agricultural Ultisols. Geoderma，206（9）：101-111.

Vassilev N，Martos E，Mendes G，et al. 2013. Biochar of animal origin：a sustainable solution to the global problem of high-grade rock phosphate scarcity？.Journal of the Science of Food and Agriculture，93（8）：1799-1804.

Vincent A G，Turner B L，Tanner E V J. 2010. Soil organic phosphorus dynamics following perturbation of litter cycling in a tropical moist forest. European Journal of Soil Science，61（1）：48-57.

Vincent A G，Schleucher J，Gröbner G，et al. 2012. Changes in organic phosphorus composition in boreal forest humus soils：the role of iron and aluminium. Biogeochemistry，108（1-3）：485-499.

Vogeler I，J Rogasik，U Funder，et al. 2009. Effect of tillage systems and P-fertilization on soil physical and chemical properties，crop yield and nutrient uptake. Soil & Tillage Research，103（1）：137-143.

Wang H J，Liang X M，Jiang P H，et al. 2008. TN：TP ratio and planktivorous fish do not affect nutrient-chlorophyll relationships in shallow lakes. Freshwater Biology，53（5）：935-944.

Wang K，Zhang Z，Zhu Y，et al. 2001. Surface water phosphorus dynamics in rice fields receiving fertiliser and manure phosphorus. Chemosphere，42（2）：209-214.

Wang T，Camps-Arbestain M，Hedley M，et al. 2012. Predicting phosphorus bioavailability from high-ash biochars. Plant and Soil，357（1-2）：173-187.

Wang X B，Cai D X，Hoogmoed W B，et al. 2007. Developments in conservation tillage in rainfed regions of North China. Soil & Tillage Research，93（2）：239-250.

Wang Y，Lin Y，Chiu P C，et al. 2015. Phosphorus release behaviors of poultry litter biochar as a soil amendment. Science of the Total Environment，512-513：454-463.

Woolf D，Amonette J E，Street-Perrott F A，et al. 2010. Sustainable biochar to mitigate global climate change. Nature Communications，1（5）：1-9.

Xu G，Sun J N，Shao H B，et al. 2014. Biochar had effects on phosphorus sorption and desorption in three soils with differing acidity. Ecological Engineering，62：54-60.

Yu C R，Gao B，Muñoz-Carpena R，et al. 2011. A laboratory study of colloid and solute transport in surface runoff on saturated soil. Journal of Hydrology（Amsterdam），402（1-2）：159-164.

Yu C R，Gao B，Muñoz-Carpena R. 2012. Effect of dense vegetation on colloid transport and removal in surface runoff. Journal of Hydrology，434-435：1-6.

Zang L，Tian G M，Liang X Q，et al. 2011. Effect of water-dispersible colloids in manure on the transport of dissolved and colloidal phosphorus through soil column. African Journal of Agricultural Research，6（30）：6369-6376.

Zang L，Tian G M，Liang X Q，et al. 2013. Profile distributions of dissolved and colloidal phosphorus as affected by degree of phosphorus saturation in paddy soil. Pedosphere，23（1）：128-136.

Zhang A，Chen Z，Zhang G，et al. 2012. Soil phosphorus composition determined by ^{31}P NMR spectroscopy and relative phosphatase activities influenced by land use. European Journal of Soil Biology，52：73-77.

Zhang H，Chen C，Gray E M，et al. 2016. Roles of biochar in improving phosphorus availability in soils：a phosphate adsorbent and a source of available phosphorus. Geoderma，276：1-6.

Zhang M K. 2008. Effects of soil properties on phosphorus subsurface migration in sandy soils. Pedosphere，18（5）：599-610.

Zhang M K，He Z L，Calvert D V，et al. 2003. Colloidal iron oxide transport in sandy soil induced by excessive phosphorus application. Soil Science，168（9）：617-626.

Zhang S X，Li Q，Zhang X P，et al. 2012. Effects of conservation tillage on soil aggregation and aggregate binding agents in black soil of Northeast China. Soil & Tillage Research，124（4）：196-202.

Zhao L，Cao X D，Wang Q，et al. 2013. Mineral constituents profile of biochar derived from diversified waste biomasses：implications for agricultural applications. Journal of Environmental Quality，42（2）：545-552.

Zibilske L M，Bradford J M，Smart J R. 2002. Conservation tillage induced changes in organic carbon，total nitrogen and available phosphorus in a semi-arid alkaline subtropical soil. Soil & Tillage Research，66（2）：153-163.

第2章 胶体磷在典型面源污染河流中的分布特征

2.1 引 言

地表水体富营养化已成为全球的重大环境问题之一，也是我国大型河流、湖泊的重要生态环境问题之一（Yang et al.，2008）。磷是引发水体富营养化的关键因子（Huo et al.，2011）。但目前学术界尚未能对磷元素迁移进行精确的描述和预测，以有效控制磷元素环境风险。污染物迁移通常利用固液两相模型加以预测，即可移动的溶解相和不可移动的固相，当有研究表明根据固液两相模型对污染物迁移作用的预测值与实际监测值存在巨大偏差时，胶体作为促发污染物迁移的第三相被引入进来解释这种偏差（Mccarthy and Zachara，1989；Ryan and Elimelech，1996）。已报道无论是在海洋、河流、湖泊还是地下水中均发现有胶体物质广泛存在（Tipping and Ohnstad，1984；Wells and Goldberg，1991；Wigginton et al.，2007；Buesseler et al.，2009）。胶体易化运移，即污染物通过吸附过程附着在胶体表面，随着胶体迁移而移动转化的过程，已被证实是土壤溶液、河流、湖泊等水体以及农业面源污染中磷元素迁移的重要途径（Haygarth et al.，1997；Heathwaite et al.，2005）。因此，胶体磷对于全面认识磷元素环境行为及环境风险至关重要（Monbet et al.，2010）。

磷的粒径分布很大程度上决定了磷的移动性，进而影响其环境风险。传统基于膜过滤的粒径分级方法（多以 0.45μm 为界）人为地将磷分为颗粒态和溶解态（Turner et al.，2004），而该分级方法忽略了移动性与真溶解态磷及颗粒态磷截然不同的胶体磷（Heathwaite et al.，2005）。具体而言，相对容易发生沉降成为沉积物的大颗粒，除非发生凝聚和絮凝，否则胶体可长期稳定于水中进行长距离迁移（Ran et al.，2000）。另外，受土壤基质空间排阻和静电斥力作用，胶体的迁移速度比真溶解态磷更快（Klitzke et al.，2008）。此外，磷的粒径分布很大程度上受水环境中颗粒本身动态行为的影响。水体中的胶体一方面通过吸附-解吸与真溶解态污染物发生作用，另一方面通过聚集-解聚与大颗粒进行转化（Waples et al.，2006）。Honeyman 和 Santschi（1989，1991）曾提出“胶体泵”理论，认为胶体在污染物由真溶解态向大颗粒团聚态转运的过程中充当中间介质的作用。新近关于磷元素粒径分布的研究也强调了将磷分为真溶解态、胶体态和颗粒态的必要性（Guo and Santschi，2007）。这在海洋和河口系统的研究中已广泛应用，而在淡水系统的研究中尚不多见（Chen and Zheng，2010）。

除了迁移性，磷的生物有效性无疑是磷元素环境风险的另一重要因素。实际操作中，钼蓝反应磷（MRP），常称之为溶解性反应磷（soluble reactive P，SRP），通常基于 0.45μm 过滤后比色法测得（Foy and Rosell，1991），广泛用于表征生物可直接利用的溶解性正磷酸盐（Boström et al.，1988）。一般认为钼蓝非反应磷（MUP），常称之为溶解性非反应磷（soluble unreactive P，SUP），没有直接的生物有效性（Boström et al.，1988）。然而，*Nature*

曾报道经典的钼蓝比色法中试剂酸化会导致胶体磷向 MRP 转化而常高估 MRP 的浓度（Hudson et al.，2000）。可见，将 MRP 测定与合理的粒径分布相结合，才能全面有效评估磷元素的环境风险。另外，磷的固/液分配作为水环境中磷元素生物可利用性的重要因素已被广泛研究（Fang，2000；Garnier et al.，2005）。以往的研究中曾报道了污染物的分配系数随着颗粒的增加而下降的现象，称之为"颗粒浓度效应"，是固/液吸附中的一类特殊现象（Voice and Weber，1983；Xu et al.，2009；Utomo and Hunter，2010）。目前这方面的研究多集中于颗粒态磷，而磷在胶体相的分配与胶体浓度的关系如何？是否存在胶体的颗粒浓度效应不得而知。

太湖是我国第三大湖，是江浙沪等省（区）市的重要饮用水源地，但近年蓝藻频发，引起了广泛关注。苕溪是太湖的最大入湖河流，包括西苕溪和东苕溪两大分支。本章以典型面源污染河流——东苕溪为例，研究其典型河段水体磷元素粒径分布（颗粒态、胶体态和真溶解态）、组分特征（MRP、MUP），以及胶体在磷元素粒径分布中的作用。

2.2　试验设计与分析方法

2.2.1　研究区域与采样点介绍

苕溪位于浙江省北部，其两大支流东苕溪和西苕溪分别长 151km 和 169km，两大支流于湖州汇合，向北流经 15km 注入太湖（图 2-1）（Liang et al.，2004）。苕溪年入太湖水

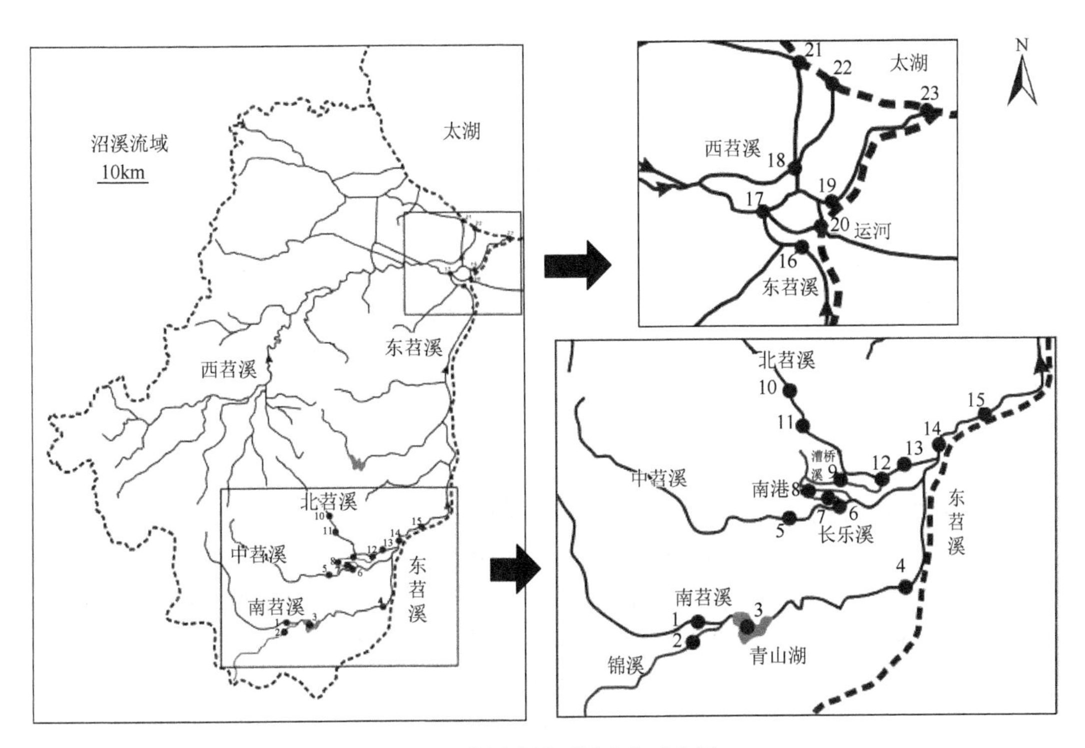

图 2-1　苕溪流域采样点位示意图

量为27亿m^3，占太湖总水源的60%（Wang et al.，2009）。该流域地处亚热带季风气候区，四季分明，降水充沛，24%～37%的年降水量发生在梅雨季节（胡美华等，2007）。

东苕溪主要包括南苕溪、中苕溪和北苕溪三大支流。为涵盖不同地理位置、土地利用类型及排水模式，本研究于梅雨季节采集23个典型河段水样进行分析（图2-1）。采样点分布于上游（点位1～4）、中游（点位5～15）及包括入湖口（点位21～23）的下游（点位16～20），分别代表山溪性地区、农业集约化地区及航运发达地区。每个水样于水面下0.1m处采集，由3～5个样品重复混合而成。在采样过程中于航运发达的下游河段观察到明显的浊度。各采样点取20mL水样转移到样品瓶储存，待测总磷（TP）。另取一部分水样（约200mL）进行1μm滤膜过滤以除去大于1μm的颗粒，滤液转入聚四氟乙烯瓶中保存。该部分为本书中的溶解态（＜1μm，试样Ⅰ），包括胶体态和真溶解态。弃去过滤过程中最初的5mL滤液。所有试验瓶均以硝酸（10%）浸泡后去离子水洗涤三次。

2.2.2　胶体磷测定与分析

1. 胶体分离与磷测定

胶体的分离方法依照Ilg等（2005）的试验方法。水样采集后，取一部分1μm滤液于300000×g下超速离心2h（Optima TL；Beckman，Unterschleissheim，Germany）除去胶体，上清液即真溶解态（试样Ⅱ），超速离心管底部为分离得到的胶体。根据斯托克斯公式计算可知（Gimbert et al.，2005），本书中胶体的粒径范围是0.02～1μm。取20mL试样Ⅰ和试样Ⅱ在105℃下烘至恒重，以前后质量差计算胶体量（Seta and Karathanasis，1996）。

测定原水样、过滤后的溶解态水样（试样Ⅰ）及超速离心后的真溶解态水样（试样Ⅱ）中总磷（TP）及MRP含量。各粒径相中MUP含量由TP与MRP之差算得。胶体TP、胶体MRP及胶体MUP分别由试样Ⅰ及试样Ⅱ中TP、MRP及MUP的含量之差算得。总磷消解依照Pagel等（2008）的方法：5mL试样中加入1mL含有150mmol $K_2O_8S_2$/L、180mmol H_2SO_4/L的混合液，于121℃加热1h。此后加入0.7mL 188mmol抗坏血酸，95℃下加热1h。以钼蓝比色法分别测定消解后水样中的TP和未消解水样的MRP（Murphy and Riley，1962）。所有分析设置三次平行。

2. 胶体颗粒浓度效应分析

污染物在颗粒相及溶解相两相之间的分配情况以分配系数K_d表示，即固相污染物与液相污染物之比。类似的，磷在胶体相与真溶解相两相之间的分配以K_c表示，其在描述重金属及磷在胶体上的分配研究中已广泛应用（Chen and Zheng，2010）。该研究中，参照Gueguen和Dominik（2003），K_c以公式$K_c = C_c(C_{td}\ C_{cm})^{-1} \times 10^6$计算，式中，$C_c$和$C_{td}$分别为胶体态磷和真溶解态磷（mg/L）；$C_{cm}$为胶体浓度（mg/L）。为研究胶体颗粒浓度效应，针对TP、MRP及MUP以SPSS16.0软件分析$\lg K_c$和$\lg C_{cm}$之间的相关性。

2.3　东苕溪磷元素粒径分布特征

各采样点测得的总磷浓度范围为 0.071～0.531mg/L，平均为 0.196mg/L［图 2-2（a）］。根据 2009～2010 年每月在相应样点的水质常规监测结果，总磷浓度范围在 0.020～1.451mg/L，全年平均值为 0.182mg/L（聂泽宇等，2012）。此次采样的总磷平均数据与常规监测数据非常接近，可见此次采样具有较好的代表性。

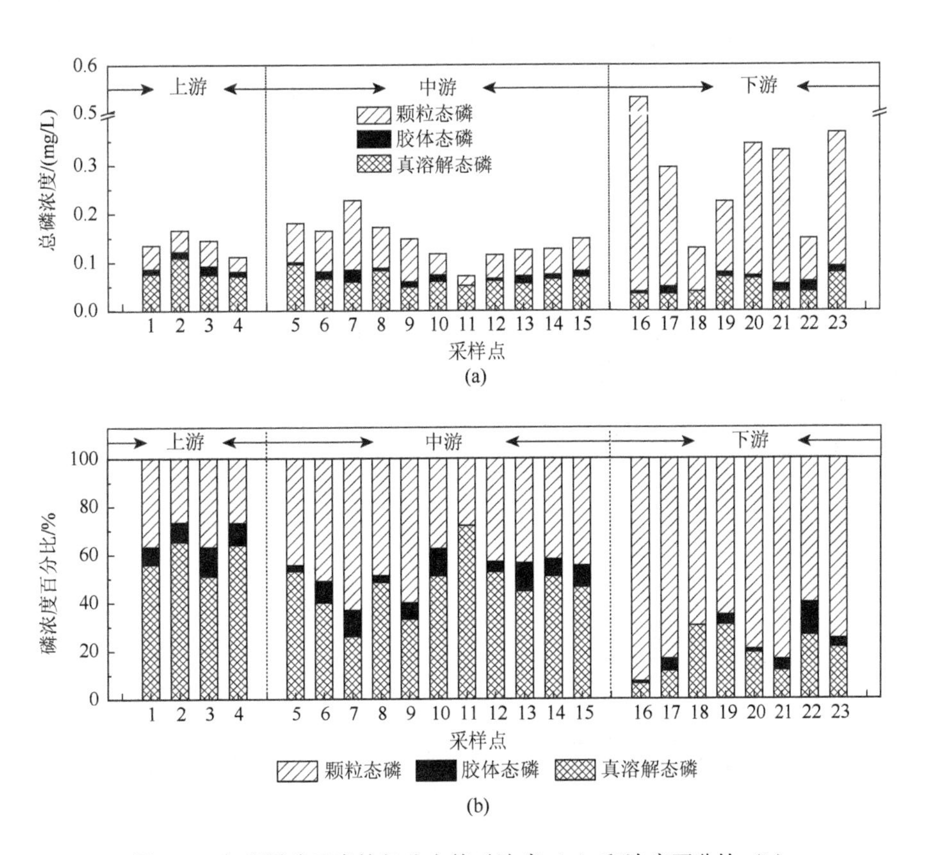

图 2-2　东苕溪磷元素粒径分布绝对浓度（a）和浓度百分比（b）

东苕溪各采样点磷元素在颗粒态、胶体态及真溶解态三种粒径下的分布特征如图 2-2 所示。整个流域以颗粒态磷为主，真溶解态磷次之，胶体态磷在数量上最少。颗粒态磷在 0.020～0.492mg/L，占总磷 26.6%～92.7%［图 2-2（b）］。真溶解态磷在 0.034～0.109mg/L［图 2-2（a）］，占总磷的 6.4%～72.0%［图 2-2（b）］。而胶体态磷在整个流域从低于检测限到 0.025mg/L 之间变化［图 2-2（a）］，占总磷 0～13.4%［图 2-2（b）］。此外，总磷的粒径分布从上游到下游发生明显变化［图 2-2（b）］。下游颗粒态磷激增，其平均浓度从上游和中游的 0.044mg/L 和 0.070mg/L 升高到下游的 0.236mg/L（表 2-1）。与之相反，真溶解态磷在下游略有降低，其平均浓度从上游和中游的 0.082mg/L 和 0.065mg/L 降低到下游的0.050mg/L（表2-1）。而胶体磷从上游到下游并无明显变化，其平均浓度分别为0.013mg/L、0.010mg/L 和 0.010mg/L（表 2-1）。

表 2-1　东苕溪上、中、下游磷元素平均浓度±标准误　　　（单位：mg/L）

采样点	TP			MRP		
	颗粒态	胶体态	真溶解态	颗粒态	胶体态	真溶解态
上游（N=4）	0.044±0.005 b	0.013±0.002 a	0.082±0.009 a	0.031±0.004 b	0.004±0.002 a	0.070±0.005 a
中游（N=11）	0.070±0.010 b	0.010±0.002 a	0.065±0.004 ab	0.049±0.006 b	0.002±0.001 a	0.063±0.004 a
下游（N=8）	0.236±0.047 a	0.010±0.002 a	0.050±0.006 b	0.206±0.039 a	0.007±0.003 a	0.046±0.006 b

注：每列数据后相同字母表示无显著性差异（P<0.05）。

2.4　东苕溪磷元素组分特征

东苕溪各采样点的MRP及MUP含量如图2-3所示。从整个流域来看，MRP的浓度在0.066～0.452mg/L变化，平均为0.163mg/L，MUP在0.005～0.084mg/L变化，平均为0.033mg/L［图2-3（a）］。全流域，TP主要以MRP为主，占总磷的56.6%～96.1%，平均为82.9%［图2-3（b）］。而且下游激增的TP主要由MRP构成［图2-3（a）］。

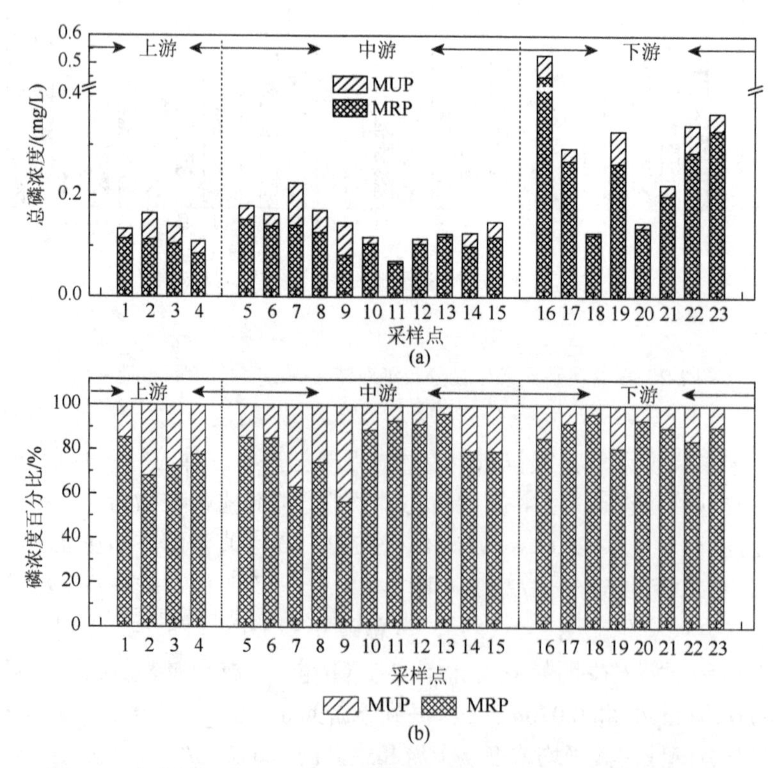

图2-3　东苕溪MUP和MRP含量绝对浓度（a）和浓度百分比（b）

东苕溪各采样点颗粒态、胶体态及真溶解态三相中磷组分（MRP 及 MUP）含量如图 2-4 所示。全流域，在颗粒态和真溶解态组分中，总磷均以 MRP 为主，分别占总磷

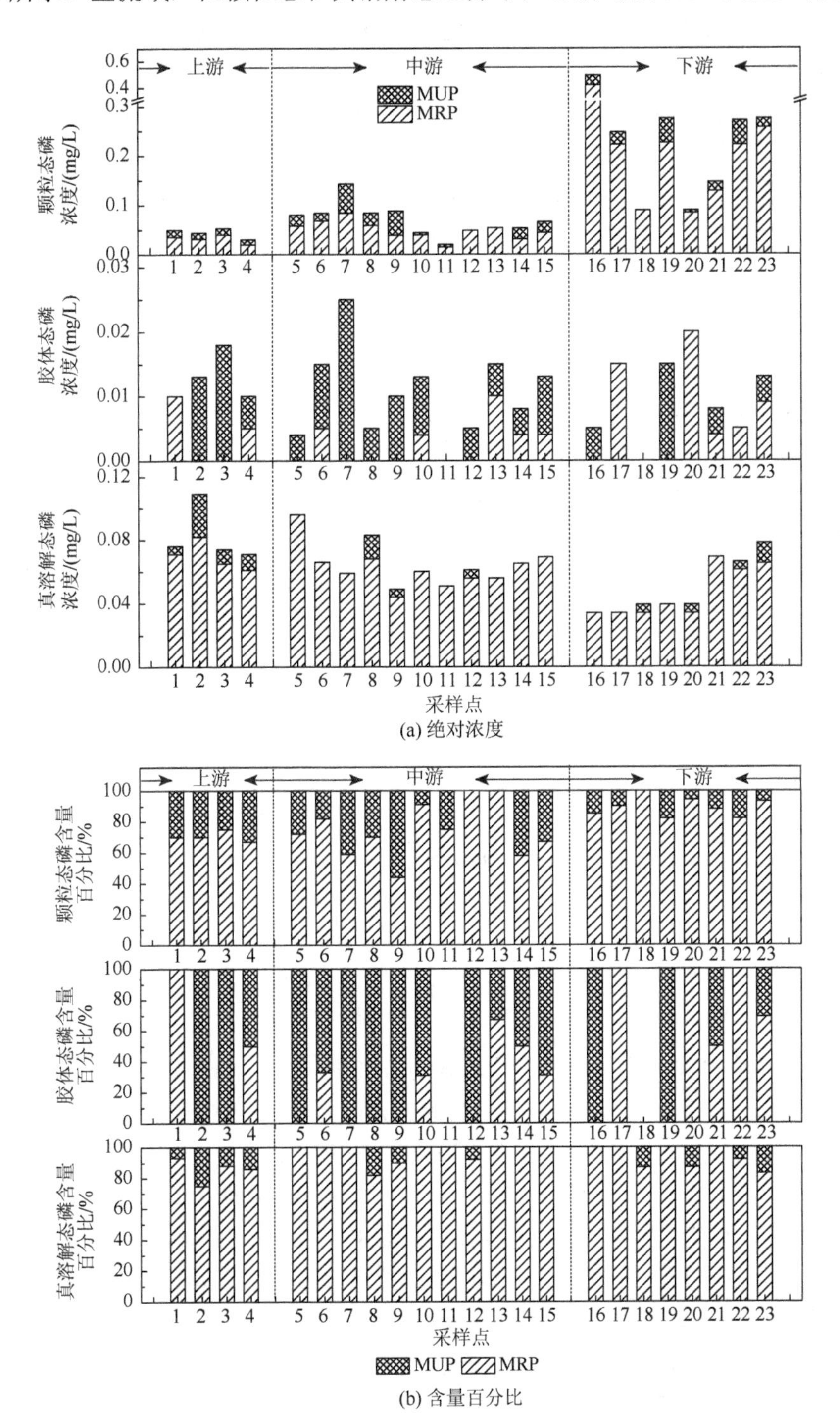

图 2-4　东苕溪 MRP 及 MUP 在不同粒径组分中的含量

图（b）中胶体态磷 11 采样点和 18 采样点因浓度太低，未检出

的 44.4%～100%和 75.6%～100%［图 2-4（b)］。而在胶体组分中，上游及中游以 MUP 为主，MRP 占总磷的平均比例分别仅为 37.5%及 21.7%，而下游占总磷的 59.5%［图 2-4（b)］，尽管上、中、下游胶体态 MRP 的平均含量（0.004mg/L、0.002mg/L、0.007mg/L）在数理统计意义上差异并不明显（表 2-1），但仍表明下游胶体 MRP 有明显的上升趋势。相似的，颗粒态 MRP 的浓度从上游及中游的平均 0.031mg/L 及 0.049mg/L 增加到下游的 0.206mg/L［图 2-4（a）和表 2-1］。与之相反，真溶解态 MRP 也由上游及中游的平均 0.070mg/L 及 0.063mg/L 下降到下游的 0.046mg/L［图 2-4（a）和表 2-1］。总体而言，MRP 的粒径分布表现出由真溶解态向胶体态及颗粒态转化的特征。

2.5　胶体颗粒浓度效应分析

针对 TP、MRP 及 MUP 的 $\lg K_c$ 与 $\lg C_{cm}$ 的相关性分析结果如表 2-2 所示。数据显示，对 TP 和 MUP 而言，$\lg K_c$ 及 $\lg C_{cm}$ 无明显相关性（R 均为–0.35），而 MRP 的 $\lg K_c$ 及 $\lg C_{cm}$ 有明显相关性（$R = -0.93$，$P < 0.01$）。表明胶体对 MRP 固/液分配的作用较对 MUP 的作用更强，MRP 在胶体上的分配系数随胶体浓度升高而降低。说明对于三种磷组分而言，TP 和 MUP 受胶体的影响较小，胶体对 MRP 在固/液相中分配的作用要明显大于 MUP。

表 2-2　总磷、钼蓝反应磷及钼蓝非反应磷 $\lg C_{cm}$ 与 $\lg K_c$ 的相关性分析

	$\lg K_{cTP}$	$\lg K_{cMRP}$	$\lg K_{cMUP}$
$\lg C_{cm}$	–0.35	–0.93**	–0.35
$\lg K_{cTP}$		0.95**	0.61
$\lg K_{cMRP}$			–1.00**

注：C_{cm} 表示胶体浓度；K_{cTP}、K_{cMRP} 和 K_{cMUP} 分别表示 TP、MRP 和 MUP 在胶体上的分配系数。
**表示显著水平达到 0.01。

2.6　河流胶体磷浓度变化原因分析

本书中胶体磷的浓度范围由低于检测限至 0.025mg/L，占总磷的 0～13.4%（图 2-2），与其他报道一致，表明淡水系统中一定量的磷是与胶体颗粒结合的形式存在的。Mayer 和 Jarrell（1995）针对美国西北部俄勒冈州 Tualatin 河流域的研究表明胶体磷（0.05～1.0μm）的浓度范围在低于检测限到 0.061mg/L 之间，占总溶解态磷的 0～48%。Zhang 和 Oldham（2001）报道的澳大利亚西南部 Swan 滨海平原上 17 个供试沼泽，永久性及季节性浅水湖泊中胶体磷（1kDa～0.5μm）（1kDa≈1nm）浓度为 0.009～0.207mg/L，平均为 0.054mg/L。Filella 等（2006）研究的瑞士 Brienz 湖、Aare 河及 Geneva 湖中胶体 MRP（3kDa～1.2μm）的含量分别为 0.075μg/L、0.69μg/L 及 0.48μg/L，占总溶解性 MRP 的 3%～26%。除了胶体磷本身粒径范围定义的差异外，以上研究中胶体磷含量的差异很大程度上是由环境条件的变化所致。例如，①湖泊中高分子量有机质常作为有机胶体的来源，有利于胶体磷的形成（Zhang and Oldham，2001）；②地表径流常常有利于胶体产生（Mayer and Jarrell，1995），当然也不排除有稀释作用的影响（Zhang and Oldham，2001）；③个别流域地质差别影响，如胶体的矿质组分不同也会影响胶体磷的稳定性（Filella et al.，2006）。综上，以上因素具有强烈的地域特征。另外一项针对太湖的研究表明：在相似的粒径定义下，太湖中胶体磷（1kDa～1.0μm）的浓度于 0.017～0.029mg/L 变化（孙小静等，2009），其结果与本书结果一致。可见，胶体磷是淡水系统，尤其是太湖流域不可忽视的组分。

东苕溪流域上游到下游磷元素粒径分布变化趋势显著（图 2-2）。其中，下游颗粒态磷激增（图 2-2 和表 2-1），这与下游采样过程中观察到的水样明显浑浊的现象一致。早有报道显示河流流量变化带来的水力扰动是颗粒态磷升高的原因之一，由此引发底泥释放颗粒态磷及通过胶体磷的凝聚及絮凝作用促发颗粒态磷上升（Svendsen et al.，1995；Kemp et al.，2005；Waples et al.，2006）。根据研究当地的实际情况，下游航运导致的水力扰动很可能是下游颗粒态磷上升的主要原因。相似的，航运导致淡水系统颗粒态磷上升的研究也早有报道（Garrad and Hey，1987）。与之相反，下游的真溶解态磷略微降低（图 2-2 和表 2-1），这可能是受从底泥中释放出的颗粒及胶体的强吸附能力抑制。孙小静等（2007）通过模拟试验也发现，水力扰动下释放的胶体和大颗粒的强吸附能力抑制了水中真溶解态磷的上升。而与从上游到下游有明显上升的颗粒态磷和微降的真溶解态磷不同，胶体磷浓度在整个流域保持相对稳定（图 2-2 和表 2-1）。这种现象印证了“胶体泵”理论，即胶体在污染物从真溶解态向大颗粒态转化的过程中充当中间介质（Honeyman and Santschi，1989），可以认为胶体可能在磷的转化中也起着相似的作用。水中磷的储存很大程度上受到颗粒本身动态变化的影响。在颗粒通过凝聚、聚集和絮凝等在不同粒径中转化的过程中，胶体起着十分重要的维稳缓冲作用（Honeyman and Santschi，1991），因而影响磷元素的粒径分布。可见，虽然胶体本身数量少，但其在淡水系统磷元素粒径分布中扮演着重要角色。

弄清生物可利用的 MRP 在颗粒态、胶体态及真溶解态三相中的分布特征有利于全面评价磷元素的环境风险。全流域中占 TP 大多数的 MRP 主要以颗粒态存在（图 2-3 和图 2-4）。然而，一般认为颗粒态 MRP 易沉降而生物有效性有限（Reddy et al.，1999），因而很可能一定程度上限制了下游激增的颗粒态 MRP 的环境风险。与之相反，被认为生物利用性最强的真溶解态 MRP 在下游有所降低（图 2-4 和表 2-1）。而胶体 MRP 从上游到下游有所上升（图 2-4 和表 2-1），这很有可能是下游胶体对真溶解态 MRP 的吸附作用所致。MRP 的 $\lg K_c$ 及 $\lg C_{cm}$ 有显著相关性（表 2-2）进一步证实了这一点。另外，MRP 的 $\lg K_c$ 与 $\lg C_{cm}$ 呈负相关，表现出胶体的颗粒浓度效应（Voice and Weber，1983；Xu et al.，2009；Utomo and Hunter，2010）。前人对颗粒浓度效应的研究多将此现象归因于以下三个原因：①忽略了胶体作为固相、液相之外存在的“第三相”物质。不完全的固、液分离技术（离心或过滤）并不能除去“第三相”，胶体与污染物结合抑制了污染物在固体上的吸附，同时与胶体结合的污染物浓度与颗粒物浓度成正比，这样便造成了所谓的颗粒浓度效应（Benoit and Rozan，1999）。②颗粒浓度的增加会导致颗粒物聚集或絮凝，使颗粒物的表面积减少（Benoit，1995）。③潜在吸附质的竞争作用，颗粒物（尤其是天然沉积物、土壤）上存在“潜在吸附质”，这些物质可以从颗粒物表面解吸到溶液中，并且成为竞争吸附质，抑制了其他吸附质的吸附作用（Curl and Keoleian，1984）。作者观察到针对 MRP

的胶体颗粒浓度效应可能与以上后两种原因有关，但具体仍需进一步深入研究。总之，水体中天然胶体由于富含氮、铁等营养元素可被生物利用，进而促发藻类暴发的研究已有报道（郑爱榕等，2006；王芳等，2009），加之胶体磷本身的长距离迁移能力，推测下游提高的胶体 MRP 可能对太湖产生一定的环境风险。

2.7 小 结

本章对典型面源污染河流东苕溪水体磷元素在真溶解态（<20nm）、胶体态（20nm～1μm）及颗粒态（>1μm）三种粒径相的分布特征进行了调查，发现供试河流系统中磷元素粒径组成以颗粒态磷为主（0.020～0.492mg/L），真溶解态磷次之（0.034～0.109mg/L），胶体态磷在数量上最少（0～0.025mg/L），分别占总磷 26.6%～92.7%、6.4%～72.0%及 0～13.4%。颗粒态磷是东苕溪向太湖输送的主要磷形态。

从东苕溪上游到下游，颗粒态磷含量激增，平均浓度从上游和中游的 0.044mg/L 和 0.070mg/L 上升到下游的 0.236mg/L；真溶解态磷略有下降，平均浓度从上游和中游的 0.082mg/L 和 0.065mg/L 降低到下游的 0.050mg/L，而胶体磷保持在相对稳定的水平，平均浓度在 0.010～0.013mg/L 变动。该结果符合“胶体泵”理论，推测在磷元素从真溶解态向大颗粒态运移的动态过程中，胶体作为中间介质起着维稳缓冲作用。

在东苕溪下游，颗粒态 MRP 和胶体 MRP 相对上游呈现上升趋势，平均含量分别由上游的 0.031mg/L 和 0.004mg/L 上升至下游的 0.206mg/L 和 0.007mg/L；而真溶解态 MRP 的平均含量由上游的 0.070mg/L 下降到下游的 0.046mg/L，说明 MRP 很可能由真溶解态向胶体态和颗粒态转化。进一步通过相关性分析发现，MRP 的 $\lg K_c$ 及 $\lg C_{cm}$ 显著负相关（$R=-0.93$，$P<0.01$），MRP 的分布存在胶体的颗粒浓度效应；而 TP 和 MUP 各自对应的 $\lg K_c$ 及 $\lg C_{cm}$ 无明显相关性，MRP 在胶体上的分配系数随胶体浓度升高而降低，表明胶体对 MRP 固/液分配的作用较对 MUP 的作用更强。

综上可见，虽然供试水体中胶体磷绝对含量并不高，但胶体可能在磷元素粒径分布中起到维稳缓冲作用，具有独特的环境意义。因此，鉴于当前的磷元素研究多针对颗粒态磷及真溶解态磷，深入开展针对胶体磷流失机制及控制措施的相关研究，有望成为解决地表水体磷元素控制及水体富营养化防治的重要突破点。

参 考 文 献

胡美华，潘慧锋，赵建阳. 2007. 浙江省设施农业现状及避灾抗灾对策初探. 浙江农业科学，(5)：494-497.
聂泽宇，梁新强，邢波，等. 2012. 基于氮磷比解析太湖苕溪水体营养现状及应对策略. 生态学报，32（1）：48-55.
孙小静，秦伯强，朱广伟，等. 2007. 风浪对太湖水体中胶体态营养盐和浮游植物的影响. 环境科学，28（3）：506-511.
孙小静，张战平，朱广伟，等. 2006. 太湖水体中胶体磷含量初探. 湖泊科学，18（3）：231-237.
王芳，朱广伟，贺冉冉. 2009. 五种天然水体胶体相可酶解磷的含量及分布特征. 湖泊科学，2：483-489.
郑爱榕，陈敏，吕娥，等. 2006. 天然胶体对微藻生长的效应. 海洋与湖沼，37（4）：361-369.
Baalousha M，Lead J R. 2007. Size fractionation and characterization of natural aquatic colloids and nanoparticles. Science of the Total Environment，386：93-102.
Benoit G. 1995. Evidence of the particle concentration effect for lead and other metals in fresh waters based on ultraclean technique

analyses. Geochimica Et Cosmochimica Acta，59（13）：2677-2687.

Benoit G，Rozan T F. 1999. The influence of size distribution on the particle concentration effect and trace metal partitioning in rivers. Geochimica Et Cosmochimica Acta，63（1）：113-127.

Boström B，Persson G，Broberg B. 1988. Bioavailability of different phosphorus forms in freshwater systems. Hydrobiologia，170（1）：133-155.

Buesseler K O，Kaplan D I，Dai M，et al. 2009. Source-dependent and source-independent controls on plutonium oxidation state and colloid associations in groundwater. Environmental Science & Technology，43（5）：1322-1328.

Chen D，Zheng A. 2010. Study of colloidal phosphorus variation in estuary with salinity. Acta Oceanologica Sinica，29（1）：17-25.

Curl R L，Keoleian G A. 1984. Implicit-adsorbate model for apparent anomalies with organic adsorption on natural adsorbents. Environmental Science & Technology，18（12）：916-922.

Fang T H. 2000. Partitioning and behaviour of different forms of phosphorus in the Tanshui Estuary and one of its tributaries，Northern Taiwan. Estuarine Coastal and Shelf Science，50（5）：689-701.

Filella M，Deville C，Chanudet V，et al. 2006. Variability of the colloidal molybdate reactive phosphorous concentrations in freshwaters. Water Research，40（17）：3185-3192.

Foy R H，Rosell R. 1991. Fractionation of phosphorus and nitrogen loadings from a Northern Ireland fish farm. Aquaculture，96（1）：31-42.

Garnier J，Némery J，Billen G，et al. 2005. Nutrient dynamics and control of eutrophication in the Marne River system：modelling the role of exchangeable phosphorus. Journal of Hydrology（Amsterdam），304（1-4）：397-412.

Garrad P N，Hey R D. 1987. Boat traffic，sediment resuspension and turbidity in a Broadland river. Journal of Hydrology（Amsterdam），95（3-4）：289-297.

Gimbert L J，Haygarth P M，Beckett R，et al. 2005. Comparison of centrifugation and filtration techniques for the size fractionation of colloidal material in soil suspensions using sedimentation field-flow fractionation. Environmental Science & Technology，39（6）：1731-1735.

Gueguen C，Dominik J. 2003. Partitioning of trace metals between particulate，colloidal and truly dissolved fractions in a polluted river：the Upper Vistula River（Poland）. Applied Geochemistry，18（3）：457-470.

Guo L D，Santschi P H. 2007. Ultrafiltration and its Applications to Sampling and Characterization of Aquatic Colloids. Hoboken：John Wiley.

Haygarth P M，Warwick M S，House W A. 1997. Colloidal molybdate reactive phosphorus in river waters and soil solution. Water Research，31（3）：439-448.

Heathwaite L，Haygarth P，Matthews R，et al. 2005. Evaluating colloidal phosphorus delivery to surface waters from diffuse agricultural sources. Journal of Environmental Quality，34（1）：287-298.

Honeyman B D，Santschi P H. 1989. A Brownian-pumping model for oceanic trace metal scavenging：evidence from Th isotopes. Journal of Marine Research，47（4）：951-992.

Honeyman B D，Santschi P H. 1991. Coupling adsorption and particle aggregation-laboratory studies of colloidal pumping using Fe-59-labeled hematite. Environmental Science & Technology，25（10）：1739-1747.

Hudson J J，Taylor W D，Schindler D W. 2000. Phosphate concentrations in lakes. Nature，406（6791）：54-56.

Huo S L，Zan F Y，Xi B D，et al. 2011. Phosphorus fractionation in different trophic sediments of lakes from different regions，China. Journal of Environmental Monitoring，13（4）：1088-1095.

Ilg K，Siemens J，Kaupenjohann M. 2005. Colloidal and dissolved phosphorus in sandy soils as affected by phosphorus saturation. Journal of Environmental Quality，34（3）：926-935.

Kemp W M，Boynton W R，Adolf J E，et al. 2005. Eutrophication of Chesapeake Bay：historical trends and ecological interactions. Marine Ecology-Progress Series，303：1-29.

Klitzke S，Lang F，Kaupenjohann M. 2008. Increasing pH releases colloidal lead in a highly contaminated forest soil. European Journal of Soil Science，59（2）：265-273.

Liang T，Wang H，Rung H T，et al. 2004. Agriculture land-use effects on nutrient losses in West Tiaoxi watershed，China. Journal of the American Water Resources Association，40（6）：1499-1510.

Mainston C P，Parr W. 2002. Phosphorus in rivers-ecology and management. Science of the Total Environment，282-283：25-47.

Mayer T D，Jarrell W M. 1995. Assessing colloidal forms of phosphorus and iron in the Tualatin River Basin. Journal of Environmental Quality，24（6）：1117-1124.

Mccarthy J，Zachara J. 1989. ES&T features：subsurface transport of contaminants-mobile colloids in the subsurface environment may alter the transport of contaminants. Environmental Science & Technology，23（23）：496-502.

Monbet P，McKelvie I D，Worsfold P J. 2010. Sedimentary pools of phosphorus in the eutrophic Tamar estuary（SW England）. Journal of Environmental Monitoring，12（1）：296-304.

Murphy J，Riley J P. 1962. A modified single solution method for the determination of phosphate in natural waters. Analytica Chimica Acta，27：31-36.

Pagel H，Ilg K，Siemens J，et al. 2008. Total phosphorus determination in colloid-containing soil solutions by enhanced persulfate digestion. Soil Science Society of America Journal，72（3）：786-790.

Ran Y，Fu J M，Sheng G Y，et al. 2000. Fractionation and composition of colloidal and suspended particulate materials in rivers. Chemosphere，41（1-2）：33-43.

Reddy K R，Kadlec R H，Flaig E，et al. 1999. Phosphorus retention in streams and wetlands：a review. Critical Reviews in Environmental Science and Technology，29：83-146.

Ryan J N，Elimelech M. 1996. Colloid mobilization and transport in groundwater. Colloid Surface a Physicochemical and Engineering Aspects，107（95）：1-56.

Sébastien S，Hendershot W，Allen H E. 2000. Solid-solution partitioning of metals in contaminated soils：dependence on pH，total metal burden，and organic matter. Environmental Science & Technology，34（7）：1125-1131.

Seta A K，Karathanasis A D. 1996. Water dispersible colloids and factors influencing their dispersibility from soil aggregates. Geoderma，74（3-4）：255-266.

Svendsen L M，Kronvang B，Kristensen P，et al. 1995. Dynamics of phosphorus compounds in a lowland river system：importance of retention and non-point sources. Hydrological Processes，9（2）：119-14.

Tipping E，Ohnstad M. 1984. Colloid stability of iron oxide particles from a freshwater lake. Nature，308（5956）：266-268.

Turner B L，Kay M A，Westermann D T. 2004. Colloidal phosphorus in surface runoff and water extracts from semiarid soils of the western United States. Journal of Environment Quality，33（4）：1464-1472.

Utomo H D，Hunter K A. 2010. Particle concentration effect：adsorption of divalent metal ions on coffee grounds. Bioresource Technology，101（5）：1482-1486.

Voice T C，Weber J W J. 1983. Sorption of hydrophobic compounds by sediments，soils and suspended solids.1. Theory and background. Water Research，17（10）：1433-1441.

Wang F E，Yu J，Lou F Q，et al. 2009. Pollutant flux variations of all the rivers surrounding Taihu Lake in Zhejiang Province. Journal of Safety and Environment，9：106-109.

Waples J T，Benitez-Nelson C，Savoye N，et al. 2006. An introduction to the application and future use of ^{234}Th in aquatic systems. Marine Chemistry，100（3-4）：166-189.

Wells M L，Goldberg E D. 1991. Occurrence of small colloids in sea water. Nature，353（6342）：342-344.

Wigginton N S，Haus K L，Hochella J M. 2007. Aquatic environmental nanoparticles. Journal of Environmental Monitoring，9（12）：1306-1316.

Xu C，Pan G，Li W. 2009. Particle concentration effect on Zn（Ⅱ）adsorption at water-goethite interfaces. Acta Physico-Chimica Sinica，25（9）：1737-1742.

Yang Y E，He Z L，Lin Y J，et al. 2008. Temporal and spatial variations of nutrients in the Ten Mile Creek of South Florida，USA and effects on phytoplankton biomass. Journal of Environmental Monitoring，10：508-516.

Zhang A，Oldham C. 2001. The use of an ultrafiltration technique for measurement of orthophosphate in shallow wetlands. Science of the Total Environment，266（1）：159-167.

第3章　稻田与其他土地利用类型土壤胶体磷的差异性

3.1 引　　言

为全面了解农田土壤胶体磷的流失潜能，本章采集东苕溪代表性流域（漕桥溪小流域）多种土地利用类型农田土壤，对不同粒径土壤磷（真溶解态、胶体态）的流失潜能和土壤磷库中不同化学提取活性组分的含量分布特征进行分析，并探究可移动性胶体磷与不同化学提取活性土壤磷组分之间的关系，明确了稻田与其他土地利用类型土壤胶体磷的差异性。

3.2 试验设计与分析方法

3.2.1 样品采集与准备

以东苕溪的代表性流域（漕桥溪小流域）为研究区域，选取当地主要的土地利用类型农田进行土样采集，其中包括稻田（RS）、茶园（TS）、菜地（VS）、苗木（NSS）及竹林（BS）土壤。根据美国土壤分类标准（USDA，1988），供试土样均属于老成土（ultisol）。针对各个土地利用类型，随机选取三个采样点，分别取土壤表层土样（0～20cm）等量混合，以混合土样作为该土地利用类型土壤的代表性土样。土样室内风干，过2mm筛备用。土壤pH、总磷、电导率、阳离子交换量、土壤质地、土壤磷饱和度以中国土壤学会推荐方法测定（鲁如坤，2000）。土壤总碳、总氮以元素分析仪（Vario Max，Germany）测定。供试土壤基本理化性质如表3-1所示。

表3-1　不同土地利用类型土壤的基本理化性质

土壤①	pH（H_2O）	TP/（mg/kg）	TC/（g/kg）	TN/（g/kg）	EC/（μS/cm）	CEC/（mmol/kg）	机械组成/%			DPS②/%
							砂粒	粉粒	黏粒	
RS	5.40	493	19.6	3.34	127	16.5	39	37	24	16.4
TS	4.20	356	26.2	3.20	120	18.4	40	34	26	8.5
VS	5.44	901	26.6	3.90	143	13.7	43	35	22	33.3
NSS	5.51	620	18.7	3.06	110	12.1	49	30	21	21.0
BS	5.41	751	18.9	2.34	130	14.5	45	31	24	38.9

注：EC代表电导率；CEC代表土壤阳离子交换量。

①RS表示稻田、TS表示茶园、VS表示菜地、NSS表示苗木、BS表示竹林。

②DPS表示磷饱和度，$DPS = P_{ox}/0.5（Al_{ox} + Fe_{ox}）$，其中，$P_{ox}$、$Al_{ox}$、$Fe_{ox}$分别代表草酸提取态磷、铝、铁。

3.2.2　土壤胶体磷及真溶解态磷流失潜能测定

土壤胶体磷流失潜能以土壤胶体磷的流失量加以表征（Ilg et al.，2005）。土壤胶体磷提取方法在 Ilg 等（2005）推荐的方法上略加改进：称取过 2mm 筛的不同土地利用类型土样于 250mL 的锥形瓶中，加去离子水，土水比 1∶8，移至摇床中，在 160r/min 下浸提 24h，取上清液备用。浸提上清液在 3000×g 下预离心 10min 以去除大颗粒，取离心后的上清液用 1μm 微孔滤膜抽滤，弃去 5mL 初滤液后收集所有滤液（试样Ⅰ），该滤液含溶解态组分和胶体组分。试样Ⅰ在 300000×g 下超速离心 2h，取上清液（试样Ⅱ），上清液为去除了胶体组分的真溶解态组分，超速离心管底部为水分散性胶体。

测定试样Ⅰ和试样Ⅱ中总磷（TP）及 MRP 含量，测定方法如 2.2 节所述。土壤胶体总磷（TP_{coll}）、胶体 MRP（MRP_{coll}）、胶体 MUP（MUP_{coll}）的流失潜能以试样Ⅰ与试样Ⅱ中 TP、MRP 及 MUP 含量之差计算得到。烘干法测定土壤水分散性胶体的释放量：20mL 试样Ⅰ和试样Ⅱ在 105℃下烘至恒重，以质量差计算水分散性胶体的释放量（Seta and Karathanasis，1996）。

3.2.3　连续提取表征土壤不同活性磷组分的分布特征

采用修正的 Hedley 连续提取法对土样进行连续浸提（Sui et al.，1999）。0.5g 土样于 50mL 离心管中依次以 30mL 水（H_2O）、0.5mol/L 的碳酸氢钠（$NaHCO_3$）、0.1mol/L 的氢氧化钠（NaOH）、1mol/L 的盐酸（HCl）、浓硫酸-双氧水（H_2SO_4-H_2O_2）浸提 16h。每次连续提取之后，10000×g 下离心 15min，移去上清液，以去离子水定容。钼蓝比色法测定浸提液中的 MRP（Murphy and Riley，1962）。$NaHCO_3$ 及 NaOH 浸提液中总磷以 H_2SO_4-H_2O_2 消解后测定。MUP 以总磷与 MRP 之差计。虽然由此测得的 MUP 中可能包含复杂的无机磷化合物，但本书中以 MRP 代表无机磷，而 MUP 代表有机磷（Chen and Zheng，2010）。另取 0.5g 土样以 H_2SO_4-H_2O_2 消解测定总磷，以提取的不同磷组分之和与 H_2SO_4-H_2O_2 消解测定的总磷之比为化学连续提取法（sequential fractionation，SF）的提取率。

3.3　土壤胶体及胶体磷流失潜能

供试土壤水分散性胶体、胶体磷和真溶解态磷的流失潜能如表 3-2 所示。五种土地利用类型农田中，土壤水分散性胶体的流失量位于 1.4～7.4g/kg，其中，苗木用地流失量最大，其次为稻田、菜地和竹林，茶园最小。而各土地利用类型土壤胶体总磷和胶体的释放量并未呈现一致的变化规律。供试五种土壤胶体总磷的释放量为 0.527～20.553mg/kg，其中竹林和菜地土壤中释放量最多，其次是苗木用地和稻田，茶园最少。除茶园外的其他四种土壤中胶体磷均是土壤总磷（＜1μm）流失的主要形态（55.1%～80.9%），仅茶园土壤真溶解态磷的释放量（0.866mg/kg）略高于胶体总磷（0.527mg/kg）。

表3-2　不同土地利用类型土壤胶体、胶体磷及真溶解态磷的流失潜能±标准误

土壤	WDC/(g/kg)	胶体态				真溶解态				TP_{coll}/TP (<1μm)/%
		TP/(mg/kg)	MRP/(mg/kg)	MUP/(mg/kg)	MRP/TP/%	TP/(mg/kg)	MRP/(mg/kg)	MUP/(mg/kg)	MRP/TP/%	
RS	5.8±0.2 b	6.866±0.043 c	4.098±0.035 d	2.757±0.027 c	59.7	1.623±0.090 d	0.394±0.078 e	1.225±0.120 b	24.3	80.9
TS	1.4±0 e	0.527±0.025 d	0.510±0.024 e	0.016±0 e	96.8	0.866±0.002 e	0.864±0 d	0.002±0.002 d	99.8	37.8
VS	3.8±0 c	20.252±1.741a	14.769±1.511 a	5.391±0.380 b	72.9	16.498±2.090 a	12.039±1.090 a	4.461±0. 180 a	73.0	55.1
NSS	7.4±0.1 a	7.877±0.077 b	6.429±0 c	1.447±0.077 d	81.6	6.215±0.268 c	5.774±0 c	0.441±0.189 c	92.9	55.9
BS	3.4±0 d	20.553±0.194 a	12.256±0.640 b	8.298±0.835 a	59.6	8.163±0.121 b	7.642±0.023 b	0.520±0.097 c	93.6	71.6

注：每列数据后相同字母表示无显著性差异（$P=0.05$）；RS表示稻田、TS表示茶园、VS表示菜地、NSS表示苗木、BS表示竹林；TP_{coll}、MRP及MUP分别表示胶体总磷、钼蓝反应磷及钼蓝非反应磷；WDC表示水分散性胶体。

供试五种土壤中，胶体总磷均主要由MRP组成（59.6%～96.8%），胶体MRP的释放量为0.510～14.769mg/kg，而胶体MUP释放量仅为0.016～8.298mg/kg（表3-2）。除稻田外，其他供试土壤释放的真溶解态磷组成与胶体磷的组成基本相似，主要由真溶解态MRP组成（73.0%～99.8%），释放量为0.864～12.039mg/kg，而真溶解态MUP仅为0.002～4.461mg/kg（表3-2）。在稻田中，土壤真溶解态磷以真溶解态MUP为主，含量为1.225mg/kg，而真溶解态MRP仅为0.394mg/kg。

3.4　土壤不同活性磷组分的分布特征

供试土样不同活性磷组分的含量分布如表3-3所示。五种供试土样总磷的回收率为74%～103%。供试土壤中活性最强的H_2O-P达4～33mg/kg，在不同土地利用类型土壤中，该提取态磷含量以菜地土壤最高，茶园土壤最低，并在竹林、苗木和稻田中依次减小。另外，活性较强的$NaHCO_3$-P含量为79～207mg/kg，不同土地利用类型间$NaHCO_3$-P以菜地土壤最高，茶园最低；其中无机磷及有机磷分别达17～166mg/kg及23～62mg/kg，除茶园土壤外，其他供试土壤的$NaHCO_3$-P均以无机磷为主。中等活性的NaOH-P在供试不同土地利用类型土壤中达149～374mg/kg，同样以菜地最高，茶园最低；其中无机磷及有机磷分别达39～250mg/kg及110～163mg/kg，仅菜地和竹林中的NaOH-P以无机磷为主，而其他三种土壤以有机磷为主。非活性的HCl-P和残留磷绝对含量分别为18～116mg/kg和49～128mg/kg。

表3-3　不同土地利用类型土壤磷的连续提取结果（均值±标准差）

土壤	回收率/%	H_2O-P/(mg/kg)	$NaHCO_3$-P/(mg/kg)			NaOH-P/(mg/kg)			HCl-P/(mg/kg)	残留磷/(mg/kg)
			P_t	P_i	P_o	P_t	P_i	P_o		
RS	90	5±1 (1%)	111±6 (25%)	66±1 (15%)	45±7 (10%)	233±2 (53%)	76±3 (17%)	157±1 (36%)	40±2 (9%)	55±5 (12%)
TS	103	4±0 (1%)	79±0 (22%)	17±1 (5%)	62±1 (17%)	149±8 (41%)	39±2 (11%)	110±5 (30%)	18±0 (5%)	117±1 (31%)

续表

土壤	回收率/%	H_2O-P/(mg/kg)	$NaHCO_3$-P/(mg/kg)			NaOH-P/(mg/kg)			HCl-P/(mg/kg)	残留磷/(mg/kg)
			P_t	P_i	P_o	P_t	P_i	P_o		
VS	92	33±1 (4%)	207±5 (25%)	166±3 (20%)	41±2 (5%)	374±11 (45%)	250±2 (30%)	124±9 (15%)	116±4 (14%)	99±2 (12%)
NSS	85	16±0 (3%)	105±4 (20%)	75±1 (14%)	30±3 (6%)	247±13 (47%)	84±7 (16%)	163±19 (31%)	30±0 (6%)	128±5 (24%)
BS	74	24±1 (4%)	128±6 (23%)	105±0 (19%)	23±6 (4%)	294±4 (53%)	156±15 (28%)	138±11 (25%)	61±0 (11%)	49±6 (9%)

注：RS 表示稻田、TS 表示茶园、VS 表示菜地、NSS 表示苗木、BS 表示竹林；括号中数值表示各组分占所有提取组分之和的比例；P_t、P_i 和 P_o 分别代表相应提取剂提取的总磷、无机磷和有机磷。

按活性来分，供试土壤均以中等活性磷（NaOH-P）为主，占总提取磷的 41%～53%。稻田、菜地、竹林中仅次于中等活性磷的为活性磷（H_2O-P 及 $NaHCO_3$-P），占总提取磷的 26%～29%，而茶园、苗木土壤中仅次于中等活性磷的为非活性磷（HCl-P 及残留磷），分别占总提取磷的 36%及 30%。所有供试土样中，活性最强的 H_2O-P 相对含量均最低，仅 1%～4%。除茶园外，其他供试土壤中活性的 $NaHCO_3$-P 均以无机磷为主，占总提取磷的 14%～20%，仅茶园土壤 $NaHCO_3$-P 以有机磷为主，占总提取磷的 17%。菜地及竹林土壤中 NaOH-P 以无机磷为主，分别占总提取磷的 30%及 28%；稻田、茶园及苗木土壤中 NaOH-P 均以有机磷为主（30%～36%）。

3.5 土壤胶体磷流失潜能与不同活性磷组分的相关性分析

供试土样胶体总磷、胶体 MRP 和胶体 MUP 的流失潜能与土壤不同磷组分的相关性分析如表 3-4 所示。供试五种土壤中，胶体总磷的释放量与土壤 H_2O-P、$NaHCO_3$-P_i、NaOH-P_t、NaOH-P_i 含量显著相关，相关系数分别为 0.920、0.907、0.921、0.908。此外，供试不同土地利用类型土壤胶体 MRP 的释放量与土壤 H_2O-P 含量（$R = 0.972$）、$NaHCO_3$-P_i 含量（$R = 0.961$）、NaOH-P_t 含量（$R = 0.967$）和 NaOH-P_i 含量（$R = 0.955$）达极显著性相关，并与 HCl-P 含量（$R = 0.896$）达显著性相关。胶体 MUP 含量则与土壤不同磷组分含量均无显著相关性。

表 3-4 胶体态磷流失潜能与土壤磷连续提取组分的相关性分析

项目	磷连续分级								
	H_2O-P	$NaHCO_3$-P_t	$NaHCO_3$-P_i	$NaHCO_3$-P_o	NaOH-P_t	NaOH-P_i	NaOH-P_o	HCl-P	残留磷
TP_{coll}	0.920*	0.807	0.907*	−0.704	0.921*	0.908*	0.009	0.843	−0.444
MRP_{coll}	0.972**	0.880	0.961**	−0.666	0.967**	0.955*	0.005	0.896*	−0.285
MUP_{coll}	0.734	0.594	0.719	−0.706	0.745	0.731	0.019	0.661	−0.688

注：TP_{coll}、MRP_{coll}、MUP_{coll} 分别代表胶体总磷、胶体钼蓝反应磷、胶体钼蓝非反应磷。

*、**分别表示显著水平达到 0.05、0.01。

3.6　不同土地利用类型土壤胶体磷差异原因分析

3.6.1　不同土地利用类型土壤胶体及胶体磷流失潜能

五种供试土壤中，水分散性胶体的释放量与 Kjaergaard 等（2004）对不同理化性质土壤水分散性胶体释放量的研究结果（1.5～6.0g/kg）基本一致。供试不同土地利用类型土壤间胶体流失潜能差异显著，其中苗木土壤胶体的释放量最高为 7.4g/kg，而茶园最低仅为 1.4g/kg。这很可能与供试土壤质地有关，苗木土壤中砂粒含量较多，而茶园土壤中黏粒含量较多（表 3-1）。一般而言，砂性土壤更有利于土壤胶体的释放和运移（Kretzschmar and Sticher，1997；Ilg et al.，2005；Siemens et al.，2008；Zhang，2008）。Zhang 等（2003）研究表明在砂土中磷元素富集可促进土壤胶体的释放和迁移。Kjaergaard 等（2004）也发现黏粒含量低的土壤中土壤水分散性胶体在外界分散作用力低的条件下即可释放。

土壤可移动性胶体的产生及其运移是土壤污染物基于胶体进行长距离迁移的先决条件（de Jonge et al.，2004）。土壤水分散性胶体是土壤可移动性胶体的主要来源，因此农田土壤水分散性胶体的释放能力很大程度上决定了土壤胶体磷的释放潜能。然而仅茶园土壤水分散性胶体和胶体磷释放量在供试土壤中均最低（表 3-2），在其他供试土壤中，胶体总磷和胶体的释放量并未呈一致的变化趋势。土壤水分散性胶体释放量最大的苗木用地，胶体磷的释放量（7.877mg/kg）远低于竹林和菜地中胶体磷的释放量（20.553mg/kg 和 20.252mg/kg），而这两种土壤的胶体释放量（3.4g/kg 和 3.8g/kg）并不高（表 3-2）。可见，土壤胶体磷的释放潜能不仅仅取决于土壤胶体的活化数量，还可能与其化学组成、表面性质及土壤磷含量等相关，有待于进一步研究（Siemens et al.，2004，2008；Ilg et al.，2005，2008）。其次，供试土壤中胶体磷组成均以活性高的 MRP 为主，由于土壤胶体对土壤溶液中活性磷的吸附是土壤胶体态磷富集的重要原因，这很可能是土壤胶体对无机磷的吸附固定能力较有机磷高的缘故（McDowell and Sharpley，2001）。另外，除茶园外，土壤胶体总磷、胶体 MRP 在供试土壤中释放量均显著高于真溶解态总磷及真溶解态 MRP 的释放量（表 3-2）。Ilg 等（2005）利用水提法对磷饱和度较低（＜44%）的农田土壤磷有效性进行研究，也发现土壤水提取液中胶体态磷含量高于真溶解态磷，表明胶体态磷是土壤活性磷的主要组成部分，该研究中土壤磷饱和度水平与本书中供试土壤磷饱和度范围（8.5%～38.9%）相符。

3.6.2　各土地利用类型土壤不同磷组分分布特征

连续提取法可将土壤磷根据活性不同分为几个组分，其中，H_2O-P 及 $NaHCO_3$-P 代表活性磷，NaOH-P 代表中等活性磷，HCl-P 及残留磷为非活性磷组分。在供试五种土地利用类型土壤中，总磷在连续提取过程中的回收率（74%～103%）与其他相关文献报道一致（Negassa et al.，2010）。供试的五种土壤中，中等活性的 NaOH-P 是土壤磷的主体形态（41%～53%，表 3-3），其含量和比例均高于其他提取态磷，说明供试不同土地利用类型土壤中相当部分磷元素是潜在的释放源。一般认为 NaOH-P 主要包括铁铝氧化物结合态无机磷和腐殖质结合态有机磷（Tchienkoua and Zech，2003），因此供试五种土壤均主要以 NaOH-P 组分存在很可能与供试土壤类型为老成土有关，该类型土壤中富含铁氧化物，可大量吸附固定土壤磷（Rick and Arai，2011）。同时，所有供试土壤中活性最大的 H_2O-P 占总磷的比例均最低（1%～4%，表 3-3），说明土壤活性磷很快被作物、微生物吸收或通过吸附、沉淀转化成活性较低的组分。

土壤磷组分分布的差异很可能与农田施肥管理有关。供试土壤中，稻田、菜地及竹林中第二大磷组分为活性磷（H_2O-P 及 $NaHCO_3$-P，26%～29%，表 3-3），通常菜地和竹林磷肥施用量高，这与外源磷肥输入主要贡献于土壤活性磷库相符（Negassa and Leinweber，2009）。另外，菜地和竹林土壤总磷和磷饱和度在供试五种土壤中显著高于其他土壤（表 3-1）。章明奎等（2006）对浙江省典型菜地土壤磷饱和度与磷活性的关系研究也发现土壤磷活性随土壤磷饱和度的提高而增加。供试的茶园与竹林土壤中仅次于中等活性磷的则为非活性磷（HCl-P 和残留磷，36%和 30%，表 3-3）。据报道，茶园用地偏施氮肥（Chen et al.，2009），活性磷组分被作物利用而无外源磷肥补充的条件下，往往导致土壤总磷和活性磷含量较低（王晓萍，1991），进而促发中等活性磷的活化作用以供给作物生长需要（Tiessen et al.，1984）。此外，NaOH-P 及 $NaHCO_3$-P 组分中有机磷和无机磷的相对含量进一步证实了施肥管理对土壤磷组分分布的影响。具体而言，除茶园土壤外，供试其他土壤中 $NaHCO_3$-P 均以无机磷为主（表 3-3），说明不同类型外源磷肥输入主要贡献于活性无机磷，而对有机磷影响不大（Negassa and Leinweber，2009）。而茶园土壤中 $NaHCO_3$-P 以有机磷为主，也与少施或不施磷肥条件下耕作农田优先耗竭无机磷的报道相符（Tiessen et al.，1984；Negassa and Leinweber，2009）。此外，活性磷富集还可能向中等活性磷动态转化，因此，稻田、菜地及竹林土壤中 NaOH-P 也以无机磷居多。供试土壤中 HCl-P 的相对含量同样以菜地和竹林用地较高。该提取态磷一般为磷灰石类无机钙磷（Beauchemin et al.，2003；Tchienkoua and Zech，2003），其往往是土壤磷肥施用导致无机钙磷沉淀及转化所致（Beauchemin et al.，2003；Shober et al.，2006；章明奎等，2006；张涛等，2012）。

3.6.3　土壤胶体磷释放潜能与土壤不同活性磷组分的关系

土壤胶体磷主要由含磷土壤团聚体在环境扰动下分散或活化的无磷胶体结合溶解态磷形成，由于不同磷组分的化学活性和稳定性不同，胶体磷很可能与土壤中某种特定的磷组分有关。由相关性分析（表 3-4）可知，供试五种土壤中，胶体总磷的释放量与土壤 H_2O-P（$R = 0.920$）、$NaHCO_3$-P_i（$R = 0.907$）、NaOH-P_t（$R = 0.921$）、NaOH-P_i（$R = 0.908$）均显著正相关（表 3-4）。从而可推断，供试土壤胶体总磷很可能主要来自土壤无机磷库，而非有机磷库。此外，土壤胶体 MRP 释放量与 H_2O-P（$R = 0.972$）、$NaHCO_3$-P_i（$R = 0.961$）、NaOH-P_t（$R = 0.967$）、NaOH-P_i（$R = 0.955$）呈极显著正相关（表 3-4），与 HCl-P 显著正相关（$R = 0.896$），这表明土壤胶体 MRP 释放量与上述三种磷库的关系较土壤胶体总磷释放量更紧密，推测供试土壤胶体磷的释放量主要由胶体 MRP 的释放过程决定。一般而言，土壤中无机磷库主要包括可溶性磷酸盐、铁铝氧化物化学吸附态磷以及溶解性低的含钙磷酸盐（如羟基磷灰石类等），这三种形态磷通常对应分级提取法中的 H_2O-P 和 $NaHCO_3$-P_i、NaOH-P_i 及 HCl-P（Beauchemin et al.，2003；Tchienkoua and Zech，2003）。因此，供试土壤胶体很可能主要由土壤铁铝氧化物及含钙磷酸盐矿物组成，并通过其表面的活性位点吸附固定土壤可溶性磷，最终主要以胶体态无机磷形式释放。例如，Turner 等（2004）发现 0.2～1μm 的土壤胶体中无机磷多与细黏粒结合，而更小粒径的组分（0.3～3nm）则以钙磷为主。另外，虽然有研究表明土壤纳米颗粒结合态磷的迁移与铁氧化物关系不大（Rick and Arai，2011），但 Henderson 等（2012）对淹水条件下草原土壤磷基于土壤细颗粒的迁移机制进行研究，结果表明胶体和纳米级铁氧化物与黏土矿物的胶结体是供试土壤磷储存的主要载体。

3.7　小　　结

本章以东苕溪代表性流域（漕桥溪小流域）五种不同土地利用类型（稻田、茶园、菜地、苗木和竹林）土壤为研究对象，考察了土壤胶体磷的流失潜能、土壤不同磷组分的分布特征以及两者的相互关系，结果发现：

除茶园外，供试其他四种土壤胶体磷的释放潜能（6.866～20.553mg/kg）均明显高于真溶解态磷（1.623～16.489mg/kg），胶体磷是土壤总磷（＜1μm）流失的主要形态（55.1%～80.9%）；供试五种土壤中，MRP 均是土壤胶体磷流失的主要形式，占胶体总磷的 59.6%～96.8%；胶体磷的释放潜能在竹林（20.553mg/kg）和菜地（20.252mg/kg）土壤中最大，苗木（7.877mg/kg）和稻田（6.866mg/kg）土壤次之，茶园土壤最小（0.527mg/kg）。茶园土壤胶体及胶体磷流失潜能在供试土壤中均最低，其他四种土壤中土壤胶体与胶体磷的流失特征则有所差异，其中胶体磷释放潜能最高的竹林和菜地土壤，胶体的释放量分别为 3.4g/kg 和 3.8g/kg，显著低于胶体磷释放潜能居中的苗木（7.4g/kg）和稻田土壤（5.8g/kg）。

供试土壤磷库均以中等活性的 NaOH-P 为主，达总提取磷的 41%～53%，其中菜地及竹林土壤该组分以无机磷为主，稻田、茶园、苗木土壤以有机磷为主；菜地、竹林、稻田土壤中活性磷（H_2O-P 及 $NaHCO_3$-P）为第二大磷组分，占总提取磷的 26%～29%，而茶园、苗木土壤磷中非活性磷组分（HCl-P 及残留磷）仅次于中等活性磷，分别占总提取磷的 36%及 30%；除茶园外，供试其他四种土壤 $NaHCO_3$-P 以无机磷为主；所有供试土壤中活性最强的 H_2O-P 相对含量均最低，仅 1%～4%。上述土壤磷组分分布特征的差异很可能与不同土地利用类型下的施肥管理相关。

供试五种土壤胶体总磷和胶体 MRP 的流失潜能与土壤无机磷库密切相关，其中胶体总磷的释放量与供试土壤的 H_2O-P、$NaHCO_3$-P_i、NaOH-P_t、NaOH-P_i 含量均达显著相关；而胶体 MRP 的释放量与土壤 H_2O-P、$NaHCO_3$-P_i、NaOH-P_t 含量极显著相关，并与土壤 NaOH-P_i 和 HCl-P 含量显著相关。而胶体 MUP 的流失潜能则与不同土壤磷组分含量均无显著相关性。

综上，除茶园外，供试稻田等其他四种土壤胶体磷的流失风险值得密切关注；胶体磷流失与土壤无机磷库联系紧密，而证实该假设需要深入解析土壤胶体磷形态。

参 考 文 献

鲁如坤. 2000. 土壤农业化学分析方法. 北京：中国农业出版社.

王晓萍. 1991. 不同产量水平红壤茶园磷元素状况的研究. 中国茶叶，（5）：12-14.

张涛，李永夫，姜培坤，等. 2012. 雷竹林集约经营过程中土壤磷库的变化特征研究. 中国农学通报，28（7）：38-43.

章明奎，周翠，方利平，等. 2006. 蔬菜地土壤磷饱和度及其对磷释放和水质的影响. 植物营养与肥料学报，（4）：544-548.

Beauchemin S，Hesterberg D，Chou J，et al. 2003. Speciation of phosphorus in phosphorus-enriched agricultural soils using X-ray absorption near-edge structure spectroscopy and chemical fractionation. Journal of Environment Quality，32（5）：1809-1819.

Chen D，Zheng A. 2010. Study of colloidal phosphorus variation in estuary with salinity. Acta Oceanologica Sinica，29（1）：17-25.

Chen Y X，Yu M G，Xu J，et al. 2009. Differentiation of eight tea（*Camellia sinensis*）cultivars in China by elemental fingerprint of their leaves. Journal of the Science of Food and Agriculture，89（14）：2350-2355.

de Jonge L W，Moldrup P，Rubaek G H，et al. 2004. Particle leaching and particle-facilitated transport of phosphorus at field scale. Vadose Zone Journal，3（2）：462-470.

Henderson R，Kabengi N，Mantripragada N，et al. 2012. Anoxia-induced release of colloid and nanoparticle-bound phosphorus in grassland soils. Environmental Science & Technology，46（21）：11727-11734.

Ilg K，Dominik P，Kaupenjohann M，et al. 2008. Phosphorus-induced mobilization of colloids：model systems and soils. European Journal of Soil Science，59（2）：233-246.

Ilg K，Siemens J，Kaupenjohann M. 2005. Colloidal and dissolved phosphorus in sandy soils as affected by phosphorus saturation. Journal of Environmental Quality，34（3）：926-935.

Kjaergaard C，de Jonge L W，Moldrup P，et al. 2004. Water-dispersible colloids effects of measurement method，clay content，initial soil matric potential，and wetting rate. Vadose Zone Journal，3（2）：403-412.

Kretzschmar R，Sticher H. 1997. Transport of humic-coated iron oxide colloids in a sandy soil：influence of Ca^{2+} and trace metals. Environmental Science & Technology，31（12）：3497-3504.

McDowell R W，Sharpley A N. 2001. Soil phosphorus fractions in solution：influence of fertiliser and manure，filtration and method of determination. Chemosphere，45（6）：737-748.

Murphy J，Riley J P. 1962. A modified single solution method for the determination of phosphate in natural waters. Analytica Chimica Acta，27：31-36.

Negassa W，Leinweber P. 2009. How does the Hedley sequential phosphorus fractionation reflect impacts of land use and management on soil phosphorus：a review. Journal of Plant Nutrition and Soil Science，172（3）：305-325.

Negassa W，Kruse J，Michalik D，et al. 2010. Phosphorus speciation in agro-industrial byproducts：sequential fractionation，solution ^{31}P NMR，and P K- and $L_{2,3}$-edge XANES spectroscopy. Environmental Science and Technology，44（6）：2092-2097.

Rick A R，Arai Y. 2011. Role of natural nanoparticles in phosphorus transport processes in Ultisols. Soil Science Society of America Journal，75（2）：335-347.

Seta A K，Karathanasis A D. 1996. Water dispersible colloids and factors influencing their dispersibility from soil aggregates. Geoderma，74：255-266.

Shober A L，Hesterberg D L，Sims J T，et al. 2006. Characterization of phosphorus species in biosolids and manures using XANES spectroscopy. Journal of Environmental Quality，35（6）：1983-1993.

Siemens J，Ilg K，Lang F，et al. 2004. Adsorption controls mobilization of colloids and leaching of dissolved phosphorus. European Journal of Soil Science，55（2）：253-263.

Siemens J，Ilg K，Pagel H，et al. 2008. Is colloid-facilitated phosphorus leaching triggered by phosphorus accumulation in sandy soils? .Journal of Environmental Quality，37（6）：2100-2107.

Sui Y，Thompson M L，Shang C. 1999. Fractionation of phosphorus in a mollisol amended with biosolids. Soil Science Society of America Journal，63（5）：1174-1180.

Tchienkoua M，Zech W. 2003. Chemical and spectral characterization of soil phosphorus under three land uses from an Andic

Palehumult in West Cameroon. Agriculture Ecosystems & Environment，94（2）：193-200.

Tiessen H，Stewart J W B，Cole C V. 1984. Pathways of phosphorus transformations in soils of differing pedogenesis. Soil Science Society of America Journal，48（4）：853-858.

Turner B L，Kay M A，Westermann D T. 2004. Colloidal phosphorus in surface runoff and water extracts from semiarid soils of the western United States. Journal of Environment Quality，33（4）：1464-1472.

Zhang M K. 2008. Effects of soil properties on phosphorus subsurface migration in sandy soils. Pedosphere，18（5）：599-610.

Zhang M K，He Z L，Calvert D V，et al. 2003. Colloidal iron oxide transport in sandy soil induced by excessive phosphorus application. Soil Science，168（9）：617-626.

第 4 章　稻田土壤基本理化性质与胶体磷储存的影响机制

4.1　引　　言

本章以我国南方典型稻田土壤为研究对象，采集了 60 个土壤样品，应用 ^{31}P NMR 和 K 边 XANES 等现代分析技术，开展胶体磷稻田土壤储存与释放机制的研究，明确了土壤胶体磷储存的影响机制。

4.2　试验设计与分析方法

4.2.1　样品采集

研究人员分别在广东、湖南和江苏 3 省各采集了 20 个稻田土壤样品，采样时间为 2016 年 9 月至 2016 年 12 月，采集深度为地表以下 0～20cm。在广东、湖南和江苏 3 省水稻种植广泛的 20 个稻田区域，每个区域采用梅花形布点法设置 5～10 个采样点，各区域采样点土壤混合均匀备用。3 个省份从南向北分别为广东、湖南和江苏，其气候特征有较大的区别，年平均气温分别为 19～24℃、15～18℃和 13～16℃，年降水量分别为 1300～2500mm、1200～1700mm 和 704～1250mm，具体采样位置如表 4-1 所示。

表 4-1　60 个采样点稻田土壤的基本信息

编号	经度（东经）	纬度（北纬）	质地
1	115°12′49.29″	22°45′55.19″	砂质壤土
2	115°15′42.92″	22°45′8.12″	砂质壤土
3	115°17′7.92″	22°47′0.74″	砂质黏土
4	115°16′52.82″	22°42′22.12″	粉砂质黏土
5	115°23′42.24″	23°3′43.72″	粉砂质黏土
6	115°26′51.24″	23°2′3.84″	粉砂质黏土
7	116°44′13.38″	23°5′9.76″	粉砂质黏土
8	116°46′18.48″	23°5′51.49″	粉砂质黏土
9	116°26′12.69″	23°7′12.92″	砂质壤土
10	116°21′41.23″	23°8′61.92″	砂质壤土
11	115°20′32.04″	23°12′53.42″	砂质壤土
12	115°19′12.24″	23°16′26.96″	砂质壤土
13	115°12′52.04″	23°23′8.44″	砂质黏土

续表

编号	经度（东经）	纬度（北纬）	质地
14	115°26′7.64″	23°25′12.92″	砂质黏土
15	115°27′1.12″	22°52′31.08″	砂质黏土
16	116°6′18.92″	22°50′5.88″	砂质壤土
17	116°3′4.92″	22°49′12.64″	砂质壤土
18	116°8′22.42″	22°55′42.57″	粉砂质黏土
19	116°13′12.48″	22°54′32.19″	粉砂质黏土
20	116°17′2.88″	22°51′1.26″	粉砂质黏土
21	110°39′2.55″	27°39′42.37″	砂质壤土
22	110°40′50.6″	27°35′30.29″	砂质壤土
23	110°44′58.68″	27°41′31.35″	砂质壤土
24	110°51′24.57″	27°32′30.81″	粉壤土
25	111°13′7.14″	27°42′38.49″	粉壤土
26	111°52′17.67″	27°42′53.07″	粉壤土
27	110°38′36.88″	27°39′7.18″	粉壤土
28	110°34′14.05″	28°41′43.78″	粉壤土
29	111°26′32.04″	28°52′2.63″	粉土
30	111°35′39.98″	28°50′8.39″	粉土
31	111°33′55.69″	28°30′32.18″	粉壤土
32	110°49′7.01″	28°35′48.73″	砂质壤土
33	110°47′50.47″	27°22′22.01″	砂质壤土
34	110°16′37.33″	27°26′57.402″	粉砂质壤土
35	110°18′27.45″	27°29′18.79″	粉砂质壤土
36	111°33′35.18″	28°46′40.35″	粉砂质壤土
37	111°33′8.87″	27°55′51.86″	砂质壤土
38	110°25′37.85″	27°45′14.92″	砂质壤土
39	112°6′46.97″	27°44′51.46″	砂质壤土
40	110°28′23.88″	27°44′31.40″	砂质壤土
41	119°35′29.49″	32°5′39.65″	粉壤土
42	119°33′37.42″	32°5′7.86″	粉壤土
43	119°30′27.70″	32°5′50.87″	粉壤土
44	119°28′48.01″	32°5′38.28″	砂质黏壤土
45	119°27′14.34″	32°5′34.35″	砂质黏壤土
46	120°26′24.84″	32°6′2.67″	砂质黏壤土
47	120°26′28.33″	32°4′39.23″	砂质黏壤土
48	119°23′39.81″	32°4′19.92″	砂质黏壤土
49	120°22′20.82″	32°2′16.24″	粉砂质壤土

续表

编号	经度（东经）	纬度（北纬）	质地
50	119°21′40.05″	32°1′48.72″	粉砂质壤土
51	120°20′24.68″	32°0′58.84″	粉砂质壤土
52	120°19′49.74″	32°0′27.93″	粉砂质壤土
53	120°18′58.46″	31°59′58.30″	粉砂质壤土
54	120°17′52.70″	31°59′45.67″	粉壤土
55	120°8′54.57″	31°52′1.39″	粉壤土
56	120°3′25.18″	31°51′8.66″	粉壤土
57	120°3′47.14″	31°50′36.23″	粉砂质壤土
58	120°38′21.42″	32°5′0.92″	粉砂质壤土
59	120°37′38.36″	32°5′57.79″	砂质黏壤土
60	120°37′20.77″	32°8′24.15″	砂质黏壤土

4.2.2　样品分析方法

1. 基本理化性质

土壤 pH 在土水比为 1∶5 的条件下用 pH 计（pHS-3C，上海雷磁）测定。土壤总碳（TC）和总氮（TN）含量采用 Vario MAX CNS 元素分析仪测定（Elementar，Germany）；土壤总磷（TP）含量采用浓硫酸-高氯酸消解，钼锑抗比色法测定；土壤有效磷（Olsen-P）采用碳酸氢钠法测定；土壤有机磷（OP）和无机磷（IP）采用灼烧法测定；土壤部分金属含量采用浓硝酸-高氯酸消煮，ICP 仪测定。

2. 土壤的液态 ^{31}P NMR 分析

土壤的液态 ^{31}P NMR 的测定利用 0.25mol/L 的 NaOH 和 0.05mol/L 的 Na_2EDTA 碱性溶液作为浸提剂。具体操作为：称量 2.5g 左右土壤样品，记录具体质量，放入 50mL 离心管中，加入 25mL 的 0.25mol/LNaOH 和 0.05mol/LNa_2EDTA 的混合液，摇匀，加入该混合液目的在于将土样中的磷浸提出来，已有研究表明，该混合液是最有效的浸提液，磷的浸提率最高，可以得到最多的磷形态。再将离心管放入震荡机中缓慢震荡 16h（震荡机速率设为 160 次/min，温度 20℃）。取出，放入离心机，转速设为 1500×*g*，20℃下离心 20min，取出，上清液取出 5mL 放入离心管，放入−73℃冰箱冷冻，取出，放入冷冻干燥机 48h。在冻干的样品中加入 600μL 水（540μL 去离子水 + 60μL 重水）、360μL 的 NaOH 溶液、360μL 的 Na_2EDTA 溶液，摇匀，震荡 10min，确保固体完全溶解。放入离心机，转速设为 1500×*g*，离心 20min，转移到核磁管中备用。

利用核磁共振仪进行样品 ^{31}P NMR 的测量分析。利用 ^{31}P NMR 检测到的磷元素形态主要有正磷酸盐（orthophosphate），化学位移 6.0ppm；磷酸单酯（monoester），化学位移

7.8～6.4ppm、5.4～3.8ppm；磷酸二酯（diester），化学位移 0.5～–0.3ppm；焦磷酸盐（pyrophosphate），化学位移–3.75±0.01ppm。

3. 土壤中磷的 K 边 XANES 分析

研究人员利用同步辐射 X 射线近边精细结构谱分析土壤样品中磷的分子形态特征。XANES 光谱在北京同步辐射装置（BSRF）中能站 4B7A 线站上进行试验测定。4B7A 线站储存环中电子能量为 2.2GeV，最大束流电流强度为 250mA。磷标准样品选择如下：磷酸铝（$AlPO_4$）、磷酸钙[$Ca_3(PO_4)_2$]、磷酸二氢钙[$Ca(H_2PO_4)_2$]、磷酸铁（$FePO_4$）、羟基磷灰石（HAP）、焦磷酸铁[$Fe_4(P_2O_7)_3$]、焦磷酸钠（$Na_4P_2O_7$）和肌醇六磷酸盐（IHP）。以上磷标准样品用电子产额模式采集一套标准样 XANES 谱图库，土壤样品用荧光模式采集磷的 K 边 XANES 谱。所有标样、土壤胶体样品图谱多次扫描取平均，用 Athena（8.056）处理图谱数据，并通过主成分分析对样品图谱进行拟合，用 Origin 8.0 绘制堆叠的磷 K 边 XANES 图谱。

4. 土壤胶体磷测定方法

土壤胶体磷（TP_{coll}）的测定参考 Ilg 等（2005）采用的离心方法并加以改进：①称取未经过研磨的 10g 土样于 250mL 的锥形瓶中，加入 80mL 去离子水，移至摇床中，在 160r/min 下震荡 24h，取上清液备用；②上清液在 3000×g 下离心 10min 以去除粗颗粒；③将离心后的上清液过 1μm 微孔滤膜，收集滤液（试样 I），该滤液被认为是胶体磷溶液；④试样 I 在 300000×g 下超速离心 2h，取上清液（试样 II）。土壤胶体磷（TP_{coll}）以试样 I 与试样 II 中总磷含量之差计算得到。试样 I 和试样 II 中总磷采用过硫酸钾消解后钼蓝比色的方法测定。

4.2.3　数据处理

运用 Microsoft Excel 2013、SPSS Statistics 20.0（SPSS Inc. Chicago，美国）和 Origin 8.0 进行数据处理和制图。

4.3　南方典型稻田土壤的基本理化性质及遗产磷的储存情况

4.3.1　pH、总碳、总氮

从表 4-2 和表 4-3 可以看出，60 个稻田采样点的 pH 范围是 4.69～8.35，平均值为 6.97，其中，偏酸性土壤占采样点的 38.33%，其余 37 个采样点为碱性土壤。此外，不同采样点的总碳、总氮含量也有较大差别，稻田土壤样品的总碳含量范围是 7.67～96.20g/kg，平均值为 29.46g/kg，其中有 35%的采样点达到均值；不同稻田土壤总氮含量平均值为 2.22g/kg，最大值和最小值分别为 5.65g/kg 和 0.79g/kg。

4.3.2 总磷和有效磷

由表 4-2 和表 4-3 可知，稻田土壤采样点的总磷含量范围是 0.23～1.86g/kg，变化范围很大，平均值为 0.83g/kg，其中，有 32 处采样点未达到均值。稻田土壤采样点有效磷含量的最低值与最高值分别为 8.54mg/kg 与 259.99mg/kg，平均值达到 74.55mg/kg。

有效磷与总磷的比值为土壤磷元素活化系数（phosphorus activation coefficient，PAC），可用于表征总磷与速效磷的变异状态。此外，土壤磷元素活化系数越高，土壤磷元素有效性越高。李学敏和张劲苗（1994）的研究表明，土壤磷元素活化系数低于 2.0%时，总磷转化率低，速效磷容量和供给强度小。由表 4-2 和表 4-3 可知，60 个采样点的 PAC 值范围是 1.35%～30.68%，平均值为 9.18%，而且，60 个采样点中只有 2 个采样点 PAC 低于 2.0%，可见大多数采样点速效磷容量和供给强度都较大。马民强等（1997）的研究表明，土壤酸碱度会影响磷元素的有效性，当具有水溶性的磷肥施加到碱性土壤中时，土壤中的有效磷会较快地向难溶解的磷形态转化，而加入到酸性土壤中转化速率则会减慢，可以提高土壤中有效磷的含量。由于植物主要吸收的是土壤中的无机磷，而植物吸收的一般是以一价正磷酸根离子形态存在的磷，同时也吸收少量的二价正磷酸根离子，土壤的酸碱度会强烈影响这两种离子的比例，即当土壤 pH 为 7.2 时，两种离子的数量大致相等，而当 pH 小于 7.2 时，前者的含量会增加（Karathanasis，1991）。有研究表明，在某一特定研究区域，保持其他条件一致的情况下，pH 越低，土壤中有效磷的含量越高（Zhan et al.，2015）。Karathansis（1991）研究结果表明，在相同条件下，pH 在 6.0～7.5 时，土壤中有效磷的含量最多。而当 pH 大于 7.5 时，有效磷含量就会降低。

4.3.3 有机磷和无机磷

如表 4-2 和表 4-3 所示，60 个稻田土壤采样点有机磷（OP）和无机磷（IP）含量的范围分别是 0.02～0.52g/kg 和 0.08～1.35g/kg，平均值分别是 0.24g/kg 和 0.58g/kg，其中，IP 含量是 Po 含量的 2.4 倍，酸性土壤采样点 OP 占 TP 的平均比例为 29%，IP 占 TP 的平均比例为 71%，符合稻田土壤中 IP 的一般占比 60%～80%的情况。

4.3.4 胶体磷

从表 4-2 和表 4-3 可以看出，稻田土壤采样点胶体磷变化范围是 0.70～47.95mg/kg，不同采样点胶体磷变化范围很大，平均值为 11.72mg/kg；其中，采样点胶体磷含量有 30%达到平均值。

表 4-2　60 个采样点稻田土壤的基本理化性质

序号	pH	总碳/(g/kg)	总氮/(g/kg)	总磷/(g/kg)	有效磷/(mg/kg)	PAC/%	有机磷/(g/kg)	无机磷/(g/kg)	胶体磷/(mg/kg)
1	7.90	32.82	1.38	0.92	116.82	12.68	0.10	0.94	8.71
2	5.23	16.99	1.57	0.77	125.82	16.37	0.14	0.58	47.95
3	4.82	19.09	1.92	0.79	90.42	11.38	0.21	0.55	9.42
4	5.08	11.94	1.17	0.95	235.95	24.81	0.12	0.86	22.39
5	5.19	13.39	1.49	0.52	158.23	30.68	0.18	0.63	38.87
6	4.93	14.27	1.52	0.68	180.44	26.41	0.14	0.66	22.45
7	5.81	11.48	2.42	1.00	193.94	19.40	0.14	0.86	43.54
8	4.79	33.76	2.94	0.75	43.61	5.79	0.20	0.41	17.60
9	5.19	21.06	2.19	0.87	187.64	21.50	0.14	0.86	19.02
10	5.01	16.50	1.70	0.69	110.22	15.96	0.26	0.42	13.26
11	5.64	13.90	1.53	1.23	202.04	16.37	0.32	0.93	20.22
12	4.69	20.46	2.21	0.63	94.62	14.99	0.31	0.45	8.47
13	5.02	18.46	1.80	0.95	259.99	27.34	0.25	1.01	44.74
14	4.92	23.68	2.45	1.46	167.83	11.47	0.52	1.16	19.77
15	5.34	9.17	1.00	0.56	107.82	19.37	0.19	0.41	45.98
16	5.03	15.91	1.81	0.61	116.82	19.19	0.20	0.36	39.83
17	7.58	7.67	0.79	0.23	23.81	10.56	0.12	0.08	3.90
18	5.54	24.99	2.60	0.71	93.42	13.17	0.24	0.45	44.82
19	5.91	13.35	1.30	0.59	54.41	9.16	0.08	0.32	37.79
20	5.87	29.33	2.95	0.98	163.03	16.56	0.36	0.72	38.13
21	7.70	85.73	3.22	0.50	12.95	2.57	0.23	0.25	1.56
22	5.28	52.14	3.12	0.81	35.85	4.41	0.32	0.41	2.11
23	7.77	59.01	5.65	1.01	118.79	11.75	0.17	0.62	1.82
24	8.12	95.01	3.41	0.65	31.86	4.93	0.24	0.36	1.36
25	8.23	96.20	1.94	0.54	53.70	9.91	0.15	0.34	0.70
26	7.85	45.42	4.00	0.84	33.12	3.93	0.42	0.35	4.04
27	8.07	35.94	1.86	0.58	19.46	3.36	0.24	0.25	0.81
28	8.10	56.02	3.01	0.75	32.49	4.33	0.32	0.30	2.86
29	7.91	59.30	3.15	0.70	95.69	13.68	0.25	0.43	5.76
30	8.01	39.67	2.76	0.64	80.80	12.69	0.34	0.38	2.74
31	8.09	31.36	2.90	0.51	25.35	4.95	0.25	0.18	5.54
32	5.57	22.87	2.80	0.55	38.16	6.92	0.28	0.17	13.01
33	6.14	26.70	3.33	0.49	20.51	4.19	0.33	0.15	7.48
34	5.01	38.41	4.12	0.44	10.64	2.39	0.39	0.17	10.37
35	8.06	24.94	2.43	0.61	36.06	5.93	0.34	0.26	4.17
36	6.95	30.30	2.30	0.70	36.48	5.20	0.21	0.41	4.06
37	7.95	43.12	2.99	0.54	35.01	6.51	0.21	0.33	2.94
38	7.94	30.73	2.85	0.51	15.05	2.94	0.24	0.20	3.14

续表

序号	pH	总碳/(g/kg)	总氮/(g/kg)	总磷/(g/kg)	有效磷/(mg/kg)	PAC/%	有机磷/(g/kg)	无机磷/(g/kg)	胶体磷/(mg/kg)
39	8.04	37.69	2.59	1.10	29.55	2.69	0.36	0.68	3.62
40	8.06	61.77	2.70	0.57	26.40	4.65	0.22	0.35	1.25
41	8.26	16.78	1.81	0.87	17.99	2.06	0.14	0.64	1.18
42	8.12	19.81	1.40	1.06	65.04	6.12	0.34	0.73	1.80
43	8.35	14.27	0.80	0.63	8.54	1.35	0.02	0.60	2.40
44	8.20	21.48	1.61	0.87	27.03	3.10	0.24	0.70	1.93
45	8.01	20.37	1.53	0.88	33.75	3.82	0.21	0.68	2.67
46	7.86	13.84	1.65	0.98	46.14	4.71	0.27	0.62	3.78
47	8.02	25.23	2.44	1.25	70.08	5.62	0.41	0.80	3.56
48	7.99	19.25	1.75	1.12	29.76	2.65	0.23	0.73	3.34
49	8.16	17.29	1.39	0.88	17.15	1.94	0.14	0.66	2.48
50	8.27	15.85	1.26	0.82	40.05	4.86	0.14	0.64	1.77
51	8.00	22.93	1.87	1.09	54.75	5.02	0.39	0.77	1.93
52	8.00	30.66	2.74	1.33	72.60	5.47	0.10	0.91	1.56
53	8.07	50.79	2.30	1.08	34.59	3.19	0.15	0.73	2.08
54	7.99	28.27	2.56	1.86	111.46	6.01	0.21	1.35	14.10
55	8.08	23.89	2.36	1.00	43.41	4.35	0.27	0.84	5.71
56	7.13	14.57	1.71	0.70	72.39	10.32	0.24	0.65	3.50
57	7.22	13.98	1.70	1.14	93.82	8.23	0.20	0.83	10.68
58	8.07	21.22	1.61	1.16	49.50	4.27	0.08	0.89	4.17
59	8.04	17.67	1.55	1.26	40.47	3.21	0.40	0.88	5.03
60	8.11	18.68	1.41	0.83	29.55	3.55	0.21	0.67	3.18

表 4-3　60 个采样点稻田土壤的基本理化性质统计表

项目	pH	总碳/(g/kg)	总氮/(g/kg)	总磷/(g/kg)	有效磷/(mg/kg)	PAC/%	有机磷/(g/kg)	无机磷/(g/kg)	胶体磷/(mg/kg)
平均值	6.97	29.46	2.22	0.83	74.55	9.18	0.24	0.58	11.72
标准差	1.33	19.53	0.87	0.28	60.42	7.13	0.10	0.27	14.12
最小值	4.69	7.67	0.79	0.23	8.54	1.35	0.02	0.08	0.70
最大值	8.35	96.20	5.65	1.86	259.99	30.68	0.52	1.35	47.95

4.4　南方典型稻田土壤中部分金属（Mg、Fe、Al、Ca）含量

由表 4-4 和表 4-5 可知，稻田土壤采样点铁和铝的含量分别是 4.10～73.85mg/kg 和 12.63～2206.00mg/kg，平均值分别为 25.15mg/kg 和 672.19mg/kg；稻田土壤采样点钙和镁

的含量分别是 488～14000mg/kg 和 0.14～342.45mg/kg，平均值分别是 6244mg/kg 和 66.33mg/kg。

表 4-4　60 个采样点稻田土壤的部分金属离子含量　　（单位：mg/kg）

序号	Fe	Ca	Mg	Al
1	8.28	11195	118.45	
2	22.57	1092	11.03	209.10
3	16.09	1091	7.02	1049.00
4	—	540	4.74	741.50
5	25.69	1260	22.32	523.00
6	26.90	854	7.24	972.50
7	6.64	938	12.63	557.50
8	37.60	575	0.14	2206.00
9	59.35	925	20.60	1398.00
10	22.44	592	9.51	833.00
11	5.83	1069	8.86	1633.00
12	23.11	634	7.45	1434.00
13	34.78	512	2.89	1352.00
14	69.10	1015	2.94	2198.50
15	10.22	488	6.69	1114.00
16	20.24	503	15.24	718.00
17	20.66	1195	18.98	366.05
18	16.52	1322	10.57	1741.00
19	10.81	1319	11.36	894.50
20	18.87	2535	33.90	667.50
21	17.26	10085	1.39	318.30
22	27.39	2674	54.30	1127.50
23	50.75	9840	93.70	539.50
24	26.12	10020	2.00	262.75
25	11.74	7845	1.16	88.15
26	73.85	6080	57.80	715.50
27	4.10	9760	34.38	927.00
28	29.26	9695	1.43	663.50
29	52.40	8425	1.64	701.00
30	45.16	9635	2.11	856.50
31	9.27	8595	95.00	443.40
32	13.17	627	12.72	973.00
33	11.00	1890	18.99	1192.50
34	45.98	616	12.76	1385.00
35	5.65	6015	18.08	1205.50
36	11.68	2394	13.89	1520.00

续表

序号	Fe	Ca	Mg	Al
37	26.14	9700	2.02	583.00
38	9.75	5490	108.85	818.00
39	9.75	6145	93.10	612.00
40	33.60	9570	10.19	753.50
41	18.67	9890	15.37	13.61
42	46.12	11165	90.35	13.75
43	6.35	10550	190.30	71.40
44	21.65	10450	62.05	134.85
45	18.83	11400	131.15	71.00
46	38.68	5275	242.35	571.50
47	25.59	12125	202.70	72.05
48	24.51	11145	211.65	61.40
49	13.60	10930	161.30	60.80
50	22.14	11455	193.75	89.40
51	50.80	11825	105.80	103.75
52	36.01	14000	146.10	56.95
53	32.73	12065	—	12.70
54	4.49	13675	208.00	—
55	33.07	11530	189.75	24.80
56	16.17	3844	122.45	968.00
57	22.89	3364	149.10	259.75
58	54.80	12580	1.29	12.63
59	10.43	10815	342.45	14.59
60	16.50	11810	179.45	80.40

表 4-5　60 个采样点稻田土壤的部分金属离子含量统计表　（单位：mg/kg）

项目	Fe	Ca	Mg	Al
平均值	25.15	6244	66.33	672.19
标准差	16.57	4662	79.78	567.67
最小值	4.10	488	0.14	12.63
最大值	73.85	14000	342.45	2206.00

由于正磷酸盐可以和钙、铁、铝等阳离子结合，生成的铝磷、铁磷等不易被作物吸收利用，土壤中这些金属离子的含量对磷的有效性有一定的影响。整体而言，60 个采样点的部分金属离子差异很大，如钙离子含量最大值约是最小值的 29 倍，这主要是由于各采样点的酸碱度不同，在碱性土壤中，钙是重要的固磷基质。胡宁等（2014）的研究表明，随着土壤钙元素含量增加，土壤中 Ca_2-P、Al-P、Fe-P 的含量会减少，但是 Ca_{10}-P 的含量

会增加。其中，Ca_2-P、Al-P 和 Fe-P 的含量都与土壤供磷能力呈正相关性；而 Ca_{10}-P 作为无效态磷源含量有所增加则表明土壤供磷能力进一步降低。

4.5　南方典型稻田土壤中不同形态磷元素组成

4.5.1　^{31}P NMR 磷形态分析

通过 ^{31}P NMR 技术得到的稻田土壤各采样点正磷酸盐（orthophosphate）和焦磷酸盐（pyrophosphate）的浓度范围分别是 104.25～1980.56mg/kg 和 0.24～17.65mg/kg，平均值分别为 595.07mg/kg 和 6.60mg/kg（表 4-6 和表 4-7）。正磷酸盐和焦磷酸盐都是土壤无机磷的存在形式，其中正磷酸盐是无机磷的重要组成之一，对 60 个采样点的整体浓度比较可知，正磷酸盐含量约为焦磷酸盐含量的 90 倍，后者在无机磷中的含量几乎可忽略不计。

在大多数矿质土壤中，有机磷一般是以磷酸单酯（monoester）盐（单核苷酸、肌醇磷酸盐等）、磷酸二酯（diester，主要是核苷酸和磷脂）以及少量的磷酸盐（碳磷结合化合物）混合存在的。磷酸二酯由于其在土壤中相对快速的流动性，通常被认为是最容易被植物吸收的有机磷（Harrison，1982）。相反，磷酸单酯如肌醇磷酸盐由于其可以与土壤矿物紧密结合，通常被认为对于植物只有很有限的可利用性（Turner and Newman，2005）。通过 ^{31}P NMR 技术检测得到，稻田土壤采样点磷酸单酯和磷酸二酯的含量范围分别是 21.18～325.47mg/kg 和 0.24～48.24mg/kg，平均值分别为 105.30mg/kg 和 17.27mg/kg，可知，稻田土壤采样点磷酸单酯的浓度明显要高于磷酸二酯的浓度，前者是后者的 6.10 倍。

表 4-6　稻田土壤采样点土壤磷元素形态含量　（单位：mg/kg）

序号	正磷酸盐	磷酸单酯	磷酸二酯	焦磷酸盐
1	1331.99	85.66	13.65	9.65
2	933.10	68.48	13.41	4.00
3	908.15	70.13	20.94	8.24
4	1313.16	93.19	9.18	4.00
5	1071.71	64.25	15.77	5.18
6	985.10	78.13	18.59	7.77
7	1244.68	25.42	0.24	3.29
8	604.57	150.61	48.24	11.30
9	985.34	63.30	12.47	3.53
10	566.68	72.95	16.24	6.35
11	1611.80	85.90	11.53	7.06
12	743.65	111.08	27.77	5.65
13	1669.45	77.42	20.71	3.77
14	1980.56	149.44	30.83	8.47
15	629.28	81.43	12.00	4.24

续表

序号	正磷酸盐	磷酸单酯	磷酸二酯	焦磷酸盐
16	557.27	141.44	22.83	7.53
17	187.56	68.72	2.59	0.24
18	738.24	162.38	31.30	7.53
19	391.83	68.72	12.47	4.24
20	985.34	68.48	15.77	7.53
21	193.21	110.61	27.30	6.12
22	478.90	197.44	28.48	10.12
23	802.49	124.96	28.48	4.94
24	262.40	87.31	26.59	4.00
25	240.51	31.30	16.24	5.18
26	350.65	176.26	40.71	12.47
27	240.28	93.90	13.88	9.18
28	263.34	128.26	36.95	12.94
29	425.48	124.49	25.65	17.65
30	398.65	134.38	20.00	5.18
31	184.27	140.26	24.24	6.35
32	176.26	193.68	16.94	5.18
33	162.85	223.33	28.48	7.06
34	166.85	325.47	34.12	12.47
35	288.28	176.26	26.83	10.12
36	425.48	89.66	15.77	5.88
37	249.45	88.01	24.95	10.83
38	169.91	126.37	25.65	6.12
39	1261.86	105.43	21.18	5.65
40	248.98	83.54	12.24	3.77
41	220.51	25.42	2.35	2.35
42	460.31	59.54	4.00	5.41
43	104.25	21.18	1.88	1.88
44	325.47	87.78	10.59	7.77
45	287.34	73.89	9.18	4.94
46	299.34	71.31	3.29	5.41
47	622.22	152.73	9.88	6.59
48	368.53	113.90	7.77	4.71
49	205.92	77.90	4.71	2.12
50	255.57	42.36	0.71	4.24
51	412.54	68.95	9.18	8.00
52	782.01	140.49	33.89	10.12
53	362.18	94.13	33.18	8.00
54	1043.47	126.61	8.00	8.71

续表

序号	正磷酸盐	磷酸单酯	磷酸二酯	焦磷酸盐
55	517.03	119.55	1.65	7.53
56	935.21	145.20	13.41	11.77
57	639.87	101.90	5.65	2.82
58	580.80	82.84	17.65	4.24
59	612.10	122.14	3.77	4.47
60	240.04	42.12	4.47	4.24

表 4-7　稻田土壤采样点土壤磷元素形态含量统计表　（单位：mg/kg）

项目	正磷酸盐	磷酸单酯	磷酸二酯	焦磷酸盐
平均值	595.07	105.30	17.27	6.60
标准差	424.34	52.19	11.06	3.16
最小值	104.25	21.18	0.24	0.24
最大值	1980.56	325.47	48.24	17.65

4.5.2　K 边 XANES 无机磷形态分析

为获取不同形态磷在各土壤样品中的相对百分含量，进一步对 60 个土样磷元素的 K 边 XANES 谱线进行线性拟合（表 4-8）。发现稻田土壤采样点 XANES 谱拟合的 R 值变化范围较大，在 0.001～0.402，其中 63.3%的采样点 R 值低于或等于 0.01，拟合度较高。可以看出，稻田土壤中磷的主要成分是磷酸铝、磷酸二氢钙、磷酸铁和羟基磷灰石。其中有 70.0%的采样点拟合得到磷酸铝，61.7%的采样点磷酸二氢钙的含量占比较高。而磷酸铁和羟基磷灰石分别在 53.3%和 35.0%的采样土壤中检测出来。土壤无机磷约有 99%以矿物态存在，在石灰性土壤中通过一系列的沉淀反应最后生成羟基磷灰石或氟磷灰石，酸性土壤以铁、铝的磷酸盐为主（Beck and Sanchez，1996）。

表 4-8　P 的 K 边 XANES 谱线性拟合得到的稻田土壤各形态磷元素的相对含量

序号	不同形态磷元素的相对含量/%								校正系数
	$AlPO_4$	$Ca_3(PO_4)_2$	$Ca(H_2PO_4)_2$	IHP	$Fe_4P_2O_7$	$FePO_4$	$Na_4P_2O_7$	HAP	
1	—	—	22.40	—	—	38.20	—	39.40	0.005
2	39.70	—	7.80	—	—	52.40	—	—	0.007
3	11.10	—	20.20	—	—	68.70	—	—	0.001
4	8.40	—	—	—	—	81.30	—	10.30	0.001
5	—	10.00	—	—	—	79.30	10.60	—	0.001
6	37.00	—	—	—	—	64.50	—	—	0.003
7	46.10	—	—	—	—	57.80	—	—	0.006

续表

序号	不同形态磷元素的相对含量/%								校正系数
	$AlPO_4$	$Ca_3(PO_4)_2$	$Ca(H_2PO_4)_2$	IHP	$Fe_4P_2O_7$	$FePO_4$	$Na_4P_2O_7$	HAP	
8	93.90	—	15.00	—	—	—	—	—	0.016
9	69.50	—	—	—	—	36.10	—	—	0.012
10	45.10	—	16.70	—	—	38.30	—	—	0.003
11	—	11.00	—	—	—	77.40	11.60	—	0.001
12	—	9.50	—	—	—	70.40	20.00	—	0.001
13	6.80	—	—	—	—	82.30	—	10.90	0.001
14	39.80	—	12.60	—	—	47.60	—	—	0.003
15	79.50	—	—	—	—	24.70	—	—	0.009
16	100.00	—	14.00	—	—	—	—	—	0.029
17	76.20	—	45.20	—	—	—	—	—	0.047
18	91.70	—	20.30	—	—	—	—	—	0.023
19	33.30	—	32.60	—	—	34.10	—	—	0.005
20	43.40	—	18.40	—	—	38.20	—	—	0.005
21	44.40	—	27.80	—	—	—	—	27.70	0.02
22	83.30	—	54.20	—	—	—	—	—	0.098
23	—	49.20	17.70	—	—	33.10	—	—	0.003
24	46.70	—	72.20	—	—	—	—	—	0.033
25	—	—	32.20	41.00	26.80	—	—	—	0.002
26	39.30	—	68.30	—	—	—	—	—	0.021
27	39.20	—	38.90	—	—	—	—	21.90	0.014
28	30.30	—	76.90	—	—	—	—	—	0.018
29	50.90	—	64.90	—	—	—	—	—	0.029
30	30.80	—	34.10	35.10	—	—	—	—	0.005
31	43.90	—	37.70	—	—	—	—	18.30	0.035
32	56.60	20.00	23.40	—	—	—	—	—	0.006
33	—	27.80	—	—	—	37.70	34.50	—	0.006
34	64.70	—	53.80	—	—	—	—	—	0.044
35	29.00	—	29.80	41.30	—	—	—	—	0.009
36	60.70	—	100.00	—	—	—	—	—	0.128
37	—	—	28.90	41.80	—	29.20	—	—	0.005
38	—	33.80	—	—	—	34.10	32.10	—	0.006
39	35.30	—	18.00	—	—	—	—	46.80	0.008
40	—	76.10	—	—	23.90	—	—	—	0.044
41	—	—	—	30.10	—	28.80	—	41.20	0.003
42	18.20	—	—	—	—	17.20	—	64.50	0.004

续表

序号	不同形态磷元素的相对含量/%								校正系数
	$AlPO_4$	$Ca_3(PO_4)_2$	$Ca(H_2PO_4)_2$	IHP	$Fe_4P_2O_7$	$FePO_4$	$Na_4P_2O_7$	HAP	
43	33.00	—	22.20	—	—	—	—	44.80	0.012
44	31.90	—	21.50	—	—	—	—	46.60	0.007
45	30.80	—	—	—	—	5.80	—	63.40	0.01
46	43.30	—	20.50	—	—	—	—	36.20	0.402
47	—	60.80	—	—	—	25.30	13.90	—	0.002
48	—	70.80	—	—	—	19.70	9.50	—	0.002
49	—	—	—	29.00	—	25.30	—	45.60	0.004
50	15.50	—	—	—	—	19.60	—	64.80	0.009
51	34.10	—	39.30	—	—	—	—	26.60	0.026
52	—	—	20.50	—	—	30.10	—	49.30	0.004
53	—	66.90	—	—	—	21.80	11.30	—	0.001
54	—	73.30	—	—	—	24.10	2.60	—	0.003
55	67.70	—	46.30	—	—	—	—	—	0.041
56	44.00	—	—	—	—	23.20		32.80	0.005
57	37.20	—	9.10	—	—	—	—	53.70	0.021
58	—	—	—	16.20	—	34.00	—	49.80	0.003
59	26.80	59.70	13.50	—	—	—	—	—	0.002
60	34.20	—	17.90	—	—	—	—	47.90	0.011

注：$AlPO_4$，磷酸铝；$Ca_3(PO_4)_2$，磷酸钙；$Ca(H_2PO_4)_2$，磷酸二氢钙；IHP，肌醇六磷酸；$Fe_4P_2O_7$，焦磷酸铁；$FePO_4$，磷酸铁；$Na_4P_2O_7$，焦磷酸钠；HAP，羟基磷灰石。

4.6　稻田土壤中胶体磷的影响因素分析

图 4-1 为稻田土壤基本理化性质对胶体磷含量的主成分分析，由该图可知，横、纵坐标共同解释了不同采样点稻田土壤胶体磷含量的 44.4%，其中 PC1 和 PC2 分别解释了 22.8%和 21.6%。Hens 和 Merckx（2001）发现，pH 为 3.2 的森林土中胶体磷含量显著低于 pH>6 的草地土及农田土，并认为这很可能是由于低 pH 条件下大量存在的 H^+与 Fe/Al 竞争有机质（OM）表面的吸附位点，从而抑制 OM-Fe/Al-MRP 胶体复合物形成。此外，Hens 和 Merckx（2002）的研究也表明部分酸不稳定的有机质-金属-磷胶体在溶液 pH 改变时也往往受 H^+的竞争作用影响而发生溶解，即当 pH 升高时，土壤中 H^+减少，部分胶体会发生解析作用，从而胶体磷含量减少。因此，当 H^+含量过高或过低（即 pH 偏小或偏大）时，部分胶体磷的形成都会受到抑制。

图 4-2 是稻田土壤中 pH 和胶体磷含量的拟合曲线，通过拟合发现，pH 和胶体磷含量四次多项式的拟合效果最好，曲线的拟合程度 $R^2 = 0.632$。从该图可以预测，当土壤 pH

低于 4.7 或高于 7.0 时，土壤中胶体磷的含量较低，而当 pH 在 4.7～7.0 时，土壤胶体磷含量呈现先上升后下降的趋势，当 pH 约为 5.5 时，胶体磷达到最大值。VandeVoort 等（2013）的研究表明，当土壤溶液 pH 为 4.67 时，胶体磷浓度达到最大值，基本呈现先升高再降低的趋势，本书结果与其趋势基本相似。但是，Zang 等（2013）的研究表明，胶体磷的浓度和胶体悬浮液的 pH 没有直接显著关系，但该实验的 pH 范围较小，只有 6.87～7.38，从图 4-2 可以看出，当 pH 在该范围内时，胶体磷含量没有明显变化。

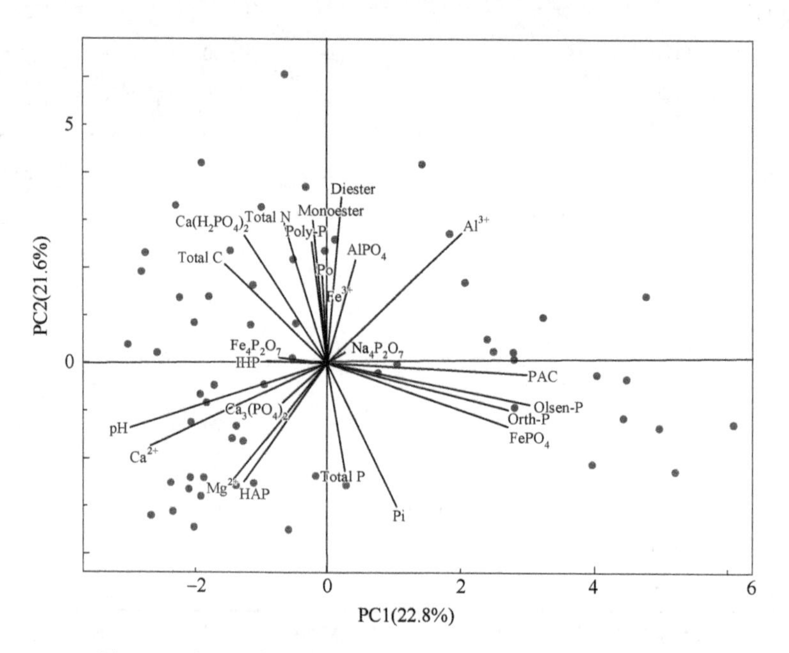

图 4-1　稻田土壤基本理化性质对胶体磷含量的主成分分析

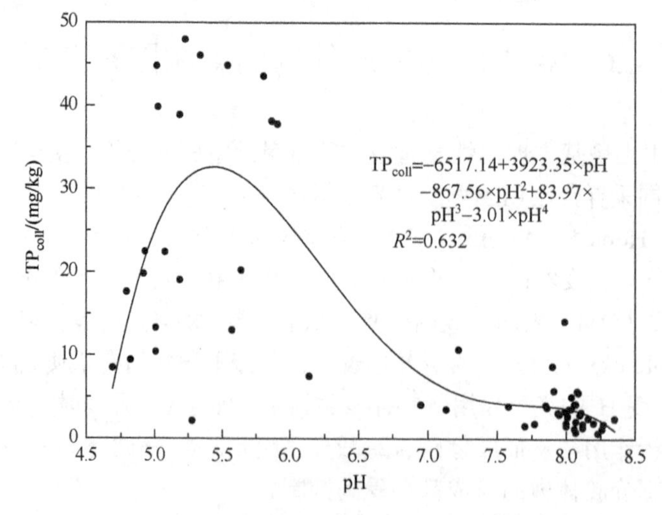

图 4-2　稻田土壤中 pH 和胶体磷含量的拟合曲线

TP_{coll}，胶体总磷

胶体磷含量与 Olsen-P 含量（$R=0.682$，$P<0.01$）、PAC（$R=0.742$，$P<0.01$）有较强的正相关性（表 4-9），Turner 等（2004）对美国西部半干旱的钙质土壤进行研究，发现虽然土壤水浸提液中的胶体 MRP 与浸提液中的胶体矿质组分并无显著相关性，但与土壤有效磷（Olsen-P、水提取态磷及 $CaCl_2$ 提取态磷）有良好相关性，本书结论进一步表明胶体磷与土壤中磷的有效性具有较强的相关性。图 4-3 为稻田土壤中 PAC 和胶体磷含量的拟合曲线，拟合曲线为 $TP_{coll}=146.95(\pm17.44)\times PAC-1.78(\pm2.02)$，其中，$R^2=0.542$。因此，胶体磷含量与磷元素活化系数呈线性相关。

表 4-9　胶体磷含量与土壤基本理化性质的相关性分析

	pH	TC	TN	TP	Olsen-P	PAC	OP	IP
TP_{coll}	−0.714**	−0.380**	−0.195	−0.032	0.682**	0.742**	−0.133	0.152
	Fe	Ca	Mg	Al	正磷酸盐	磷酸单酯	磷酸二酯	焦磷酸盐
TP_{coll}	0.003	−0.655**	−0.341**	0.362**	0.530**	−0.098	−0.004	−0.141
	$AlPO_4$	$Ca_3(PO_4)_2$	$Ca(H_2PO_4)_2$	IHP	$Fe_4(P_2O_7)_3$	$FePO_4$	$Na_4P_2O_7$	HAP
TP_{coll}	0.308*	−0.181	−0.274*	−0.228	−0.141	0.489**	−0.067	−0.355**

注：TP_{coll}，胶体总磷。
*表示 $P<0.05$；**表示 $P<0.01$。

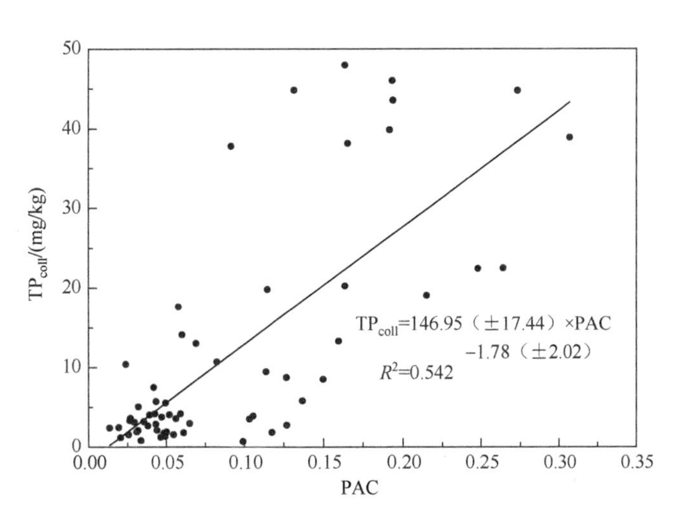

图 4-3　稻田土壤中 PAC 和胶体磷含量的拟合曲线

TP_{coll}，胶体总磷；PAC，磷元素活化系数

Montalvo 等（2015）的研究表明，土壤中的胶体磷不是化学惰性的，而是有助于植物对磷的吸收利用的。该实验表明，无论是与经过 3kDa 滤膜的土壤溶液（几乎不含胶体）相比，还是与有相同游离态磷酸根浓度但是不含胶体的溶液相比，未经过滤，含有胶体磷的土壤溶液可以有效地增加植物对磷的吸收。未经过滤溶液中植物对磷的高吸收原因：①溶液中不稳定胶体的存在，可以增强游离的磷离子扩散到根部的通量；②植物根系可以直接吸收胶体磷。胶体磷促进植物对磷的吸收利用，一方面可能是植物可以直接利用胶体磷，另

一方面如果扩散运输是受到限制的，胶体溶液可以作为游离磷离子的移动性缓冲液。如果植物直接利用胶体磷，胶体磷的粒径需要很小，小至 5nm 左右，即植物细胞壁上的孔径大小（Carpita et al.，1979）。当前，通过场流分级法，在淡水以及土壤水溶液中已经检测到了超细胶体（<5nm）（Regelink et al.，2011；Baalousha and Lead，2007）。此外，Santner 等（2012）在游离态磷含量低的溶液中，利用磷-氧化铝纳米颗粒作为磷的缓冲溶液，发现增加磷的缓冲溶液，油菜对磷的吸收利用会有所增加。该结果表明，植物对磷的吸收也会受到离子扩散的影响，因此土壤溶液中不稳定胶体的存在可能会增加磷的吸收利用。

采用逐步引入-剔除法对 60 个采样点的稻田土壤在不同理化性质条件下胶体磷的含量进行多元线性回归分析（表 4-10）。可以看出，在土壤不同理化性质条件下，稻田土壤的胶体磷含量分别可由单一因子 PAC 加以预测，具有显著相关性，PAC 值可表征稻田土壤中胶体磷含量的 55.0%。此外，稻田土壤中胶体磷的含量还能通过双因子 pH 和 PAC 加以预测，拟合曲线为 $TP_{coll} = 94.454（\pm 21.892）\times PAC - 4.097（\pm 1.169）\times pH + 31.603（\pm 9.706）$，回归模型的预测精度为 63.0%，其中胶体磷的含量分别与 pH 和 PAC 呈负相关和正相关。

表 4-10　胶体磷含量与土壤基本理化性质的逐步线性回归

因变量	常数	预测变量	拟合度 R^2
TP_{coll}	−1.777（±2.028）	146.953（±17.443）×PAC	0.55
	31.603（±9.706）	94.454（±21.892）×PAC−4.097（±1.169）×pH	0.63

注：TP_{coll}，胶体磷；PAC，磷元素活化系数。

通常认为，非钙质土壤中磷主要被铁铝氧化物和黏土矿物胶体吸附；中性及钙质土壤中，磷输入导致磷酸盐固相（如磷酸钙）析出以及含钙矿物（如方解石）对磷的吸附（Sugiura et al.，1997）。从表 4-9 的相关性分析可以得到，金属离子对胶体磷的含量也有较大影响，其中，胶体磷含量与钙离子（$R = -0.655$，$P < 0.01$）、镁离子（$R = -0.341$，$P < 0.01$）都有负相关性，当前有研究表明，当土壤溶液中二价阳离子含量低时，其中与铁结合的胶体磷迁移性会大大增强（Hens and Merckx，2001）。因此，江苏稻田土壤虽然 TP 含量最高，但是由于含有丰富的钙镁离子，导致胶体磷含量极低，而广东地区采样点由于含有丰富的铁铝离子，胶体磷含量较高。

磷酸根与胶体表面金属阳离子配位结合的形式既有单齿配位，也有双齿配位。土壤中磷的吸附与矿物的种类、结晶程度以及含量密切相关，其中铁铝氧化物和水合氧化物吸附能力最强（Montalvo et al.，2015）。Hens 和 Merckx（2001）将凝胶过滤色谱、紫外光照射等多种技术联用，发现微酸性草原和耕地土壤中胶体磷很可能以腐殖质-铁（铝）-磷酸盐复合胶体为主。可见，胶体磷和铁铝离子的含量密切相关，而在本书中，通过相关性分析可得，胶体磷含量与铝离子含量（$R = 0.362$，$P < 0.01$）有正的相关性，但是未观察到与铁离子的相关性，可能是 60 个采样点铁的含量差异不大导致的。此外，Tavakkoli 等（2013）的研究也表明，土壤溶液中胶体 TP 和铁铝浓度之和具有显著的线性相关性。

通过对胶体磷和磷元素具体形态含量的相关性分析得到，胶体磷含量主要和正磷酸盐含量有关，Laegdsmand 等（2004）的研究表明，正磷酸盐的吸附和解吸在胶体的运输中有重要作用，而本书进一步发现，胶体磷含量与正磷酸盐有强的正相关性，相关系数 R 为 0.530（P<0.01）。通过胶体磷含量与磷的 K 边 XANES 分析得到的具体无机磷形态的相关性分析可知，在无机磷中，和铝铁离子结合而成的磷酸铝、磷酸铁可以促进胶体磷的形成，而与钙离子结合而成的磷酸二氢钙和羟基磷灰石则对胶体磷的释放有抑制作用。具体相关性如下：胶体磷与磷酸铝（R = 0.308，P<0.05）、磷酸铁（R = 0.489，P<0.01）有正相关性，与磷酸二氢钙（R = –0.274，P<0.05）、羟基磷灰石（R = –0.355，P<0.01）有负的相关性。

相比无机磷，有研究认为有机磷由于其酸解离常数比无机正磷酸盐小，降低吸附剂表面电荷的能力更强，因此对胶体迁移和稳定性的强化作用更大。例如，肌醇磷饱和的针铁矿在 pH 2～10 时即可分散，而无机磷酸盐饱和的针铁矿要在 pH 大于 5 时才分散（Celi et al.，2001）。但是，本书并没有发现胶体磷与有机磷的相关性，可能是由于样品 pH 大部分都大于 5.0，从而无机磷和有机磷都满足分散条件，有机磷对胶体磷的作用被弱化。

4.7　小　　结

通过对采集自广东、湖南和江苏的 60 个稻田土壤基本理化性质、磷元素形态分析以及胶体磷储存规律的研究，得到以下几点结论。

（1）60 个稻田土壤中的基本理化性质有很大差异，整体而言，有 23 个稻田土壤采样点呈酸性，37 个采样点呈碱性。所有采样点总磷含量平均值为 0.83g/kg，有效磷含量的均值为 74.55mg/kg。此外，通过对 60 个土样磷元素的 K 边 XANES 谱线进行线性拟合得到，稻田土壤中磷的主要成分是磷酸铝、磷酸二氢钙、磷酸铁和羟基磷灰石。

（2）60 个采样点中，稻田土壤胶体磷含量范围是 0.70～47.95mg/kg。稻田土壤的胶体磷含量受土壤 pH 和 PAC 影响很大。具体和 pH（R = –0.714，P<0.01）有较强的负相关性，与 Olsen-P（R = 0.682，P<0.01）、PAC（R = 0.742，P<0.01）都有较强的正相关性。因此，胶体磷的存在可以促进植物对于磷元素的吸收利用。胶体磷促进植物对磷的吸收利用一方面可能是植物可以直接利用胶体磷，另一方面是因为胶体溶液可以作为游离磷离子的移动性缓冲液。此外，稻田土壤中胶体磷的含量还能通过双因子 pH 和 PAC 加以预测，拟合曲线为 $TP_{coll} = 94.454(\pm21.892)\times PAC - 4.097(\pm1.169)\times pH + 31.603(\pm9.706)$，回归模型的预测精度为 63.0%。

（3）稻田土壤中的胶体磷受土壤中部分金属离子的影响较大，当土壤溶液中二价阳离子含量低时，其中与铁结合的胶体磷迁移性会大大增强。因此，碱性稻田土壤中由于含有丰富的钙镁离子，导致胶体磷含量较低，而酸性稻田土壤采样点由于含有丰富的铁铝元素，胶体磷含量较高。本书发现，胶体磷含量与二价阳离子钙离子（R = –0.655，P<0.01）、镁离子（R = –0.341，P<0.01）都呈负相关性，而与铝离子（R = 0.362，P<0.01）呈正相关性。具体是与无机磷中的磷酸铝（R = 0.308，P<0.05）、磷酸铁（R = 0.489，P<0.01）具有正相关性，与磷酸二氢钙（R = –0.274，P<0.05）、羟基磷灰石（R = –0.355，P<0.01）具有负相关性。

参 考 文 献

胡宁，袁红，蓝家程，等. 2014. 岩溶石漠化区不同植被恢复模式土壤无机磷形态特征及影响因素. 生态学报，32（24）：7393-7402.

李学敏，张劲苗. 1994. 河北潮土磷素状态的研究. 土壤通报，25（6）：259-260.

马民强，张永强，张彦才，等. 1997. 酸性物质对石灰性潮土中磷素有效性的影响. 核农学通报，18（2）：79-81.

Baalousha M，Lead J R. 2007. Size fractionation and characterization of natural aquatic colloids and nanoparticles. Science of the Total Environment，386（1-3）：93-102.

Beck M A，Sanchez P A. 1996. Soil phosphorus movement and budget after 13 years of fertilized cultivation in the Amazon basin. Plant and Soil，184（1）：23-31.

Carpita N，Sabularse D，Montezinos D，et al. 1979. Determination of the pore-size of cell-walls of living plant-cells. Science，205（4411）：1144-1147.

Celi L，Presta M，Ajmore-Marsan F，et al. 2001. Effects of pH and electrolytes on inositol hexaphosphate interaction with goethite. Soil Science Society of America Journal，65（3）：753-760.

Harrison A F. 1982. Larile organic phosphorus mineralization in relationship to soil propertims. Soil Biology and Biochemistry，14（4）：343-351.

Hens M，Merckx R. 2001. Functional characterization of colloidal phosphorus species in the soil solution of sandy soils. Environmental Science & Technology，35（3）：493-500.

Hens M，Merckx R. 2002. The role of colloidal particles in the speciation and analysis of “dissolved” phosphorus. Water Research，36（6）：1483-1492.

Karathanasis A D. 1991. Phosphate mineralogy and equilibria in 2 kentucky alfisols derived from ordovician limestones. Soil Science Society of America Journal，55（6）：1774-1782.

Laegdsmand M，de Jonge L W，Moldrup P，et al. 2004. Pyrene sorption to water-dispersible colloids：effect of solution chemistry and organic matter. Vadose Zone Journal，3（2）：451-461.

Montalvo D，Degryse F，Mclaughlin M J. 2015. Natural colloidal P and its contribution to plant P uptake. Environmental Science & Technology，49（13）：3427-3434.

Regelink I C，Weng L P，van Riemsdijk W H. 2011. The contribution of organic and mineral colloidal nanoparticles to element transport in a podzol soil. Applied Geochemistry，26S：S241-S244.

Santner J，Smolders E，Wenzel W W，et al. 2012. First observation of diffusion-limited plant root phosphorus uptake from nutrient solution. Plant Cell and Environment，35（9）：1558-1566.

Sugiura C，Kamata A，Kashiwakura T，et al. 1997. Phosphorus K-edge x-ray absorption spectra of $Ca_3(PO_4)_2$，$CaHPO_4 \cdot 2H_2O$，$Ca(H_2PO_4)_2 \cdot H_2O$ and $Ca(H_2PO_2)_2$. Journal of the Physical Society of Japan，66（1）：274-275.

Tavakkoli E，Donner E，Juhasz A，et al. 2013. A radio-isotopic dilution technique for functional characterisation of the associations between inorganic contaminants and water-dispersible naturally occurring soil colloids. Environmental Chemistry，10（4）：341-348.

Turner B L，Newman S. 2005. Phosphorus cycling in wetland soils：the importance of phosphate diesters. Journal of Environmental Quality，34（5）：1921-1929.

Turner B L. 2004. Optimizing phosphorus characterization in animal manures by solution phosphorus-31 nuclear magnetic resonance spectroscopy. Journal of Environmental Quality，33（2）：757-766.

vandeVoort A R，Livi K J，Arai Y. 2013. Reaction conditions control soil colloid facilitated phosphorus release in agricultural Ultisols. Geoderma，206: 101-111.

Zang L，Tian G M，Liang X Q，et al. 2013. Profile distributions of dissolved and colloidal phosphorus as affected by degree of phosphorus saturation in paddy soil. Pedosphere，23（1）：128-136.

Zhan X Y，Zhang L，Zhou B K，et al. 2015. Changes in olsen phosphorus concentration and its response to phosphorus balance in black soils under different long-term fertilization patterns. PLoS One，10（7）：e0131713.

第5章　稻田土壤团聚体对胶体磷含量的影响

5.1　引　　言

我国幅员辽阔，水稻种植由来已久，分布较为广泛，各地带性稻田土壤间的理化性质及胶体磷含量存在较大差异。本章研究从大尺度出发，在全国六大区域内选择了14个水稻种植省区，采集了稻田土壤，分析了稻田土壤胶体磷含量的地带性差异。

5.2　试验设计与分析方法

5.2.1　土壤采集

我国稻区划分为6个稻作区，依次为东北早熟单季稻稻作区、西北干燥区单季稻稻作区、西南高原单双季稻稻作区、华北单季稻稻作区、华南双季稻稻作区和华中-华东双（单）季稻稻作区（梅方权等，1988）。中国94%的水稻播种面积位于南方多省（区），5%左右的面积位于东北三省，而华北地区仅为0.4%。因此，在保证土壤取样点的代表性的基础上，选择了我国5个稻作区15个省区采集稻田土壤，即东北稻区（黑龙江、吉林、辽宁）、西南稻区（四川、贵州、云南）、华中稻区（湖北、湖南、江西）、华南稻区（福建、广东、广西）和华东稻区（浙江、江苏、安徽）（梅方权等，1988）。本次共采集稻田土壤15份，具体信息如表5-1所示。采样时间为2017年9～12月。采集地表0～20cm的土壤样品。

5.2.2　样品分析方法

1. 土壤胶体磷含量

水分散性胶体是土壤可移动性胶体的最常见来源，因而土壤胶体磷流失潜能常用土壤水提取液中胶体磷含量来表征（Ilg et al.，2005）。胶体磷含量的测定采用离心法（Ilg et al.，2005）。具体操作流程如下：

称取10g原状土样，加入80mL去离子水，放置摇床中1d，取上清液，调节离心机至3000×g，离心10min，再取上清液过1μm滤膜，滤液为胶体磷和真溶解磷提取液，将滤液一分为二，然后将一份滤液于300000×g超速离心2h，去除溶液中的胶体（磷），称取等体积的离心前后的溶液于烘箱烘干2h，温度设置为105℃，反复称重至恒重，其质量差为水分散性胶体含量，离心后的溶液磷浓度为真溶解磷含量，离心前后的溶液磷浓度之差为胶体磷含量。

表 5-1　采样点基本信息

序号	经度（东经）	纬度（北纬）	土壤类型	所属省区	所属稻区
1	126°35′05.03″	45°51′10.21″	粉壤土	黑龙江	东北稻区
2	129°44′32.87″	42°44′18.04″	粉壤土	吉林	
3	123°26′31.34″	42°07′52.10″	粉壤土	辽宁	
4	104°10′59.01″	30°40′22.88″	黏土	四川	西南稻区
5	106°39′36.63″	26°30′49.1″	壤质黏土	贵州	
6	100°4′22.48″	26°3′17.15″	黏土	云南	
7	114°21′36.25″	30°28′04.71″	黏土	湖北	华中稻区
8	113°20′35.54″	28°27′32.30″	壤质黏土	湖南	
9	115°57′1.65″	28°33′54.63″	壤质黏土	江西	
10	119°21′57.93″	26°0′48.41″	砂质壤土	福建	华南稻区
11	110°20′54.61″	25°17′31.53″	砂质壤土	广西	
12	114°20′34.20″	22°39′4.27″	砂质壤土	广东	
13	118°43′02.85″	32°03′20.48″	粉砂质黏壤土	江苏	华东稻区
14	119°53′27.40″	30°22′54.40″	粉砂质黏壤土	浙江	
15	117°15′40.43″	31°28′23.79″	粉砂质黏壤土	安徽	

2. 土壤水稳性团聚体含量测定

土壤水稳性大团聚体测定选用湿筛法（Li et al.，2010）。此法依靠团聚体分析仪测定。取土样 150g，填装入 2mm、1mm、0.5mm、0.25mm 的套筛，10min 润湿，开机，在 20 次/min 的速率持续搅动 5min；随后将分筛出的团聚体分别于 50℃下烘干后称重，计算团聚体含量。

3. 土壤理化性质测定

土壤总磷：酸解法。pH：pH 计测。有效磷：浸提法。机械组成：吸管法。土壤质地：国际质地分类标准。总碳总氮：元素分析仪。土壤基本理化性质见表 5-2。

表 5-2　土壤基本理化性质

所属省区	土壤质地	pH	总磷/(g/kg)	有效磷/(mg/kg)	总碳/(g/kg)	总氮/(g/kg)	机械组成/%		
							砂粒	粉粒	黏粒
黑龙江	粉壤土	5.92	0.43	72.14	44.64	3.73	11.29	73.21	15.5
吉林	粉壤土	5.98	0.40	62.38	9.65	0.95	10.98	69.87	19.15
辽宁	粉壤土	5.78	0.52	75.07	20.75	2.03	14.98	75.21	9.81
四川	黏土	5.35	0.24	21.32	39.44	2.35	20.04	30.77	49.19

续表

所属省区	土壤质地	pH	总磷/(g/kg)	有效磷/(mg/kg)	总碳/(g/kg)	总氮/(g/kg)	机械组成/%		
							砂粒	粉粒	黏粒
贵州	壤质黏土	5.19	0.27	35.26	33.07	1.67	26.45	35.33	38.22
云南	黏土	5.45	0.17	8.91	17.26	1.80	19.11	24.98	55.91
湖北	黏土	5.71	0.36	20.99	19.12	1.60	17.35	33.26	49.39
湖南	壤质黏土	5.12	0.23	10.25	7.11	0.82	26.31	42.54	31.15
江西	壤质黏土	7.25	0.71	125.83	12.57	1.60	23.27	43.33	33.4
福建	砂质壤土	7.82	0.25	38.23	12.57	2.50	67.72	21.67	10.61
广西	砂质壤土	6.94	0.27	88.68	22.89	1.92	59.65	35.34	5.01
广东	砂质壤土	7.52	0.33	38.91	31.11	3.21	65.32	25.32	9.36
江苏	粉砂质黏壤土	6.59	0.21	6.74	30.08	3.00	27.75	53.17	19.08
浙江	粉砂质黏壤土	5.65	0.41	38.99	27.15	2.84	29.19	52.19	18.62
安徽	粉砂质黏壤土	5.89	0.38	75.46	29.70	1.45	29.65	50.39	19.96
平均值	—	6.10	0.35	47.94	23.81	2.10	29.94	44.44	25.62
标准差	—	0.90	0.14	34.34	11.05	0.83	18.79	17.60	16.30
最大值	—	7.82	0.71	125.83	44.64	3.73	67.72	75.21	55.91
最小值	—	5.12	0.17	6.74	7.11	0.82	10.98	21.67	5.01
变异系数	—	0.15	0.40	0.72	0.46	0.40	0.63	0.40	0.64

5.2.3 数据处理

利用 Microsoft Excel 2016、SPSS Statistics 22.0 和 Origin 2017 进行数据处理和制图。

5.3 稻田土壤水稳性大团聚体含量总体特征

水稳性团聚体可分为水稳性大团聚体和水稳性小团聚体，常以粒径 0.25mm 为依据（Liu and Zhou，2017）。相关研究表明，水稳性大团聚体含量与土壤水稳定性呈正相关，对土壤侵蚀程度、磷元素流失等具有重要影响，因此常用土壤水稳性大团聚体含量来表征土壤水稳定性和持水能力（Barthès and Roose，2002；Neufeldt et al.，1999）。15 种供试土壤中，水稳性大团聚体结果如表 5-3 所示。大团聚体含量范围为 12.39%～71.68%，其中位于四川的采样点土壤中大团聚体含量最高（71.68%），湖北的土壤大团聚体含量与其相当（71.61%），广西的土壤大团聚体含量最低（12.39%）。从 15 种受试土壤样本来看，水稳性大团聚体粒径越大，含量越低。0.5～0.25mm粒级含量在所有供试土壤的水稳性大团聚体含量中占比均为最大，范围为4.88%～50.42%，其次为1～0.5mm（2.99%～18.29%）、2～1mm（1.39%～7.97%）和>2mm（0.39%～2.65%）粒级。

表5-3　土壤水稳性大团聚体含量描述性分析

所属省区	不同粒径团聚体含量/%				总含量/%
	>2mm	2～1mm	1～0.5mm	0.5～0.25mm	
黑龙江	1.14±0.51 e	3.64±0.41 f	17.64±1.57 b	28.67±1.39 e	51.09±1.04 c
吉林	1.91±0.27 d	2.53±0.63 i	8.28±1.52 g	32.61±0.42 d	45.33±1.08 e
辽宁	1.15±0.47 e	6.15±0.67 d	12.23±1.11 d	14.81±2.76 h	34.34±2.41 g
四川	2.19±0.42 c	6.73±0.89 c	12.34±0.89 d	50.42±2.24 a	71.68±2.28 a
贵州	2.63±0.21 a	6.18±0.68 d	10.88±1.32 e	37.64±2.47 b	57.33±1.29 b
云南	0.85±0.11 f	7.97±1.08 a	18.29±0.42 a	29.07±2.91 e	56.18±2.71 b
湖北	2.65±0.41 a	5.37±0.82 e	14.15±0.39 c	49.44±0.65 a	71.61±1.08 a
湖南	0.82±0.19 f	2.76±0.83 h	10.83±0.42 e	23.01±2.97 f	37.42±1.68 f
江西	0.71±0.36 g	3.13±0.41 g	12.33±1.54 d	34.15±2.75 c	50.32±0.96 c
福建	0.41±0.12 h	1.39±0.48 k	3.02±1.74 i	8.51±2.41 j	13.33±2.06 i
广西	0.39±0.09 h	2.17±1.26 j	4.17±0.94 h	5.66±0.66 k	12.39±2.81 i
广东	0.71±0.27 g	7.11±1.19 b	2.99±0.81 i	4.88±1.71 l	15.69±1.72 h
江苏	2.47±0.51 b	7.95±1.48 a	9.82±0.64 f	13.87±1.54 i	34.11±2.71 g
浙江	1.92±0.13 d	7.13±0.45 b	17.56±0.91 b	20.18±2.56 g	46.79±2.18 d
安徽	2.61±0.23 a	6.12±0.88 d	9.88±1.06 f	19.35±0.39 g	37.96±2.32 f
平均值	1.41	4.77	10.28	23.27	39.72
标准差	0.83	2.18	4.76	13.93	18.12
最大值	2.65	7.97	18.29	50.42	71.68
最小值	0.39	1.39	2.99	4.88	12.39
变异系数	0.59	0.46	0.46	0.60	0.46

注：每列数据后字母相同表示无显著性差异（$P>0.05$）。

图5-1～图5-5分别为来源于东北稻区、西南稻区、华中稻区、华南稻区和华东稻区的样品的水稳性大团聚体含量粒级分布。其中，西南稻区样品中水稳性大团聚体含量最大（56.18%～71.68%），华中稻区样品大团聚体含量次之（37.42%～71.61%），华南稻区样品大团聚体含量最小（12.39%～15.69%），东北稻区（34.34%～51.09%）和华东稻区（34.11%～46.79%）样品的大团聚体含量比较接近。值得注意的是，西南和华中稻区中1～0.5mm、2～1mm、>2mm水稳性大团聚体含量对总含量（>0.25mm）贡献偏小，而0.5～0.25mm占据主要贡献。

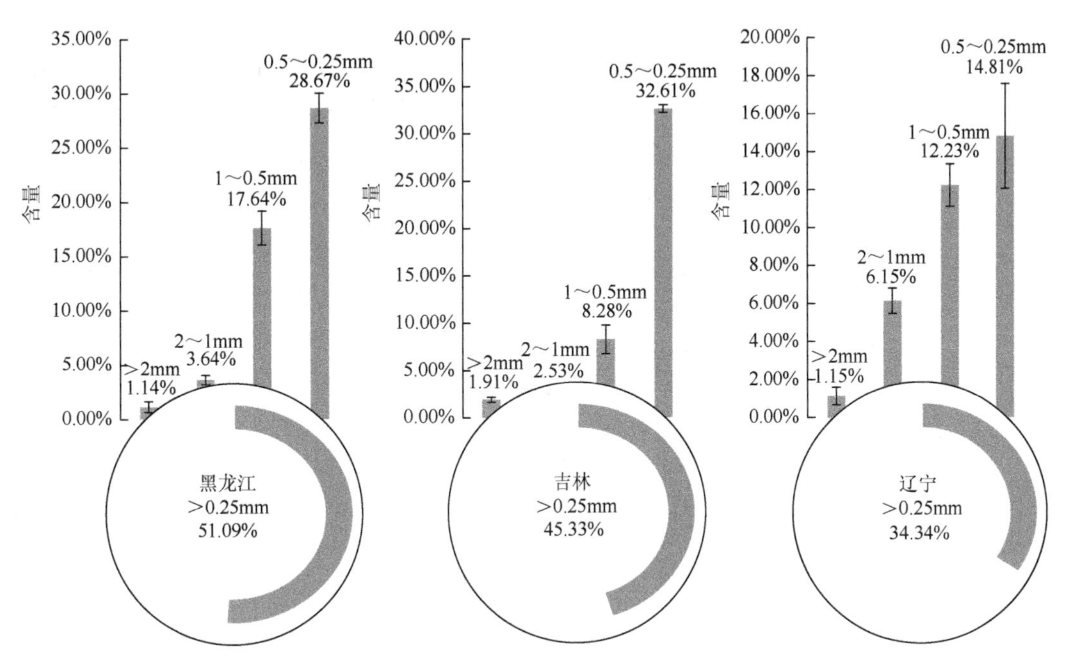

图 5-1 东北稻区土壤水稳性大团聚体含量粒级分布

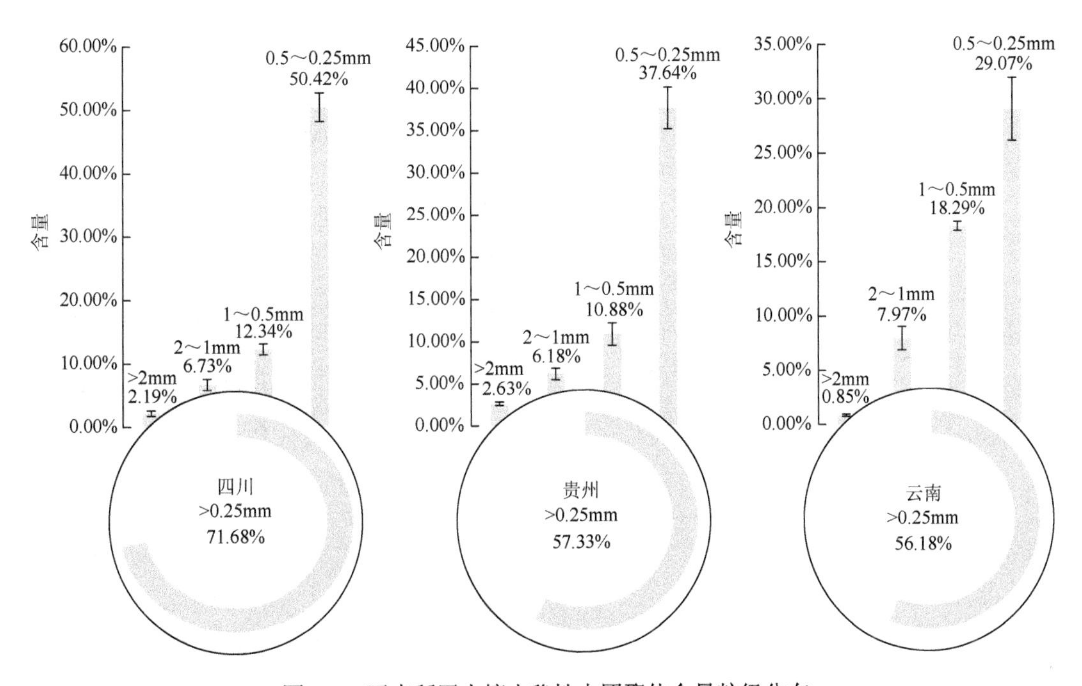

图 5-2 西南稻区土壤水稳性大团聚体含量粒级分布

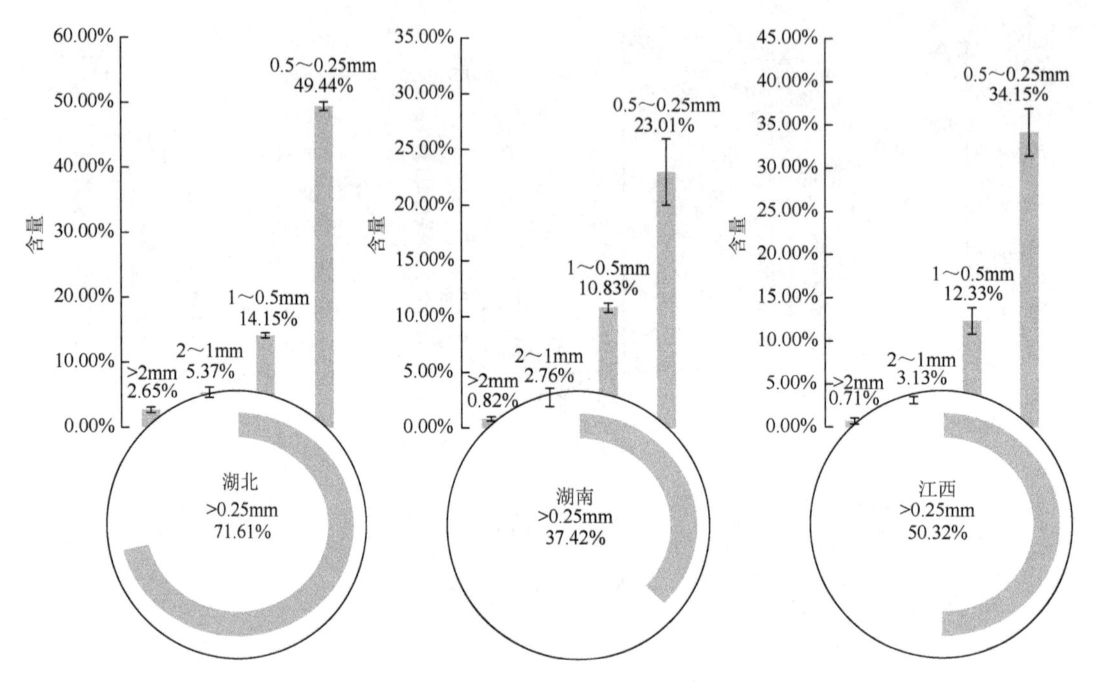

图 5-3　华中稻区土壤水稳性大团聚体含量粒级分布

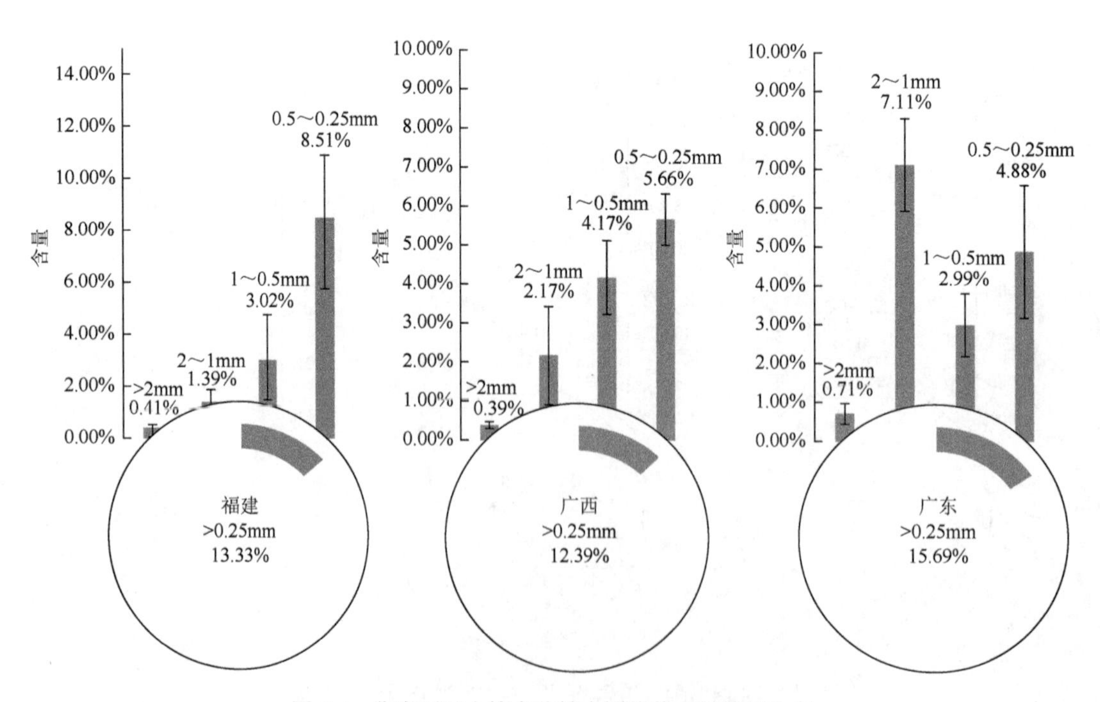

图 5-4　华南稻区土壤水稳性大团聚体含量粒级分布

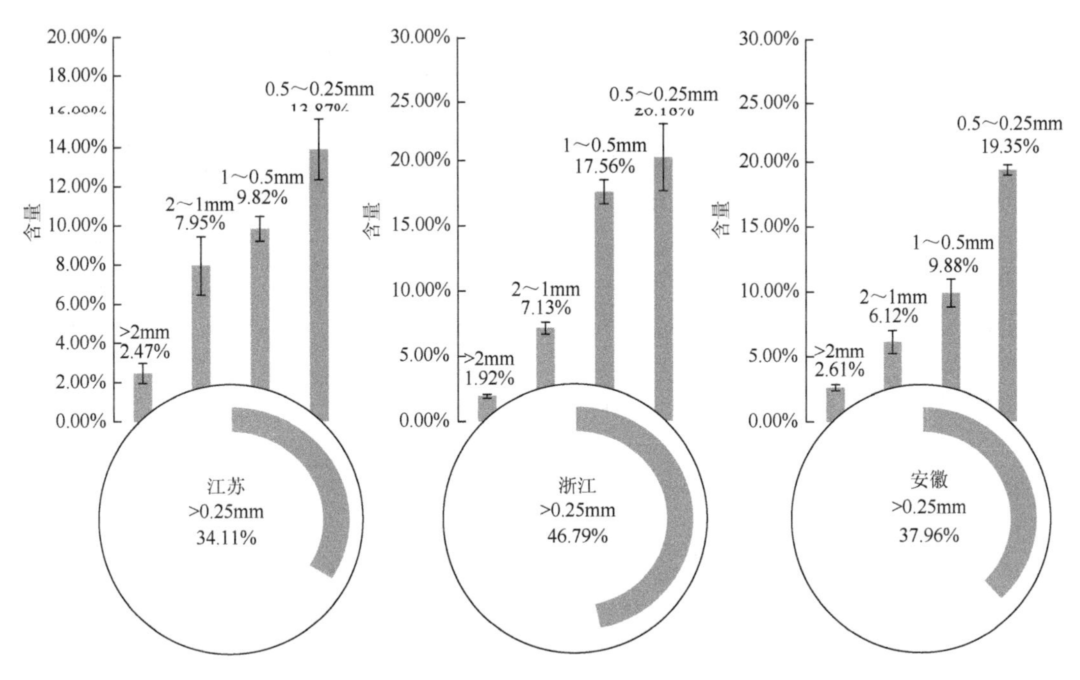

图 5-5　华东稻区土壤水稳性大团聚体含量粒级分布

5.4　稻田土壤胶体磷含量总体特征

由表 5-4 可知，15 种土壤水提取液中胶体磷含量范围为 3.11～66.49mg/kg，平均值为 27.14mg/kg。位于四川的采样点土壤胶体磷含量最小（3.11mg/kg），云南的采样点含量次之（10.36mg/kg），广西的采样点含量最高（66.49mg/kg）。15 个采样点土壤中胶体磷含量变异系数为 0.58，各土壤间差异性较大，除采集于湖北和安徽的土壤胶体磷含量差异性不显著外，其余稻田土壤胶体磷含量间存在显著差异（$P<0.05$）。

表 5-4　土壤水分散性胶体、胶体磷及真溶解磷含量描述性分析

所属省区	水分散性胶体/(mg/kg)	胶体磷/(mg/kg)	真溶解磷/(mg/kg)	总磷(<1μm)/(mg/kg)	胶体磷/总磷(<1μm)/%
黑龙江	718.75±28.62 h	27.59±1.66 g	53.12±2.12 c	80.71±1.61 k	34.18
吉林	888.32±67.35 e	22.52±0.68 i	47.32±1.89 d	69.84±2.79 d	32.25
辽宁	872.63±11.41 e	37.79±0.76 d	32.21±1.93 e	70.01±2.81 o	53.98
四川	535.12±42.57 j	3.11±0.06 n	26.48±1.32 g	29.58±1.46 h	10.51
贵州	625.13±61.39 i	15.31±0.77 k	16.28±0.98 i	31.58±0.63 f	48.48
云南	528.91±27.48 j	10.36±0.31 m	3.82±0.15 m	14.18±0.85 l	73.06
湖北	382.52±51.16 k	13.48±0.81 l	11.22±0.45 j	24.71±0.49 g	54.55
湖南	755.75±32.24 g	19.37±0.39 j	8.65±0.26 k	28.02±0.56 j	69.13
江西	823.01±87.32 f	30.52±1.22 f	72.22±4.33 a	102.74±3.08 c	29.71
福建	1021.36±96.99 b	44.64±2.23 b	8.21±0.25 l	52.85±1.06 a	84.47

续表

所属省区	水分散性胶体/(mg/kg)	胶体磷/(mg/kg)	真溶解磷/(mg/kg)	总磷（<1μm)/(mg/kg)	胶体磷/总磷（<1μm)/%
广西	1093.75±91.57 a	66.49±1.99 a	59.74±2.99 b	126.23±2.52 b	52.67
广东	921.37±17.52 d	42.54±0.85 c	22.31±0.89 h	64.85±3.24 m	65.60
江苏	941.25±62.15 c	24.38±0.73 h	26.29±1.31 g	50.67±2.53 e	48.12
浙江	699.51±36.95 h	35.57±1.78 e	9.02±0.54 k	44.59±0.89 i	79.77
安徽	940.63±13.38 c	13.43±0.41 l	27.11±1.36 f	40.55±2.43 n	33.12
平均值	783.20	27.14	28.27	55.41	51.31
标准差	194.30	15.81	20.25	29.89	20.10
最大值	1093.75	66.49	72.22	126.23	84.47
最小值	382.52	3.11	3.82	14.18	10.51
变异系数	0.25	0.58	0.72	0.54	0.39

注：数据后字母相同表示无显著性差异（$P>0.05$）。

15 种土壤水提取液中真溶解磷含量的整体差异性最大，变异系数为 0.72（表 5-4）。含量范围为 3.82（云南）～72.22mg/kg（江西），平均值为 28.27mg/kg。

此外，总磷（<1μm）含量范围为 14.18～126.23mg/kg，平均值为 55.41mg/kg，含量最大的土壤采集于广西（126.23mg/kg），江西（102.74mg/kg）和黑龙江（80.71mg/kg）次之，15 种供试土壤的总磷（<1μm）含量差异性显著（$P<0.05$）。

在流失的土壤总磷（<1μm）中，胶体磷含量的比例范围为 10.51%～84.47%，平均值为 51.31%，其中，8 个土壤样本的胶体磷含量超过真溶解磷，如福建的胶体磷在总磷（<1μm）中贡献为 84.47%、浙江为 79.77%（表 5-4 和图 5-6），是主要流失形式。

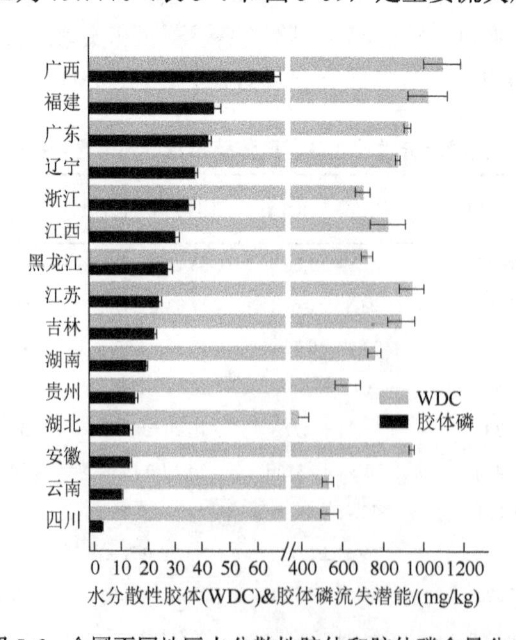

图 5-6　全国不同地区水分散性胶体和胶体磷含量分布

15种稻田土壤间水分散性胶体含量的整体差异性最小，变异系数为0.25。15种土壤的水分散性胶体含量范围为382.52～1093.75mg/kg，平均值为783.20mg/kg。与土壤胶体磷不同，土壤水分散性胶体含量最小的土壤采于湖北（382.52mg/kg）。采集于四川的土壤水分散性胶体含量为535.12mg/kg，同样表现出较低水平。许多研究表明了土壤胶体对磷元素流失的协助运输作用（Hens and Merckx，2001；Heathwaite et al.，2005），由图可知，土壤胶体磷含量大小排序与水分散性胶体含量排序结果趋势基本相似，但依然存在一定差异性，如采集于江苏和安徽的土壤水分散性胶体含量在15种土壤中的排序与胶体磷含量迥异。这一结果表明除胶体本身对磷元素流失有协同效应外，胶体磷的流失还受其他因素的影响。

5.5　稻田土壤胶体磷含量稻区特征

表5-5为各稻区土壤水分散性胶体、胶体磷及真溶解磷含量，图5-7是稻田主产区土壤水分散性胶体和胶体磷含量分布情况。五大主产区稻田土壤水分散性胶体含量呈显著差异（P<0.05），其范围为564.30～1009.08mg/kg，其中，华南稻区（1009.08mg/kg）土壤水分散性胶体含量最大，其次为华东稻区（866.46mg/kg）、东北稻区（832.60mg/kg）和华中稻区（654.30mg/kg），西南稻区（564.30mg/kg）的土壤水分散性胶体含量最小。五大主产区稻田土壤胶体磷含量范围为9.64～51.03mg/kg。与水分散性胶体含量相同，胶体磷含量最大的为华南稻区，其次为东北稻区（29.48mg/kg）、华东稻区（24.47mg/kg）和华中稻区（21.11mg/kg），西南稻区（9.64mg/kg）的土壤胶体磷含量最小。土壤真溶解磷含量分布规律与土壤胶体、胶体磷不一致。五大稻田主产区土壤中，真溶解磷含量范围为15.50（西南稻区）～44.41mg/kg（东北稻区）。华中稻区（30.91mg/kg）和华南稻区（30.07mg/kg）的含量相当。各稻区土壤总磷（<1μm）含量特征与前三者不同，范围为25.15（西南稻区）～81.10mg/kg（华南稻区），五大稻田主产区供试土壤总磷含量存在显著差异（P<0.05）。此外，五大稻田主产区供试土壤中，胶体磷含量为土壤总磷（<1μm）流失的主要形态（38.33%～62.92%），贡献比例在华南稻区土壤中最高，为62.92%（表5-5）。

表5-5　各稻区土壤水分散性胶体、胶体磷及真溶解磷含量

所属稻区	水分散性胶体/(mg/kg)	胶体磷/(mg/kg)	真溶解磷/(mg/kg)	总磷(<1μm)/(mg/kg)	胶体磷/总磷(<1μm)/%
东北稻区	832.60±87.79 c	29.48±6.9 b	44.41±9.61 a	73.89±5.66 b	39.90±10.62 e
西南稻区	564.30±47.87 e	9.64±5.36 e	15.50±9.82 d	25.15±8.27 e	38.33±27.29 d
华中稻区	654.30±209.26 d	21.11±7.55 d	30.91±31.36 b	52.02±38.49 c	40.58±17.14 c
华南稻区	1009.08±79.65 a	51.03±11.33 a	30.07±22.81 b	81.10±33.59 a	62.92±13.87 a
华东稻区	866.46±123.8 b	24.47±9.61 c	20.69±8.81 c	45.17±4.37 d	54.17±20.66 b

注：数据后字母相同表示无显著性差异（P>0.05）。

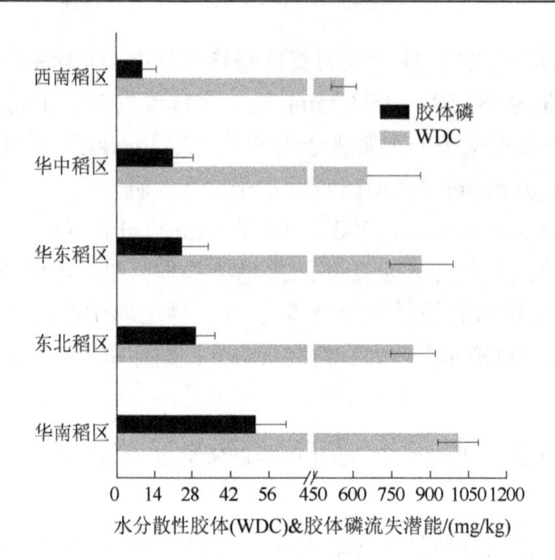

图 5-7　稻田主产区土壤水分散性胶体和胶体磷含量分布

5.6　稻田土壤胶体磷含量影响因素

在传统观念中，土壤中磷含量、形态及转化受施肥管理影响较大，但在土壤胶体磷含量研究中发现，稻田土壤胶体磷含量与施肥管理措施间的关系有所不同。过量施肥是土壤磷元素流失的重要原因，施肥量越高，土壤磷含量越高；也是胶体磷流失的影响因素，但有机和无机磷肥对于胶体磷的流失影响效果不同（Siemens et al.，2008；Makris et al.，2006）。添加有机肥可以增加胶体磷的流失量（Makris et al.，2006），而无机磷肥增施后胶体磷流失量无显著变化（Siemens et al.，2008），这主要是因为，土壤含磷量与胶体磷的流失量无显著相关性，而有机肥是通过增加有机胶体的含量来增加有机胶体磷的流失量的（Missong et al.，2018）。如赵越等（2015）的试验发现，磷肥施用后，土壤胶体磷增加了25%以上，有机肥对土壤胶体磷含量的影响较无机肥显著。Niyungeko 等（2018）的沼液促发稻田土壤胶体磷浸出试验表明，沼液可以显著促进土壤胶体磷浸出。

而在本实验中，根据土壤水分散性胶体、胶体磷含量与土壤其他理化性质的皮尔逊相关性分析（表 5-6）可知，土壤水分散性胶体、胶体磷含量与含砂粒量呈极显著正相关（$P<0.01$），而与含黏粒量、土壤 pH 呈极显著负相关（$P<0.01$）。土壤 pH 通过影响土壤胶体的稳定性来影响土壤胶体磷的流失，当 pH 升高，土壤呈中性或碱性时，H^+的含量减少，促进稳定性高的有机质-Fe（Al）$^{3+}$-胶体磷的形成，进而减少胶体磷含量（Liang et al.，2010；Gerke，1992；Kretzschmar，1999）。土壤含黏粒量与含砂粒量对胶体磷含量存在不同的影响，土壤含黏粒量越高，土壤胶体磷流失潜能越弱；而含砂粒量正好相反，含砂粒量越高的土壤，其胶体磷流失的潜能越大，这主要是因为含砂粒量高的土壤会促进优先流的形成，而优先流是胶体流失的重要诱因（Vendelboe et al.，2011；Cey et al.，2009；Mohanty et al.，2016）。如 McGechan 和 Lewis（2002）对比了不同农田土壤胶体磷的流失情况，发现在易发生大孔隙流的砂质土壤中胶体磷流失量较大；Vendelboe 等（2011）将

受试土壤的含黏粒量作为主要变量，选择不同梯度含黏粒量的土壤作为研究对象，发现土壤水分散性胶体和磷的流失量与土壤含黏粒量高度负相关（$R^2 = 0.89$）。

表 5-6 土壤水分散性胶体及胶体磷含量和其他理化性质相关性分析

	pH	总磷	有效磷	总碳	总氮
水分散性胶体	−0.667**	0.104	0.450	−0.167	0.101
胶体磷	−0.661**	0.172	0.452	−0.145	0.284
	砂粒	粉粒	黏粒	＞2mm[a]	2～1mm
水分散性胶体	0.753**	0.230	−0.841**	−0.430	−0.408
胶体磷	0.784**	0.128	−0.810**	−0.644**	−0.434
	1～0.5mm	0.5～0.25mm	＞0.25mm		
水分散性胶体	−0.722**	−0.838**	−0.902**		
胶体磷	−0.549*	−0.772**	−0.819**		

a. 水稳性团聚体。

*显著相关，$P<0.05$ 水平（双侧）；**极显著相关，$P<0.01$ 水平（双侧）。

此外，从表 5-6 还可以看出，土壤胶体磷含量与土壤总磷、有效磷、总碳、总氮和含粉粒量的相关系数较小，即这些性质对土壤胶体磷含量影响不大，例如，土壤胶体磷流失的先决条件为土壤胶体的活化（McGechan and Lewis，2002a），且胶体对磷元素吸附量巨大（McGechan and Lewis，2002b），所以土壤总磷和有效磷对胶体磷含量无显著影响。

土壤水稳性大团聚体含量常用来表征土壤抗击水分散性能，与土壤胶体磷含量也存在密切关联。表 5-6 显示，土壤胶体、胶体磷与水稳性大团聚体呈负相关，但各粒级的水稳性大团聚体含量与土壤胶体磷含量的相关性存在一定差异，其中＞0.25mm 粒径的水稳性大团聚体总含量与胶体磷流失相关性最高。

多元线性回归分析中的逐步输入-删除法常用来进行多因素影响分析。采用逐步输入-删除法对表 5-6 中土壤基础理化性质与胶体、胶体磷的关联性进行筛选分析，结果显示在所有土壤基础理化性质中，土壤水稳性大团聚体含量是对水分散性胶体及胶体磷含量影响最大的因子，其多元回归得到的相关系数（R^2）分别为 0.81 和 0.67，且呈极显著水平（图 5-8）。这进一步说明了土壤水稳性大团聚体含量与土壤水分散性胶体和胶体磷含量密切相关。土壤水稳性大团聚体含量作为自变量，可被单独用于土壤水分散性胶体和胶体磷含量的预测。

综合上述分析结果，土壤水稳性大团聚体含量与土壤水分散性胶体、胶体磷含量的相关性最高，为负相关，见图 5-8。这一现象主要是因为土壤团聚体的形成是一个土壤微小基质（包括土壤胶体）聚集成土壤团聚体的复杂过程，其中“胶结”作用是该过程的一个重要环节。“胶结”作用是指有机和无机胶体在多种作用力下形成大体积胶体及土壤微粒的过程，可以促使土壤胶体凝聚，“胶结”作用越强，土壤胶体的稳定性越高，水稳性大团聚体含量越高（Sangrey，1972；Dolfing et al.，1999）。而土壤中水分散性胶体及胶体磷流失由土壤胶体的稳定性决定，土壤胶体的稳定性又与水稳性团聚体含量紧密相连，因此，土壤水稳性大团聚体含量强烈影响着胶体磷含量，即水稳性大团聚体含量越高，土壤胶体越稳定，水分散性胶体及胶体磷含量越低。

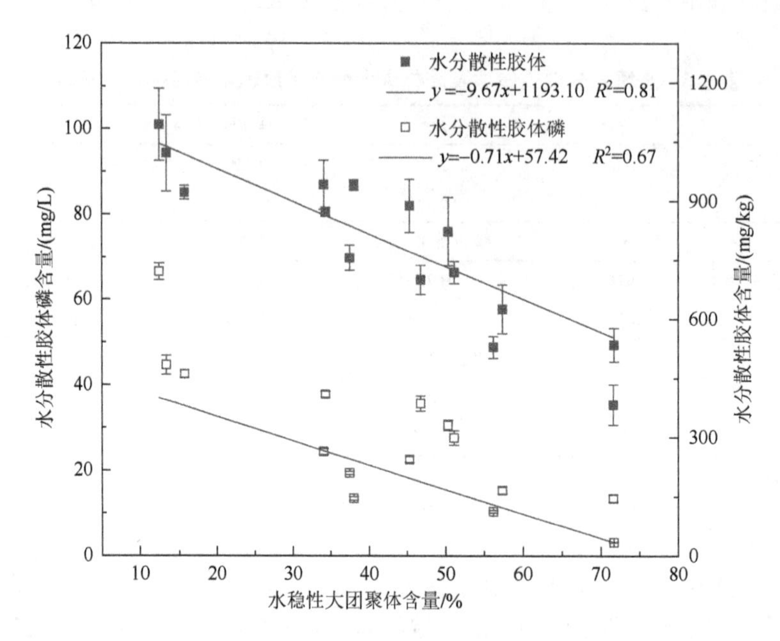

图 5-8　土壤水分散性胶体、胶体磷含量与水稳性大团聚体含量的线性回归

5.7　小　　结

（1）15 种土壤中水稳性大团聚体含量整体差异性大（$P<0.05$），基本在 12.39%～71.68%范围内，且粒级越大，含量越小。按样品所在稻区分布来看，西南稻区水稳性大团聚体含量最高，而华南稻区最低。

（2）15 种土壤胶体磷含量间差异明显，其范围为 3.11～66.49mg/kg。在粒径<1μm 的易流失土壤总磷中，胶体磷贡献比例较高，但在不同区域其占比不同，比例范围为 10.51%～84.47%，平均值为 51.31%，其中八个省份的占比超过 50%，成为主要磷流失形态。五大稻田主产区土壤胶体磷和胶体的含量呈现出一致的变化规律，胶体磷含量最大的为华南稻区，西南稻区的土壤胶体磷含量最小。

（3）由皮尔逊相关性结果可知，土壤水分散性胶体和胶体磷含量密切相关，两者与稻田土壤水稳性大团聚体含量呈显著相关，在众多的土壤理化性质中相关性最高，其皮尔逊相关系数分别为–0.902（$P<0.01$）和–0.819（$P<0.01$）。逐步输入-删除的多元回归分析进一步表明，其回归系数分别为 0.81（$P<0.001$）、0.67（$P<0.001$）。此外土壤 pH、含砂粒量、含黏粒量都对土壤胶体磷含量有一定的影响。

参 考 文 献

梅方权，吴宪章，姚长溪，等. 1988. 中国水稻种植区划. 中国水稻科学，2（3）：97-110.

赵越，梁新强，傅朝栋，等. 2015. 磷肥输入对稻田土壤剖面胶体磷含量的影响. 生态学报，35（24）：8251-8257.

Barthès B，Roose E. 2002. 表层土壤团聚体稳定性对径流及土壤侵蚀的影响. 中国水土保持，（7）：23-23.

Cey E E，Rudolph D L，Passmore J. 2009. Influence of macroporosity on preferential solute and colloid transport in unsaturated field soils. Journal of Contaminant Hydrology，107（1）：45-57.

Dolfing J，Chardon W J，Japenga J. 1999. Association between colloidal iron，aluminum，phosphorus，and humic acids. Soil Science，164（3）：171-179.

Gerke J. 1992. Orthophosphate and organic phosphate in the soil solution of four sandy soils in relation to pH-evidence for humic-FE-（AL-）phosphate complexes. Communications in Soil Science & Plant Analysis，23（5-6）：601-612.

Heathwaite L，Haygarth P，Matthews R，et al. 2005. Evaluating colloidal phosphorus delivery to surface waters from diffuse agricultural sources. Journal of Environmental Quality，34（1）：287-298.

Hens M，Merckx R. 2001. Functional characterization of colloidal phosphorus species in the soil solution of sandy soils. Environmental Science & Technology，35（3）：493-500.

Ilg K，Siemens J，Kaupenjohann M. 2005. Colloidal and dissolved phosphorus in sandy soils as affected by phosphorus saturation. Journal of Environmental Quality，34（3）：926-935.

Kretzschmar R. 1999. Mobile subsurface colloids and their role in contaminant transport. Advances in Agronomy，66（8）：121-193.

Liang X Q，Jin L，Chen Y X，et al. 2010. Effect of pH on the release of soil colloidal phosphorus. Journal of Soils & Sediments，10（8）：1548-1556.

Li H，Wang C Y，Wen F T，et al. 2010. Distribution of organic matter in aggregates of eroded Ultisols，Central China. Soil & Tillage Research，108（1）：59-67.

Liu C A，Zhou L M. 2017. Soil organic carbon sequestration and fertility response to newly-built terraces with organic manure and mineral fertilizer in a semi-arid environment. Soil & Tillage Research，172：39-47.

Makris K C，Grove J H，Matocha C J. 2006. Colloid-mediated vertical phosphorus transport in a waste-amended soil. Geoderma，136（1-2）：174-183.

McGechan M B，Lewis D R. 2002a. SW—soil and water：sorption of phosphorus by soil，part 1：principles. Equations and Models. Biosystems Engineering，82（1）：1-24.

McGechan M B，Lewis D R. 2002b. SW—soil and water：transport of particulate and colloid-sorbed contaminants through soil，part 1：general principles. Biosystems Engineering，83（3）：255-273.

Missong A，Bol R，Nischwitz V，et al. 2018. Phosphorus in water dispersible-colloids of forest soil profiles. Plant and Soil，427（2）：71-86.

Mohanty S K，Saiers J E，Ryan J N. 2016. Colloid mobilization in a fractured soil：effect of pore-water exchange between preferential flow paths and soil matrix. Environmental Science & Technology，50（5）：2310-2317.

Neufeldt H，Ayarza M A，Resck D V S，et al. 1999. Distribution of water-stable aggregates and aggregating agents in Cerrado Oxisols. Geoderma，93（1）：85-99.

Niyungeko C，Liang X Q，Liu C L，et al. 2018. Effect of biogas slurry application rate on colloidal phosphorus leaching in paddy soil：a column study. Geoderma，325：117-124.

Sangrey D A. 1972. On the causes of natural cementation in sensitive soils. Canadian Geotechnical Journal，9（1）：117-119.

Siemens J，Ilg K，Pagel H，et al. 2008. Is colloid-facilitated phosphorus leaching triggered by phosphorus accumulation in sandy soils?. Journal of Environmental Quality，37（6）：2100-2107.

Vendelboe A L，Moldrup P，Heckrath G，et al. 2011. Colloid and phosphorus leaching from undisturbed soil cores sampled along a natural clay gradient. Soil Science，176（8）：399-406.

第6章　土壤酸度对胶体磷流失的影响

6.1　引　　言

土壤酸化已成为浙江省农田土壤退化的重要原因之一（傅庆林，2002；李建国等，2005），研究 pH 变化对农田土壤胶体磷流失的影响机制对于准确评估土壤磷流失风险以及控制农业面源污染具有重要的理论价值和现实意义。本章主要选取研究区域典型土地利用类型农田（稻田和菜地）土壤，利用同步辐射 XANES 等分析技术研究不同 pH 影响下土壤胶体磷的分子形态及其流失机制。

6.2　试验设计与分析方法

6.2.1　样品采集及基本理化性质测定

供试土样采自浙江省东苕溪典型流域漕桥溪小流域农业区的稻田和菜地土壤，供试土壤的基本理化性质详见表 3-1。

6.2.2　试验设计

为研究系列土壤 pH 条件下胶体磷的流失潜能，分别称取过 2mm 筛的两种供试土壤各 5 份 10g 于 250mL 的锥形瓶中，分别加入 80mL 去离子水，轻轻摇动，使水土充分混合均匀。放置 30min，测定 pH。2h 内，以 HCl 和 KOH 溶液（<1mL）逐步调节上清液 pH（Klitzke et al.，2008），多次重复以上过程，得到 5 个处理的 pH 依次为 3.0、4.0、5.0、6.0、7.0，每个处理 3 个平行。

将锥形瓶移至摇床中，在 160r/min 下浸提 24h，取上清液备用。测定菜地土样上清液 pH 依次为 3.2（±0.02）、4.3（±0.01）、5.3（±0）、6.2（±0）、6.8（±0.03）；稻田土样上清液 pH 依次为 3.2（±0.02）、4.1（±0.01）、5.0（±0.05）、6.0（±0.08）、6.9（±0.07）。测定两种土壤各处理的 EC，以经验公式（离子强度 $I=0.0127\mathrm{EC}$）（Griffin and Jurinak，1974）计算得到菜地各处理的离子强度分别为 15.2（±0.02）mmol/L、5.5（±0.01）mmol/L、2.5（±0）mmol/L、0.9（±0）mmol/L、1.7（±0.04）mmol/L；稻田各处理的离子强度分别为 14.9（±0.04）mmol/L、5.9（±0.03）mmol/L、2.0（±0.11）mmol/L、1.4（±0.09）mmol/L、2.7（±0.08）mmol/L。

6.2.3　土壤胶体分离与流失潜能测定

供试两种土壤不同 pH 条件下释放的胶体相以预离心-微孔过滤-超离心法分离，并测定水分散性胶体的释放量，方法详见 3.2 节。此外，取部分过 1μm 滤液，分别测定胶体的平均粒径（High Performance Particle Sizer，Malvern Instruments，Malvern，UK）及 zeta 电位（ZetasizerNanoZS-90，Malvern Instruments）。

6.2.4　土壤胶体元素含量分析

分别测定超离心前（试样Ⅰ）、后（试样Ⅱ）试样中的总磷、MRP、总有机碳、铁、铝、钙含量，计算得到胶体总磷、胶体 MRP、胶体 MUP、胶体总有机碳、胶体铁、胶体铝、胶体钙含量。测定方法如下：

供试土样采自浙江省漕桥溪小流域稻田（RS）和菜地（VS）土壤，采集方法详见 3.2 节，参照 3.2 节的方法，分别提取供试两种土壤的水分散性胶体。提取的水分散性胶体经冷冻干燥备用。土壤水分散性胶体、胶体总磷（TP）、钼蓝反应磷（MRP）和钼蓝非反应磷（MUP）的释放量以 3.2 节方法测定。土壤水分散性胶体铁、铝和钙以及总有机碳（TOC）的释放量以过 1μm 滤膜后的溶解态水样（试样Ⅰ）及超速离心后的真溶解态水样（试样Ⅱ）中铁、铝和钙元素总量以及总有机碳（TOC）含量之差计算得到。TOC 含量以 TOC 分析仪测定（Multi N/C 3100，AnalytikjenaAG，Jena，Germany）；铁、铝、钙元素总量经高氯酸-硝酸-盐酸消解后用 ICP-OES（Model IRAS-AP，TJA）测定。单位质量胶体上的元素含量（表 6-1）以胶体态元素（TP、MRP、MUP、Fe、Al、Ca 和 TOC）的释放量与土壤胶体的释放量之比计算得到。

表 6-1　供试稻田和菜地土壤释放的水分散性胶体中的元素含量（均值±标准误）　（单位：g/kg WDC）

土壤	TOC	Fe	Al	Ca	MRP	MUP
RS	9.50±0.2	21.5±0.1	36.4±1.3	8.60±0.3	0.71±0.16	0.48±0.03
VS	24.6±2.3	19.0±2.5	23.0±1.3	11.0±0.4	3.89±0.12	1.42±0.04

注：RS 表示稻田；VS 表示菜地，本章余同；WDC 表示水分散性胶体。

所有数据均采用 SPSS16.0 进行均值、方差分析，多元线性回归采用逐步引入-剔除法。

6.2.5　磷的 K 边 XANES 分析

磷的 K 边 XANES 谱用以直接表征胶体磷的分子形态。由于 pH～4.0 条件下土壤水分散性胶体的释放量非常低，研究人员只采集了 pH～5.0 和 pH～7.0 的胶体样品磷的 K 边 XANES 谱。实验于加拿大光源 SXRMR 线站进行。胶体样品及磷标样分别以部分荧光模式及总电子产额模式采集，具体步骤及采集条件如下：

实验分别于北京同步辐射装置（BSRF）中能 X 射线 4B7A 光束线和加拿大光源（CLS）SXRMB 站进行，其中 BSRF 储存环中电子能量为 2.2GeV，最大束流强度为 250mA；CLS 的储存环中电子能量为 2.9GeV，最大束流强度为 250mA。选取如下含磷标准样品（购自 Sigma）：磷酸铝（$AlPO_4$）、磷酸氢钙（$CaHPO_4$，DCP）、磷酸二氢钙[$Ca(H_2PO_4)_2$，MCP]、羟基磷灰石[$Ca_5(PO_4)_3OH$，HAP]、肌醇六磷酸盐（IHP）、磷酸铁（$FePO_4$）。磷标准样品用电子产额模式在 BSRF 中能站和 CLS 的 SXRMB 线站分别采集一套标准样 XANES 谱图库。土体土壤样品在 BSRF 以荧光模式采集信号，探测器为 Si（Li）谱仪（PGTLS30125），土壤胶体样品在 CLS 以部分荧光模式（四元素荧光探测器）采集磷的 K 边 XANES 谱。所有样品及标样谱多次扫描取平均。所有谱图以 $AlPO_4$ 一阶导数的首峰位置为 2149eV 校正能量（Beauchemin et al.，2003）。所有样品 XANES 谱以 Athena（8.050）去背景，归一化处理，对边前 10eV 至边后 15eV 进行线性拟合。

6.3　pH 促发的土壤胶体及磷元素活化

供试两种土壤在不同 pH 条件下胶体态及真溶解态 MRP 和 MUP 的流失潜能如图 6-1 所示。两种供试土壤胶体磷在土壤磷元素（<1μm）活化中的作用均随 pH 升高逐渐加强：pH～3.0 时，菜地和稻田土壤胶体磷释放量分别为 0 mg/kg 和 0.216mg/kg，而 pH～7.0 时则分别高达 39.818mg/kg 和 11.090mg/kg。除 pH～3.0 外，菜地土壤胶体磷在各 pH 处理条件下的释放量均明显高于稻田土壤。另外，虽然菜地土壤 pH～4.0 时释放的胶体 MRP 含量略低于胶体 MUP，但两种供试土壤在不同 pH 时释放的胶体磷基本上均以 MRP 为主。与胶体总磷类似，两种供试土壤胶体 MRP 和胶体 MUP 的释放量基本上均随 pH 升高而上升，其中胶体 MRP 在菜地和稻田土壤中分别由 pH～3.0 时的 0mg/kg 和 0.216mg/kg 上升至 pH～7.0 时的 28.278mg/kg 和 7.754mg/kg；两种供试土壤 pH～3.0 时胶体 MUP 的释放量均为 0 mg/kg，而 pH～7.0 时分别上升至 11.540mg/kg 和 3.336mg/kg。

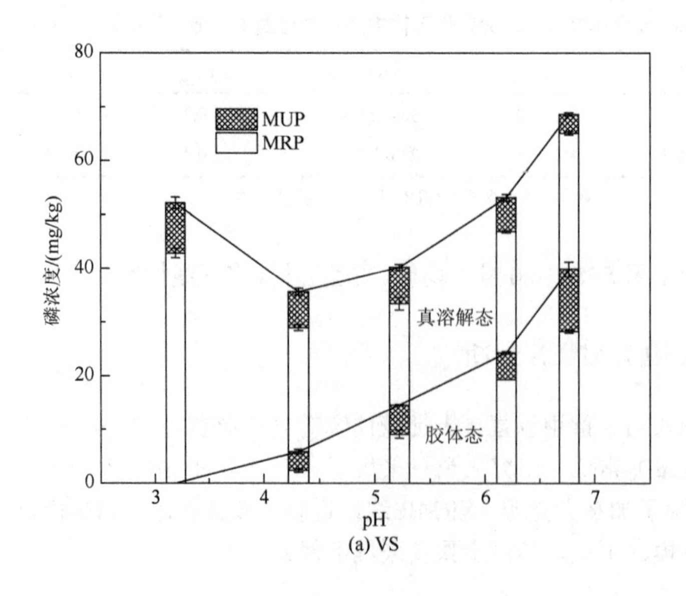

(a) VS

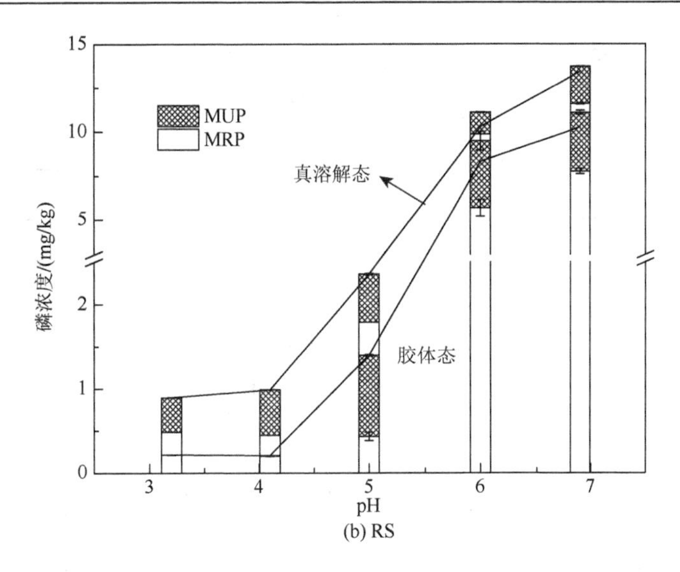

图6-1 菜地（VS）和稻田（RS）土壤不同pH条件下胶体及真溶解态MRP和MUP的释放量

菜地土壤释放的磷（<1μm）基本以真溶解态为主（pH～7.0除外），而稻田土壤仅在pH～3.0及～4.0时以真溶解态磷流失为主，在pH大于～4.0时胶体磷成为稻田土壤流失磷（<1μm）的主要形态。两种土壤中真溶解态磷的流失潜能随pH升高的变化规律显著不同，其中，菜地土壤真溶解态磷随pH升高先降低后稳定，即由pH～3.0时的52.113mg/kg下降至pH～5.0时的25.582mg/kg，之后平稳在28.817mg/kg；而稻田土壤中真溶解态磷随pH升高而逐渐上升，由pH～3.0时的0.679mg/kg上升至pH～7.0时的2.632mg/kg。另外，供试两种土壤在不同pH条件下释放的真溶解态磷组成有所差异，菜地土壤释放的真溶解态磷主要以MRP为主，而稻田土壤释放的真溶解态磷主要以MUP为主。

供试土壤不同pH条件下水分散性胶体的释放量及其粒径、Zeta电位及元素含量如表6-2所示。两种土壤水分散性胶体的释放量均随pH的升高而升高，pH～3.0时菜地和稻田土壤胶体释放量分别为0 g/kg和0.5g/kg；pH～7.0时两种土壤的胶体释放量分别达6.4g/kg和7.8g/kg。随pH升高，土壤胶体的平均粒径和Zeta电位则逐渐降低：菜地土壤胶体的平均粒径和Zeta电位分别由pH～3.0时的882.4nm和–7.55mV降低至pH～7.0时的255.8nm和–37.7mV；而稻田土壤胶体的粒径和Zeta电位分别由pH～3.0时的960.0nm和–6.6mV降低至pH～7.0时的236.2nm和–26.2mV。虽然菜地土壤在pH～3.0时未检测到土壤水分性胶体释放，却可检测出胶体的平均粒径和Zeta电位，这很可能是在该pH条件下胶体释放量太少而低于检测限，Klitzke等（2008）也曾报道过相似结果。另外，两种供试土壤在不同pH条件下释放的胶体总有机碳、胶体铝、胶体铁、胶体钙的含量变化特征有所差异。对菜地土壤而言，胶体总有机碳、胶体铝、胶体铁的流失量在pH～4.0时最高，pH～5.0时迅速降低，随着pH的进一步升高又逐渐升高；而胶体钙的流失量在pH～4.0时为0 g/kg，pH～5.0迅速升高，然后在pH～6.0略微降低后维持基本稳定。与菜地土壤不同，稻田土壤胶体总有机碳、胶体铝、胶体铁、胶体钙的释放量均随pH上升而升高（表6-2）。

表 6-2 供试土壤不同 pH 条件下水分散性胶体的释放量及其粒径、Zeta 电位及元素含量（均值±平均误）

	pH	WDCs/(g/kg)	胶体粒径/nm	Zeta 电位/mV	含量/(g/kg WDC)					
					总有机碳	Fe	Al	Ca	MRP	MUP
VS	3.2	0±0 d	882.4±10.6 a	−7.55±0.3 a	—	—	—	—	—	—
	4.3	0.1±0 d	464.7±13.9 b	−16.65±0.2 b	122.6±24.0 a	377.1±29.1 a	341.6±5.9 a	0±0 c	28.5±5.5 a	41.0±7.5 a
	5.3	2.6±0.1 c	274.0±5.9 c	−25.9±0.8 c	20.8±1.7 c	15.7±3.1 d	13.1±1.2 d	11.8±0.4 a	3.5±0.1 c	2.1±0.6 b
	6.2	4.7±0.3 b	276.3±6.8 c	−36.6±0.4 d	28.3±2.9 b	22.2±1.8 c	32.8±1.4 c	10.2±0.4 b	4.1±0.2 b	1.1±0.1 c
	6.8	6.4±0.3 a	255.8±1.9 c	−37.7±0.4 d	28.2±0.6 b	38.8±1.6 b	58.2±5.7 b	11.2±0.3 ab	4.4±0.1 b	1.8±0.1 b
RS	3.2	0.5±0.1 e	960.0±6.6 a	−6.6±0.2 a	0±0 d	0±0 d	1.5±0.d	0±0 d	0.5±0.1 bc	0±0 b
	4.1	1.2±0.1 d	608.8±9.8 b	−7.7±0.1 b	0±0 d	0±0 d	0.6±0 d	0±0 d	0.2±0 c	0±0 b
	5.0	2.1±0 c	444.6±11.7 c	−18.9±0 c	3.6±0.4 c	7.1±0.2 c	14.2±1.1 c	2.5±0.1 c	0.2±0 c	0.5±0 a
	6.0	7.4±0.2 b	236.8±0.3 d	−24.1±0 d	15.5±0.2 b	36.2±0 b	58.7±4.4 b	15.2±0.3 b	0.8±0.1 ab	0.5±0.1 a
	6.9	7.8±0 a	236.2±3.9 d	−26.2±0.1 e	21.9±1.1 a	50.4±0.3 a	105.3±0.9 a	75.0±0.6 a	1.0±0 a	0.4±0 a

注：表中数据为三次平行的均值，均值后相同字母表示无显著性差异（$P<0.05$）；WDC 表示水分散性胶体。

采用逐步引入-剔除法对供试两种土壤在不同 pH 条件下土壤胶体、胶体总磷、胶体 MRP 和 MUP 释放量进行多元线性回归分析（表 6-3）。除稻田土壤 MUP 外，两种土壤水分散性胶体及各种胶体磷组分的释放量均可通过多元回归方程加以表征。不同 pH 条件下，菜地和稻田水分散性胶体释放量的变异性分别可由单一因子胶体钙和胶体铁的释放量加以表征，两者均显著正相关，其中菜地胶体钙的释放量可表征 pH 变化过程中水分散性胶体释放量变异性的 99.2%，而稻田土壤中胶体铁的释放量可表征 pH 变化过程中水分散性胶体流失量变化的 94.2%。稻田土壤胶体的释放变异性还能通过双因子胶体铁和胶体钙加以预测，回归模型的预测精度达 98.4%，其中土壤胶体的释放量与胶体钙呈负相关。菜地和稻田土壤中胶体总磷在不同 pH 条件下释放量的变异性分别可由单一因子胶体钙和胶体铁分别加以表征，两者均显著正相关，其中菜地胶体钙的流失量可表征 pH 变化过程中胶体总磷流失量变异的 96.6%，而稻田土壤胶体铁的流失量可表征 pH 变化过程胶体总磷流失量变异的 98.0%。菜地和稻田土壤胶体总磷释放量的变异性还可通过双因子胶体钙-胶体铁的流失量加以表征，双因子回归模型的预测精度分别达 99.0%和 99.7%。而供试两种土壤胶体 MRP 在不同 pH 条件下释放量的变异性均仅能通过单一因子胶体总有机碳加以表征，在菜地和稻田土壤中预测能力分别达 98.8%和 99.3%。此外，菜地土壤胶体 MUP 在不同 pH 条件下释放量的变异性可由单一因子胶体铁以及双因子胶体铁-胶体铝加以表征，其预测准确度分别达 84.9%和 93.6%。

表 6-3　供试土壤水分散性胶体（WDCs）、胶体总磷（TP_{coll}）、胶体钼蓝反应磷（MRP_{coll}）、胶体钼蓝非反应磷（MUP_{coll}）对胶体铁（Fe_{coll}）、胶体铝（Al_{coll}）、胶体钙（Ca_{coll}）、胶体总有机碳（TOC_{coll}）的多元线性回归分析

项目		常数	参数	R^2
VS	WDCs =	0.044（±0.121） （0.725）	0.090（±0.003）Ca_{coll} （<0.001）	0.992 （<0.001）
	TP_{coll} =	1.965（±1.345） （0.182）	0.494（±0.033）Ca_{coll} （<0.001）	0.966 （<0.001）
		2.104（±0.786） （0.032）	0.319（±0.047）Ca_{coll} + 0.061（±0.015）Fe_{coll} （<0.001）　（0.005）	0.990 （<0.001）
	MRP_{coll} =	0.538（±0.591） （0.390）	0.149（±0.006）TOC_{coll} （<0.001）	0.988 （<0.001）
	MUP_{coll} =	1.723（±0.726） （0.045）	0.039（±0.060）Fe_{coll} （<0.001）	0.849 （<0.001）
		0.811（±0.584） （0.208）	0.143（±0.034）Fe_{coll}−0.067（±0.022）Al_{coll} （0.004）　（0.017）	0.936 （<0.001）
RS	WDCs =	1.272（±0.347） （0.006）	0.019（±0.002）Fe_{coll} （<0.001）	0.942 （<0.001）
		1.124（±0.199） （0.001）	0.026（±0.002）Fe_{coll}−0.006（±0.001）Ca_{coll} （<0.001）　（0.004）	0.984 （<0.001）
	TP_{coll} =	0.576（±0.309） （0.099）	0.029（±0.001）Fe_{coll} （<0.001）	0.980 （<0.001）
		0.433（±0.128） （0.012）	0.036（±0.001）Fe_{coll}−0.006（±0.001）Ca_{coll} （<0.001）　（<0.001）	0.997 （<0.001）
	MRP_{coll} =	0.202±0.128 （0.152）	0.045±0.001TOC_{coll} （<0.001）	0.993 （<0.001）

注：括号中的数字表示相应参数在回归方程中的显著程度；WDC 表示水分散性胶体。

6.4　土壤胶体磷形态表征

磷标样及 pH～5.0 和～7.0 条件下供试两种土壤水分散性胶体的 XANES 谱如图 6-2 所示。各样品谱及标样谱在 2149eV 附近及 2166eV 附近均显示有白线峰（Peak b）及氧的共振峰（Peak e）。与其他文献报道一致（Sato et al.，2005；Ajiboye et al.，2008），标样谱呈现良好的特征峰。例如，磷酸铁在 2146eV 附近呈现边前峰（Peak a），该峰是磷的 1s 电子向铁的 3d 电子、氧的 2p 电子及磷的 3p 电子形成的杂化轨道跃迁所致（Beauchemin et al.，2003）。钙结合态磷标样分别在 2151～2152eV（Peak c）及 2159eV 附近（Peak d）呈现边后特征峰，并且这些特征峰随钙磷化合物溶解度降低而更加明显（Sato et al.，2005）。通过指纹图谱比对，供试两种土壤胶体的谱图中均出现边前峰（Peak a）及边后峰（Peak c），表明供试土壤胶体磷中含有铁结合态磷和钙结合态磷。

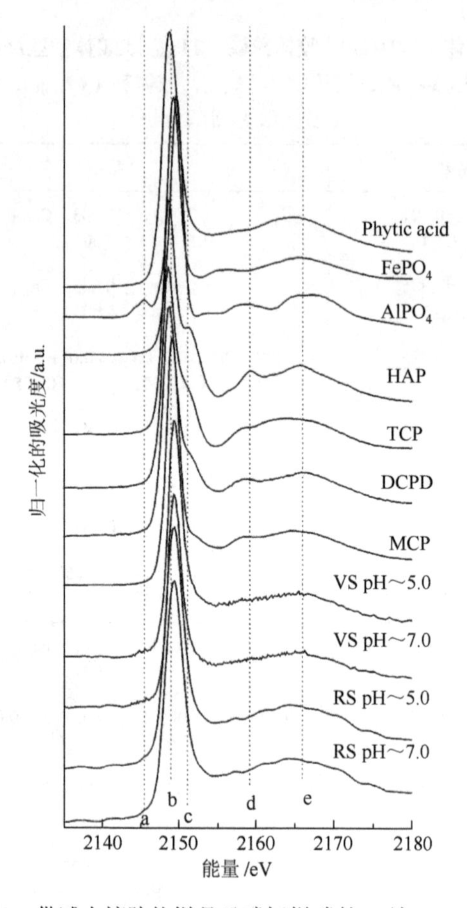

图 6-2　供试土壤胶体样品及磷标样磷的 K 边 XANES 谱

短线表示不同磷形态的特征峰：a，铁磷；b，白线峰；c 和 d，钙磷；e，氧的振荡峰。HAP，羟基磷灰石；TCP，磷酸三钙；DCPD，二水合磷酸氢钙；MCP，磷酸二氢钙。稻田谱图经过 Savitsky-Golay 平滑处理

进一步以最小二乘方法线性拟合获取不同 pH 条件下供试两种土壤胶体中各种磷形态的相对含量（图 6-3 和表 6-4）。供试土壤胶体磷的 K 边 XANES 谱拟合残差（χ^2）在 2.65～

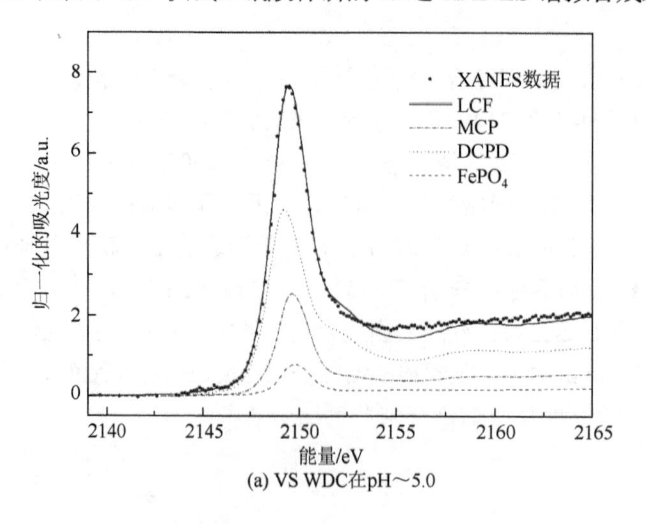

(a) VS WDC在pH～5.0

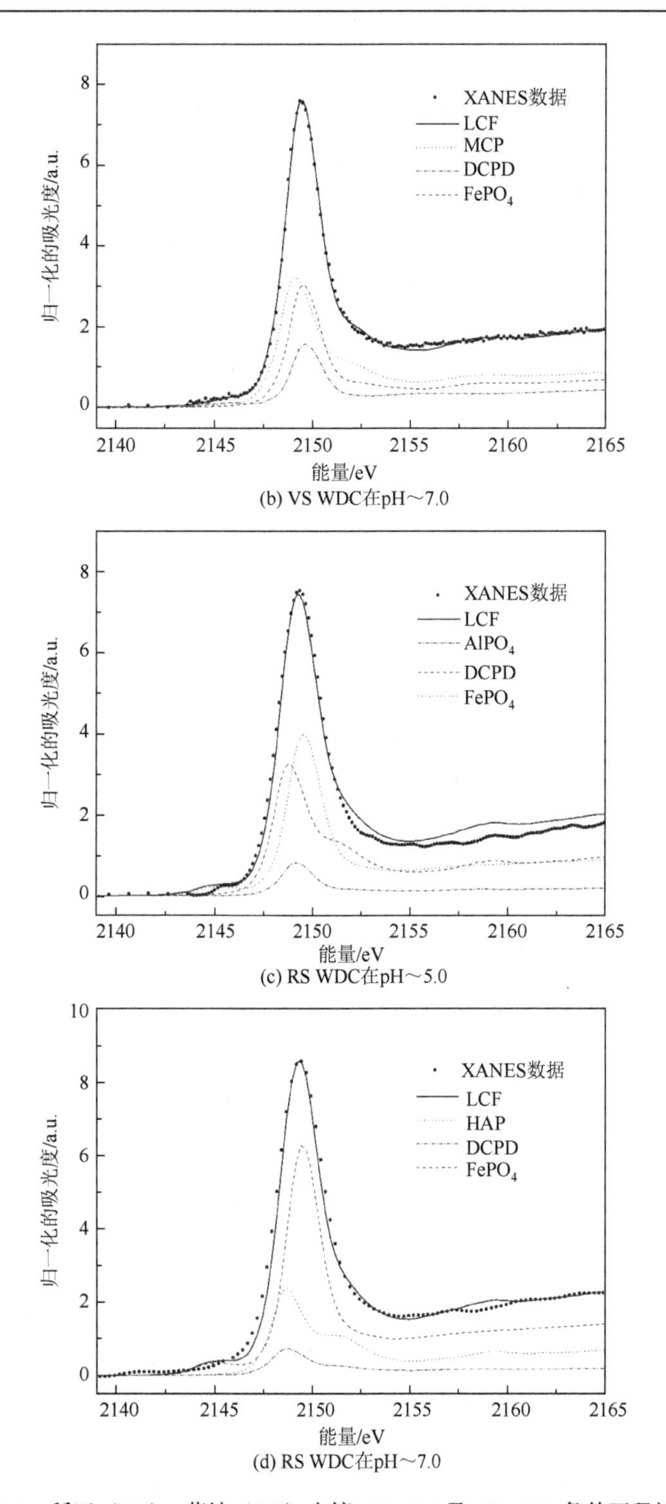

(b) VS WDC在pH～7.0

(c) RS WDC在pH～5.0

(d) RS WDC在pH～7.0

图 6-3　稻田（RS）、菜地（VS）土壤 pH～5.0 及 pH～7.0 条件下释放的胶体磷的 K 边 XANES 谱的线性拟合结果

LCF，least-squares linear combination fittings，最小二乘法线性拟合；MCP，磷酸二氢钙；DCPD，二水合磷酸氢钙；HAP，羟基磷灰石

5.30，R 值在 0.003～0.006，表明供试土壤胶体磷谱的拟合效果较好（Ajiboye et al.，2008）。不同 pH 条件下，供试两种土壤胶体磷形态差异显著。在 pH～5.0 条件下，菜地和稻田土壤胶体磷均主要以溶解性较高的二水合磷酸氢钙形式储存，占总磷的比例分别达 61.6%和 64.4%，并含有少量的铁氧化物结合态磷（百分含量分别为 13.9%和 15.7%）。此外，菜地和稻田释放的土壤胶体还分别检测到 24.5%的磷酸二氢钙和 19.9%的铝氧化物结合态磷。而 pH～7.0 条件下菜地和稻田土壤胶体磷均以中等活性的铁氧化物结合态磷为主，含量分别为 63.5%和 59.0%；并含有一定量的羟基磷灰石，分别占总磷含量的 36.5%和 31.3%。此外，在该 pH 条件下稻田土壤胶体磷中还储存少量的二水合磷酸氢钙（9.7%）。

表 6-4　XANES 谱线性拟合得到的稻田（RS）、菜地（VS）土壤 pH～5.0 及 pH～7.0 条件下释放的胶体磷各形态的相对含量

<table>
<tr><th rowspan="2">土壤</th><th rowspan="2">pH</th><th colspan="2">拟合优度</th><th colspan="5">线性组合拟合/%</th></tr>
<tr><th>R 因子</th><th>χ^2</th><th>$FePO_4$</th><th>DCPD</th><th>MCP</th><th>$AlPO_4$</th><th>HAP</th></tr>
<tr><td rowspan="2">VS</td><td>5.2</td><td>0.003</td><td>2.65</td><td>13.9（±3.8）</td><td rowspan="2">61.6（±3.2）</td><td rowspan="2">24.5（±2.0）</td><td rowspan="2"></td><td rowspan="2">36.5（±1.0）</td></tr>
<tr><td>6.8</td><td>0.003</td><td>2.69</td><td>63.5（±1.0）</td></tr>
<tr><td rowspan="2">RS</td><td>5.0</td><td>0.006</td><td>5.30</td><td>15.7（±5.1）</td><td>64.4（±1.0）</td><td rowspan="2"></td><td rowspan="2">19.9（±5.0）</td><td rowspan="2">31.3（±9.4）</td></tr>
<tr><td>6.9</td><td>0.005</td><td>4.60</td><td>59.0（±13.5）</td><td>9.7（±9.6）</td></tr>
</table>

注：DCPD，二水合磷酸氢钙；MCP，磷酸二氢钙；HAP，羟基磷灰石。

6.5　讨　　论

虽然 pH 升高促使土壤胶体及其携带的污染物运移早已被证实（Roy and Dzombak，1997；Swartz and Gschwend，1998；Klitzke et al.，2008），但土壤 pH 变化对农田土壤胶体磷释放的影响至今还鲜有报道。供试两种农田土壤中，水分散性胶体及胶体磷的释放能力均随溶液 pH 升高而增强，表明土壤 pH 扰动可显著促进农田土壤胶体及其所携带磷元素的活化和运移（表 6-2 和图 6-1）。菜地土壤胶体磷在 pH～7.0 时是总磷（小于 1μm）的主要流失形态，而稻田土壤在 pH>～4.0 时胶体磷的释放量即超过真溶解态磷，表明农田土壤胶体促发的磷元素运移主要集中于较高的 pH 范围。Hens 和 Merckx（2001）针对不同 pH 的森林、草原以及耕地土壤中胶体磷含量及形态研究发现：胶体磷仅在 pH 较高（pH～6）的草原和耕地土壤中检出，而在低 pH 的森林土壤（pH～3）则未检测到胶体磷。另外，胶体磷在两种供试土壤中基本上均以 MRP 为主，其中以菜地土壤最为明显（图 6-1）。这很可能是菜地土壤磷含量水平及相应的外源磷肥施用影响所致。有研究已报道我国蔬菜种植过程中，外源施肥往往导致土壤无机磷含量显著升高（章明奎等，2006；张永兰和于群英，2008）。

土壤可移动性胶体的产生是胶体促发磷元素运移的前提。随着 pH 升高，供试两种土壤胶体的释放量均逐渐增加，而胶体 Zeta 电位逐渐降低（表 6-2），表明 pH 升高带来的静电稳定性提高很可能是高 pH 条件下土壤胶体释放的原因之一。Klitzke 等（2008）也发现 pH 升高显著降低了铅污染土壤胶体的 Zeta 电位，促进了土壤胶体及胶体铅的流失。胶体 Zeta 电位的降低使得胶体间排斥力增强，可有效防止胶体絮凝、提高胶体稳定性，这也与供试两种土壤胶体的平均粒径随 pH 升高而逐渐减小的结果一致（表 6-2）。虽然两种土壤胶体和胶体磷的释放量随 pH 升高的变化规律相似，但两者的释放能力并不相同。在高 pH 段（6.0～7.0），稻田土壤胶体释放量高于菜地土壤，但胶体磷的释放量则低于菜地土壤（表 6-2）。这很可能与菜地土壤磷及活性磷含量高于稻田土壤有关（见第 3 章表 3-1），因为土壤磷及活性磷含量水平直接影响土壤胶体自身的磷含量水平以及胶体磷释放过程中从土壤溶液中吸附固定的活性磷库大小。

土壤胶体磷往往与胶体中铁铝氧化物、黏土矿物以及有机质等结合（Hens and Merckx，2001；Henderson et al.，2012），因而土壤胶体磷的释放很可能与胶体铁、铝、钙以及有机碳的释放密切相关。除 pH～3.0 和～4.0 外，两种供试土壤胶体中均检测出铁、铝、钙及有机碳（表 6-2），说明土壤铁铝氧化物、含钙矿物以及有机质很可能参与土壤胶体磷的释放过程。通过回归分析发现（表 6-3），菜地水分散性胶体及胶体总磷在 pH 变化过程中释放量的 99.2%和 96.6%的变异度均可以通过胶体钙分别加以预测，表明该土壤胶体磷的释放与胶体中储存的含钙化合物密切相关；而稻田水分散性胶体及胶体总磷释放量 94.2%和 98.0%的变异度则可通过胶体铁加以预测，从而可知，稻田土壤胶体磷的流失与胶体铁氧化物联系紧密。另外，菜地土壤胶体总磷的释放还与胶体铁正相关，说明菜地土壤胶体铁的释放有利于胶体磷释放；而稻田土壤胶体总磷的释放则与胶体钙负相关，从而可知稻田土壤胶体总磷的释放在一定程度上受到胶体钙的抑制作用。与胶体总磷不同，供试菜地和稻田土壤胶体 MRP 释放量的变异性都仅与胶体总有机碳的释放量正相关，胶体总有机碳的释放量分别可预测 98.8%和 99.3%的胶体 MRP 释放量的变异度（表 6-3）。因此，供试两种土壤胶体 MRP 的释放均主要与胶体总有机碳正相关。有报道指出，溶解性磷酸根离子与腐殖质在微酸性至中性 pH 条件下主要通过金属离子架桥形成有机质-金属-磷酸盐（OM-M-MRP）复合物（Gerke，1992）。Hens 和 Merckx（2001）在微酸性农田土壤中也发现土壤胶体 MRP 主要以 OM-M-MRP 复合物形式存在。因此，有理由推测两种供试土壤胶体 MRP 很可能同样以 OM-M-MRP 复合物形式存在。另外，菜地土壤胶体 MUP 在 pH 变化过程中释放量的变异性主要通过胶体铁加以预测（84.9%），且以胶体铝为共同变量的情况下预测精度还可提高到 93.6%，而菜地土壤胶体 MUP 的释放量与胶体铝的释放量呈负相关，说明胶体铁的释放可促进菜地土壤胶体 MUP 的释放，而胶体铝的释放则体现出抑制作用。

供试两种土壤在较低 pH 条件下，土壤胶体磷释放量少，并均以胶体 MUP 为主（图 6-1）。这很可能是低 pH（3.0～5.0）时，供试溶液中 H^+与金属离子竞争有机质表面的活性位点，进而导致胶体态 OM-M-MRP 复合物溶解而使土壤胶体磷含量降低（Hens and Merckx，2001）。土壤胶体 MUP 主要以有机磷和多聚磷酸盐为主，受低 pH 的影响有限（Haygarth et al.，2000；Brandes et al.，2007）。随着 pH 从～5.0 上升至～7.0，两种供试土壤胶体上 MRP 含量均显著升高，而胶体上 MUP 的含量则无明显变化（表 6-2），从而可见 pH 升高主要影响胶体 MRP 而非胶体 MUP。因此，本书进一步利用磷的 K 边 XANES 技术对 pH～5.0 和～7.0 条件下释放的土壤胶体磷形态进行表征。

pH～5.0 条件下，磷的 K 边 XANES 分析表明两种供试土壤胶体磷均主要以二水合磷酸氢钙（61.6%～64.4%）形式储存，并含有少量的铁氧化物结合态磷（13.9%～15.7%），同时菜地和稻田土壤分别还含有一定量的磷酸二氢钙（24.5%）和铝氧化物结合态磷（19.9%，表 6-4）。而由溶液化学的基本理论可知，pH～5.0 时土壤中无机钙磷应以磷酸二氢钙为主，并非磷酸氢钙（Lindsay et al.，1989）。由此，推测释放的胶体磷可能并非以无机矿物钙磷形式存在，很可能以 OM-Ca-MRP 复合物形式存在。由于溶液中的钙主要以水合离子形式存在，在 OM-Ca-MRP 复合物中主要以静电力而非共价键与有机质和磷酸根结合（Christl，2012）。因此，OM-Ca 复合物对二价的 HPO_4^{2-} 的结合能力高于一价 $H_2PO_4^-$，进而更易于形成OM-Ca-HPO_4^{2-} 复合物。Mustafa 等（2006）研究也指出，在 pH～5.0 条件下，锰氧化物主要通过静电力吸附二价的 HPO_4^{2-} 而非一价 $H_2PO_4^-$。Weng 等（2011）新近在国际环境学顶级期刊 *Environmental Science & Technology* 上发表的文章也表明在 pH 5.0～8.0，土壤对磷酸根离子的吸附主要通过静电力作用以钙离子桥键形成矿物-Ca-P 和有机质-Ca-P 的外配层络合物。由于 OM-Ca-HPO_4^{2-} 复合物中钙离子成键的特殊性，有理由推测，XANES 分析的前处理（冷冻干燥）过程中，溶液体系中储存的胶体 OM-Ca-HPO_4^{2-} 复合物中 Ca 与 OM 和 HPO_4^{2-} 间的静电力作用随着溶液水分的蒸发而消失，进而优先生成溶解度更低的磷酸氢钙而非磷酸二氢钙。虽然该过程仍需进一步深入研究，但是关于 OM-Ca-MRP 胶体磷形态的推测可有效解释供试两种土壤胶体磷主要以二水合磷酸氢钙储存的 XANES 分析结果（表 6-4）以及胶体 MRP 释放过程中与有机碳的正相关关系（表 6-3）。另外，在该 pH 条件下，菜地土壤胶体磷含有一定量的磷酸二氢钙（图 6-3），这很可能是溶液体系在大量结晶磷酸氢钙后，钙离子与氢离子化学计量数降低进而导致少量钙离子以磷酸二氢钙沉淀析出所致。而稻田土壤胶体磷中则检出一定的铝氧化物结合态磷（图 6-3），这可能与胶体中含有大量的铝元素有关（表 6-2），因为铝氧化物是土壤磷元素的重要吸附载体（Beauchemin et al.，2003）。

在 pH～7.0 条件下，磷的 K 边 XANES 分析表明两种供试土壤胶体磷均主要以铁氧化物结合态磷（59.0%～63.5%）形态储存，并含有一定量的羟基磷灰石（31.3%～36.5%，表 6-4），表明随着溶液 pH 升高，两种供试土壤释放的胶体磷由溶解度较高的钙结合态磷逐渐向稳定性较高的铁氧化物结合态磷和羟基磷灰石转化。这与 pH～7.0 时，菜地土壤胶体中未检测二水合磷酸氢钙，同时稻田土壤胶体中二水合磷酸氢钙的含量（9.7%）较 pH～5.0 时（64.4%）显著降低的结果相符。与 pH～5.0 相比，两种供试土壤在 pH～7.0 时，胶体上铁元素和 MRP 含量均显著提高（表 6-2），这很可能是高 pH 条件下溶液中铁离子以铁氧化物形式在胶体表面沉积，进而吸附固定溶液可溶性磷所致。Rick 和 Arai（2011）对老成土中纳米颗粒态磷流失机制进行研究，发现高 pH（～7.0）条件下生成纳米铁氧化物颗粒可通过吸附固定土壤溶解态磷而提高纳米颗粒态磷含量。另外，随着溶液 pH 由～5.0 升高至～7.0，供试两种土壤中部分胶体态可溶性钙结合态磷转化为稳定的羟基磷灰石（表 6-4）。该结果与羟基磷灰石稳定性随溶液 pH 降低而降低的性质相一致（Lindsay et al.，1989）。Beauchemin 等（2003）研究也表明农田土壤中羟基磷灰石的含量随土壤 pH 的升高而升高；Ajiboye 等（2008）研究也发现有机和无机肥施用下的微碱性土壤（pH7.5～8.0）中含有较高含量的羟基磷灰石。

综上可知，随着 pH 由～5.0 上升至～7.0，两种供试土壤胶体 MRP 逐步由 OM-Ca-MRP 向铁氧化物结合态磷和 HAP 转化。由于胶体 MRP 在 pH～5.0 至 pH～7.0 的菜地土壤以及 pH～6.0 至 pH～7.0 的稻田土壤中均为胶体总磷的主体成分，上述胶体 MRP 的转化过程也部分印证了供试 pH 变化过程中菜地和稻田土壤胶体总磷分别主要与胶体钙和胶体铁显著正相关（表 6-3）。由于胶体 MUP 主要由有机磷和多聚磷酸盐等组成，难以被 XANES 技术有效检测，所以在 pH 由～5.0 至～7.0 的上升过程中，胶体 MUP 的形态转化过程在本书中还难以阐明。这也进一步限制了本章对菜地和稻田土壤胶体总磷分别主要与胶体钙和胶体铁密切相关内在原因的探讨。鉴于此，有效开发和完善胶体有机磷形态的检测技术值得密切关注。

6.6　小　结

本章通过研究菜地和稻田土壤在不同 pH 条件下胶体磷的流失特征，发现虽然在低 pH（～3.0）条件下两种供试土壤均未检测到胶体磷释放，而高 pH 均可显著促发供试土壤胶体磷流失，菜地和稻田土壤在 pH～7.0 时胶体磷的流失潜能分别高达 39.819mg/kg 和 11.090mg/kg。随着 pH 从～3.0 上升至～7.0，菜地和稻田土壤胶体的释放量分别从 0g/kg 和 0.5g/kg 逐渐升高至 6.4g/kg 和 7.8g/kg，同时胶体 Zeta 电位分别从–7.55mV 和–6.6mV 逐渐降低至–37.7mV 和–26.2mV，说明静电斥力增加促进了两种供试土壤胶体及胶体磷的释放。进一步通过多元线性回归分析发现，菜地土壤胶体钙的流失量对土壤水分散性胶体、胶体总磷释放量的预测精度分别为 99.2%和 96.6%，稻田土壤胶体铁的流失量对土壤水分散性胶体和胶体总磷释放量的预测精度分别为 94.2%和 98.0%，说明两种土壤胶体总磷很可能主要以钙结合态磷和铁结合态磷储存。而稻田和菜地土壤胶体 MRP 释放量 98.8%和 99.3%的变异性均主要由胶体总有机碳加以表征，说明胶体 MRP 很可能以 OM-M-MRP 的复合物形态存在。

进一步利用同步辐射磷的 K 边 XANES 谱表征典型 pH 条件下（pH～5.0 及～7.0）胶体磷的分子形态，发现二水合磷酸氢钙在 pH～5.0 时是菜地（61.6%）和稻田（64.4%）土壤胶体磷的主要储存形态；加之胶体 MRP 的释放量与胶体总有机碳的释放量显著正相关，结合磷的土壤溶液化学相关理论推测土壤胶体 MRP 很可能通过外配层络合作用形成 OM-Ca-MRP 复合物。在 pH 上升至～7.0 时，土壤胶体 MRP 进一步转化为铁氧化物结合态磷和羟基磷灰石，两者在菜地及稻田中占总磷的比例分别为 63.5%和 36.5%及 59.0%和 31.3%。

综上所述，有理由推测供试两种土壤在 pH 调控下胶体磷形态发生了以下转化过程：低 pH 条件下（～3.0 至～5.0）土壤胶体 MRP 很可能以 OM-M-MRP 形式储存，在 pH～5.0 时，主要呈 OM-Ca-MRP 外配层络合物形式；当 pH 上升到～7.0 时，胶体 MRP 进一步向铁氧化物结合态磷和羟基磷灰石转化。本书结果有利于深入认识 pH 环境扰动对土壤及水体中的胶体磷的储存形态及其转化机制。

参 考 文 献

傅庆林. 2002. 浙江省区域农业可持续发展研究的回顾与展望. 浙江农业学报，14（1）：7-13.

李建国，章明奎，周翠. 2005. 浙江省农业土壤酸缓冲性能的研究. 浙江农业学报，17（4）：207-211.

张永兰，于群英. 2008. 长期施肥对潮菜地土壤磷素积累和无机磷组分含量的影响. 中国农学通报，24（3）：243-247.

章明奎，周翠，方利平，等. 2006. 蔬菜地土壤磷饱和度及其对磷释放和水质的影响. 植物营养与肥料学报，12（4）：544-548.

Ajiboye B，Akinremi O O，Hu Y，et al. 2008. XANES speciation of phosphorus in organically amended and fertilized vertisol and mollisol. Soil Science Society of America Journal，72（5）：1256-1262.

Beauchemin S，Hesterberg D，Chou J，et al. 2003. Speciation of phosphorus in phosphorus-enriched agricultural soils using X-ray absorption near-edge structure spectroscopy and chemical fractionation. Journal of Environment Quality，32（5）：1809-1819.

Brandes J A，Ingall E，Paterson D. 2007. Characterization of minerals and organic phosphorus species in marine sediments using soft X-ray fluorescence spectromicroscopy. Marine Chemistry，103（3-4）：250-265.

Christl I. 2012. Ionic strength-and pH-dependence of calcium binding by terrestrial humic acids. Environmental Chemistry，9（1）：89-96.

Gerke J. 1992. Orthophosphate and organic phosphate in the soil solution of four sandy soils in relation to pH-evidence for humic-Fe-（Al-）phosphate complexes. Communications in Soil Science and Plant Analysis，23（5-6）：601-612.

Griffin R A，Jurinak J J. 1974. Kinetics of phosphate interaction with calcite. Soil Science Society of America Journal，38（1）：75-79.

Haygarth P M，Sharpley A N，Sharpley A N. 2000. Terminology for phosphorus transfer. Journal of Environmental Quality，29（1）：10-15.

Henderson R，Kabengi N，Mantripragada N，et al. 2012. Anoxia-induced release of colloid and nanoparticle-bound phosphorus in grassland soils. Environmental Science & Technology，46（21）：11727-11734.

Hens M，Merckx R. 2001. Functional characterization of colloidal phosphorus species in the soil solution of sandy soils. Environmental Science & Technology，35（3）：493-500.

Klitzke S，Lang F，Kaupenjohann M. 2008. Increasing pH releases colloidal lead in a highly contaminated forest soil. European Journal of Soil Science，59（2）：265-273.

Lindsay W L，Vlek P L G，Chien S H. 1989. Phosphate minerals//Dixon J B，Weed S B. Minerals in soil environments. Madison：Soil Science Society of America Inc：1089-1130.

Mustafa S，Zaman M I，Khan S. 2006. pH effect on phosphate sorption by crystalline MnO_2. Journal of Colloid & Interface Science，301（2）：370-375.

Rick A R，Arai Y. 2011. Role of natural nanoparticles in phosphorus transport processes in Ultisols. Soil Science Society of America Journal，75（2）：335-347.

Roy S B，Dzombak D A. 1997. Chemical factors influencing colloid-facilitated transport of contaminants in porous media. Environmental Science & Technology，31（3）：656-664.

Sato S，Solomon D，Hyland C，et al. 2005. Phosphorus speciation in manure and manure-amended soils using XANES spectroscopy. Environmental Science & Technology，39（19）：7485-7491.

Swartz C H，Gschwend P M. 1998. Mechanisms controlling release of colloids to groundwater in a southeastern coastal plain aquifer sand. Environmental Science & Technology，32（12）：1779-1785.

Toor G S，Hunger S，Peak J D，et al. 2006. Advances in the characterization of phosphorus in organic wastes：environmental and agronomic applications. Advances in Agronomy，89（5）：1-72.

Turner B L，Kay M A，Westermann D T. 2004. Colloidal phosphorus in surface runoff and water extracts from semiarid soils of the western United States. Journal of Environment Quality，33（4）：1464-1472.

Weng L P，Vega F A，Van Riemsdijk W H. 2011. Competitive and synergistic effects in pH dependent phosphate adsorption in soils：LCD modeling. Environmental Science & Technology，45（19）：8420-8428.

第7章　保护性耕作及多样化轮作对稻田土壤胶体磷的影响

7.1　引　　言

以免耕为核心的保护性耕作（或保护性农业，conservational agriculture）是当今农业生态学领域关注的热点。保护性耕作主要通过土壤干扰最小化、土壤持续覆盖和作物轮作三种原则，来达到减少土壤侵蚀、提高土壤聚集能力、保持水土以及减少养分流失的目的。有研究表明传统耕作会破坏土壤团聚体，使土壤保护的有机质暴露，被微生物分解，从而降低土壤团聚体的稳定性；与此相反，保护性耕作在土壤表面累积残留物，能减少土壤混合和干扰，使得有机质在稳定环境下增加，进一步促进土壤聚集，增强土壤颗粒的聚合（Tang et al.，2011）。目前大多数研究均集中在保护性耕作对毫米级的土壤团聚体或微团聚体结合态磷元素的研究上，涉及土壤胶体细颗粒尺度的研究尚不多见。本章基于稻田试验，利用先进的同步辐射 X 射线技术从分子水平上表征胶体磷在保护性耕作及多样化轮作稻田土壤的储存形态及储存规律，为农田土壤磷元素优化管理提供前瞻性理论依据。

7.2　试验设计与分析方法

7.2.1　试验点概况

试验点 1 位于杭州市余杭区径山镇前溪村（30°21′50″N，119°53′17″E），地理位置如图 7-1 所示。年平均气温为 15.3～16.2℃，年均降水量为 1150～1550mm。试验点稻田土壤类型为黄斑田，母质发育于湖相沉积。试验点土地种植模式为水稻-休耕，水稻品种为‘秀水-134’，水稻季是从 6～11 月，休耕是从当年 11 月至次年 5 月。试验前稻田耕作层（0～20cm）的土壤基本理化性质见表 7-1。

试验点 2 位于杭州市余杭区良渚镇（30°23′47.18″N，120°3′13.22″E），地理位置如图 7-1 所示。良渚镇属于北亚热带南缘季风气候，年平均气温 15.3～16.2℃，年平均降水量为 1350mm。试验点稻田土壤类型为青紫泥田，属于潴育型水稻土亚类。水稻季是从 6～11 月，豌豆季/小麦季/休耕是从当年 11 月至次年 5 月。试验前稻田耕作层（0～20cm）的土壤基本理化性质见表 7-1。

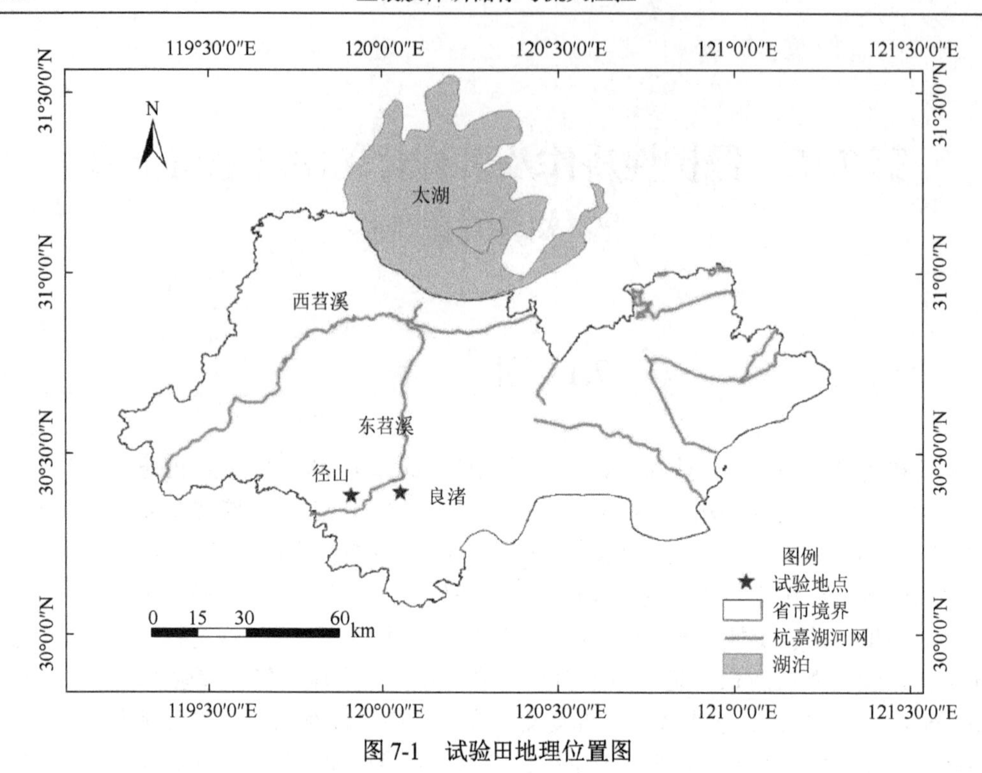

图 7-1　试验田地理位置图

表 7-1　稻田土壤的基本理化性质

试验点名称	土地利用类型	土壤质地分类	pH (H_2O)	总磷/(mg/kg)	总碳/(g/kg)	总氮/(g/kg)	CEC/(cmol/kg)	机械组成/%		
								砂粒	粉粒	黏粒
试验点 1	稻田	壤质土	5.50	435	22.63	2.56	14.0	51.5	33.9	14.6
试验点 2	稻田	黏壤土	5.63	954	20.74	2.36	12.4	9.1	58.9	32.0

注：CEC，土壤阳离子交换量。

7.2.2　试验设计

试验点 1 的田间试验从 2015 年开始，水稻季为 6～10 月，设置了四种处理方式，每种处理三个重复：翻耕/秸秆不还田/冬闲（CHF）、翻耕/秸秆还田/冬闲（CRF）、免耕/秸秆不还田/冬闲（NHF）、免耕/秸秆还田/冬闲（NRF）。共 12 个小区，小区面积为 20m^2（5m×4m），试验小区随机排列。水稻季施肥量见表 7-2。

表 7-2　试验点水稻季施肥量

施肥日期	肥料种类	施肥量/(kg/hm^2)
6 月 6 日	复合肥（17∶17∶17）	150
6 月 24 日	复合肥（17∶17∶17）	150
7 月 6 日	尿素（46.67%）	170
8 月 2 日	尿素（46.67%）	130

试验点 2 的田间试验从 2015 年开始，水稻季为 6～10 月，设置了八种处理方式，每种处理三个重复。其中主处理为两种耕作方式：翻耕和免耕，副处理为秸秆不还田/冬闲，

秸秆还田/冬闲，秸秆不还田/小麦轮作，秸秆还田/豌豆轮作，即八种处理方式分别为翻耕/秸秆不还田/冬闲（CHF），翻耕/秸秆还田/冬闲（CRF），翻耕/秸秆不还田/小麦（CHW），翻耕/秸秆还田/豌豆（CRB）和免耕/秸秆不还田/冬闲（NHF），免耕/秸秆还田/冬闲（NRF），免耕/秸秆不还田/小麦（NHW），免耕/秸秆还田/豌豆（NRB）。共 24 个小区，小区面积为 15m^2（5m×3m），试验小区随机排列。水稻季施肥量见表 7-2。

试验小区外围排水沟渠的一侧设有试验保护行，小区田埂筑高 20cm，每个小区的田埂用尼龙薄膜包被，以减少相邻小区之间的串流和侧渗。供试水稻品种为‘秀水-134’。灌溉方式为干湿交替灌溉，灌溉到 3cm 落干后再灌溉到 3cm。

7.2.3　样品采集与准备

每年 5 月和 11 月作物成熟后采集 0～20cm 土壤剖面样品，土壤样品自然风干磨细过筛用于土壤基本理化性质的测定。土壤 pH 在土水比为 1∶5 的条件下用 pH 计（pHS-3C，上海雷磁）测定。土壤总碳和总氮含量采用 Vario MAX CNS 元素分析仪测定（Elementar，Germany）；土壤总磷含量采用浓硫酸-高氯酸消解，钼锑抗比色法测定（Murphy and Riley，1962）；土壤阳离子交换量（CEC）采用醋酸铵测定法（Sumner et al.，1996）；土壤质地以中国土壤学会推荐方法（吸管法）测定。

土壤胶体磷（TP_{coll}）的测定参考第 4 章 4.2.2 节。

7.2.4　数据处理

利用 Microsoft Excel 2013、SPSS Statistics 20.0（SPSS Inc. Chicago，美国）和 Origin8.0 进行数据处理和制图。

7.2.5　胶体磷的 K 边 XANES 分析

本书利用同步辐射 X 射线近边精细结构谱分析土壤样品中磷的分子形态特征。XANES 光谱在北京同步辐射装置（BSRF）中能站 4B7A 线站上进行试验测定。4B7A 线站储存环中电子能量为 2.2GeV，最大束流电流强度为 250mA。磷标准样品选择如下：磷酸铝（$AlPO_4$）、磷酸二氢钙[$Ca(H_2PO_4)_2$]、磷酸铁（$FePO_4$）、羟基磷灰石（HAP）、磷酸钠（$Na_4P_2O_7$）和肌醇六磷酸盐（IHP）。以上磷标准样品用电子产额模式采集一套标准样 XANES 谱图库，土壤样品用荧光模式采集磷的 K 边 XANES 谱。所有标样、土壤胶体样品图谱多次扫描取平均，用 Athena（8.056）处理图谱数据，并通过主成分分析对样品图谱进行拟合，用 Origin8.0 绘制堆叠的磷 K 边 XANES 图谱。

7.3　保护性耕作及多样化轮作下稻田土壤总磷含量变化特征

与试验初期相比（954mg/kg），两年结束后黏壤土中总磷含量均显著升高，且秸秆还田有助于土壤磷的增加［图 7-2（a）和（b）］。翻耕/秸秆还田/冬闲（3.1%）、免耕/秸秆不还田/冬闲（3.2%）、免耕/秸秆还田/冬闲（4.1%）、翻耕/秸秆还田/豌豆（3.0%）、免耕/秸秆还田/豌豆（3.4%）处理后的土壤总磷均增加 3.0%以上，其他处理增加 2.0%～2.6%；两年结束后免耕/秸秆还田/冬闲（992mg/kg）和免耕/秸秆还田/豌豆（986mg/kg）处理后的土壤总磷含量最高，最低为翻耕/秸秆不还田/冬闲（972mg/kg）和翻耕/秸秆不还田/小麦（975mg/kg）处理后的土壤。免耕处理下的土壤总磷含量比翻耕处理高，但差异并不显著。相邻季节间，总磷含量均为升高或无显著变化（没有出现降低），且在水稻季（两年水稻季分别平均为 9mg/kg 和 11mg/kg）的增长幅度显著大于冬闲轮作季（5mg/kg 和 4mg/kg）的增长。两年结束后，轮作条件下的最大总磷含量与最小总磷含量的差值（20mg/kg）要大于冬闲条件下的差值（11mg/kg），说明轮作会影响土壤在保护性耕作下的总磷变化。

总磷含量的升高可能是连续两年肥料的施加导致的。长期过量施肥容易导致磷元素在土壤中累积，增加土壤磷元素流失的风险（Garg and Aulakh，2010；单艳红等，2005）。水稻季的施肥量比冬闲和轮作季的施肥量要大，因此水稻季总磷的增长幅度大于冬闲和轮作季的。此外，秸秆还田的土壤总磷含量显著高于不还田的，说明秸秆还田具有良好的增肥效果（Peng et al.，2016）。

对于壤质土来说［图 7-2（c）］，结果与黏壤土一样，各处理的土壤总磷含量在两年结束后均显著升高（4.3%～8.2%），且免耕/秸秆还田/冬闲处理后的土壤总磷含量最高（471mg/kg），翻耕/秸秆不还田/冬闲处理的总磷含量最低（454mg/kg）。说明免耕和秸秆还田可以使农田系统中土壤磷含量增加，并有利于土壤磷的固定以及土壤肥力的保持。水稻季（平均为 8mg/kg 和 10mg/kg）土壤总磷的增长幅度同样比冬闲季（2mg/kg 和 6mg/kg）的大。

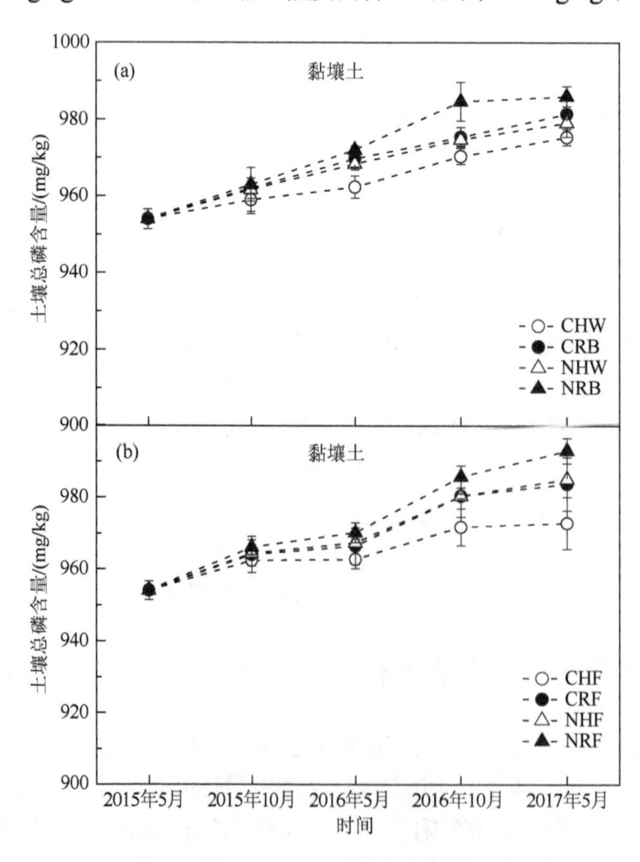

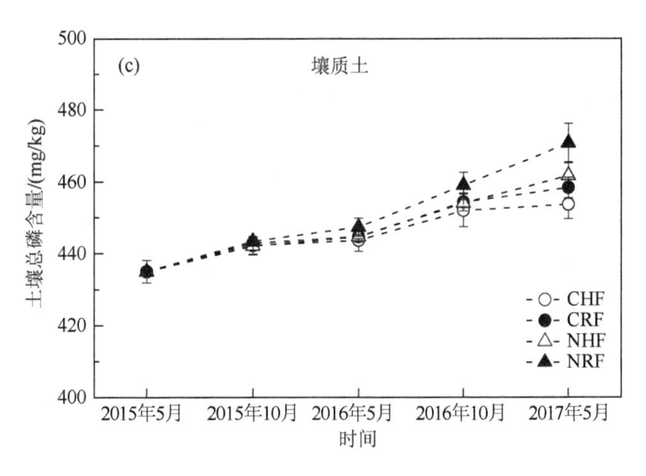

图 7-2　不同耕作处理下供试土壤的总磷含量

CHF，翻耕/秸秆不还田/冬闲；CRF，翻耕/秸秆还田/冬闲；CHW，翻耕/秸秆不还田/小麦；CRB，翻耕/秸秆还田/豌豆；NHF，免耕/秸秆不还田/冬闲；NRF，免耕/秸秆还田/冬闲；NHW，免耕/秸秆不还田/小麦；NRB，免耕/秸秆还田/豌豆

7.4　保护性耕作及多样化轮作下稻田土壤胶体磷含量变化特征

两年耕作结束后，所有处理下的黏壤土胶体磷含量与试验初期相比均显著下降［图 7-3（a）和（b）］，其中翻耕/秸秆还田/冬闲、免耕/秸秆不还田/冬闲处理后的胶体磷含量最小，分别为 6.073mg/kg 和 6.402mg/kg，翻耕/秸秆不还田/冬闲的最高，为 11.249mg/kg。除翻耕/秸秆不还田/冬闲（11.249mg/kg）处理大于翻耕/秸秆不还田/小麦轮作（6.941mg/kg）处理外，其余冬闲处理（平均为 6.632mg/kg）的胶体磷含量均低于轮作条件下相应的处理（8.506mg/kg）。土壤胶体磷含量变化主要发生在第二年冬季之前，除 CHF（40.8%）、CRB（48.0%）外，其余处理降低率均大于 50%，之后胶体磷含量趋于稳定。所有处理在第二年结束后的变化与第一年结束变化一致。

翻耕和免耕处理后的土壤胶体磷含量存在显著差异，且受秸秆还田影响，影响效果随季节而改变［图 7-3（a）和（b）］。第一年水稻季结束后，所有处理的土壤胶体磷含量均显著下降，翻耕平均降低 25.0%，免耕降低 30.9%。冬闲条件下，第一年结束后，翻耕处理的土壤胶体磷含量受秸秆还田影响差异明显，秸秆还田时降低，不还田时无明显变化；免耕处理虽也受秸秆还田的影响，但与翻耕相反，秸秆还田时（10.184mg/kg）胶体磷含量下降但不显著，秸秆不还田（10.822mg/kg）时显著降低，且两者均低于翻耕无秸秆还田的处理（13.619mg/kg）。在第二年水稻季，翻耕秸秆还田和秸秆不还田处理的土壤胶体磷含量与前一季相比分别下降 25.8%和 7.1%，差异显著；免耕秸秆不还田处理显著下降 26.3%，而相应的秸秆还田处理的土壤胶体磷含量虽有所降低（14.6%），但差异并不显著；免耕处理（秸秆不还田 7.928mg/kg、秸秆还田 8.439mg/kg）下胶体磷含量依然显著小于翻耕无秸秆还田处理（11.249mg/kg）。轮作条件下，第一年轮作季胶体磷含量均无显著变化；在第二年水稻季结束后胶体磷含量呈现下降的态势，与前一季相比降低了 25.7%～44.2%，差异达到显著性水平；而在轮作季结束后，无论翻免耕、是否还田以及轮作物类型，土壤胶体磷含量变化均不显著。

同样的，翻耕和免耕后土壤胶体磷含量之间的差异也受冬季是否轮作、轮作物种类的影响。不还田的条件下，第一年结束（实行轮作）后，与前一季相比，翻耕土壤胶体磷含量均为无显著变化，而免耕土壤则受小麦轮作的影响，小麦轮作的胶体磷含量无显著变化，无轮作的显著降低（21.5%）[图 7-3（a）和（b）]。第二年水稻季结束后，翻耕和免耕土壤胶体磷含量均表现为显著下降，与前一季相比下降了 25.8%～36.1%。还田条件下，第一年结束后，受豌豆轮作的影响，与前一季相比翻耕豌豆轮作处理的土壤胶体磷含量升高

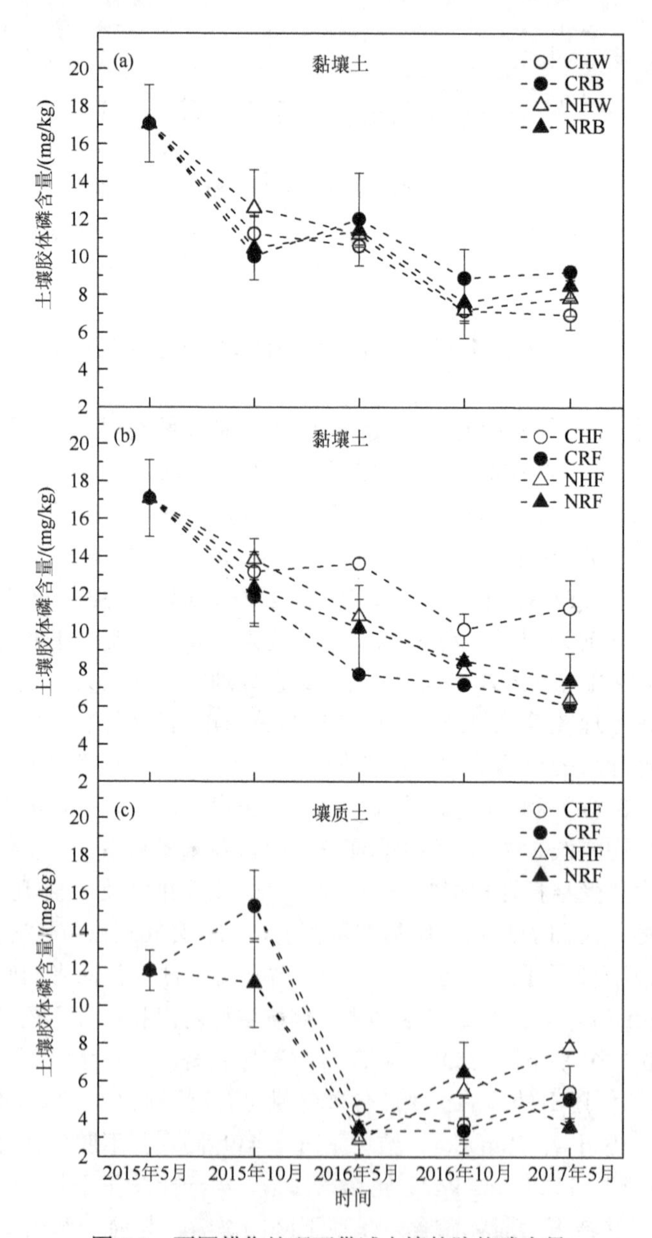

图 7-3　不同耕作处理下供试土壤的胶体磷含量

CHF，翻耕/秸秆不还田/冬闲；CRF，翻耕/秸秆还田/冬闲；CHW，翻耕/秸秆不还田/小麦；CRB，翻耕/秸秆还田/豌豆；NHF，免耕/秸秆不还田/冬闲；NRF，免耕/秸秆还田/冬闲；NHW，免耕/秸秆不还田/小麦；NRB，免耕/秸秆还田/豌豆

(19.5%)，但差异并不显著，而翻耕无轮作的胶体磷含量则显著下降（34.0%）；免耕豌豆轮作和无轮作土壤胶体磷含量均无显著变化。第二年水稻季，与前一季相比翻耕豌豆轮作土壤胶体磷含量下降，差异未达到显著性水平，翻耕无轮作土壤胶体磷含量显著下降 30%；免耕豌豆轮作和无轮作土壤胶体磷含量分别表现为显著下降和无明显变化。

对于壤质土来说，在两年耕作结束后，CHF、CRF、NHF、NRF 处理的土壤胶体磷含量与试验初期相比分别降低 54.1%、57.6%、34.4%、69.7%，其中免耕/秸秆不还田/冬闲处理下的胶体磷含量最大，为 7.778mg/kg，其余处理胶体磷含量为 3.590～5.445mg/kg。土壤胶体磷含量变化主要发生在第一年冬季之前，降低率均在 60%以上[图 7-3（c）]。第一年水稻季结束后，翻耕土壤胶体磷含量升高 28.9%，差异显著，免耕的则无明显变化。第一年结束后，与前一季相比翻耕和免耕土壤胶体磷含量均显著下降，分别降低 73.8%和 71.0%。第二年水稻季结束后，免耕条件下土壤胶体磷含量受秸秆还田影响差异明显，与前一季相比秸秆还田时显著增大（83.5%），不还田时胶体磷含量虽也增大（81.1%），但差异不显著；翻耕条件下不受秸秆还田的影响，土壤胶体磷含量均无明显变化，且两者低于免耕无秸秆还田的处理。第二年结束后，翻耕和免耕处理条件下的土壤胶体磷均受秸秆还田影响，与前一季相比翻耕还田时显著增高（47.3%），不还田时虽增加（48.7%）但无显著性；免耕还田时显著降低（44.6%），不还田时增加（41.5%），差异不显著。

以上结果表明土壤胶体磷含量变化是众多因子综合作用的体现。土壤质地、翻耕免耕、秸秆还田以及冬闲轮作对土壤胶体磷含量的交互分析见表 7-3。从一周年来看，影响胶体磷含量的主因子仅有土壤质地，但其在第一年水稻季并未对胶体磷产生影响，说明土壤质地的影响有一定的延后效应；在一周年内，土壤质地仅和翻耕免耕对胶体磷有交互效应，说明翻耕免耕对胶体磷的作用受土壤质地的影响。翻耕免耕仅在第一年水稻季对胶体磷产生了短期作用，而秸秆还田和冬闲轮作虽未对胶体磷产生单独影响，但两者在一周年结束后有交互效应。第二年内，土壤质地依然对胶体磷有单独影响，且秸秆还田在第二年结束后显著影响胶体磷变化，表明秸秆还田的影响是个长期效应。此外，轮作和秸秆还田在第二年内均对胶体磷有交互效应，说明轮作需要和秸秆还田结合，才能更好地发挥作用。翻耕免耕仅在第二年结束后和土壤质地、冬闲轮作分别有交互效应，这可能与免耕需要较长时间才能对土壤产生影响有关。第二年结束后，土壤质地×翻耕免耕×秸秆还田、翻耕免耕×秸秆还田×冬闲轮作的交互效应证实了胶体磷受众多因子的共同作用。

表 7-3　土壤质地、翻耕免耕、秸秆还田以及冬闲轮作对土壤胶体磷的交互分析

处理	2015 年 10 月				2016 年 5 月			
	自由度（df）	均方（MS）	*F* 值	显著性水平（*P*）	自由度（df）	均方（MS）	*F* 值	显著性水平（*P*）
土壤质地（S）	1	13.708	3.951	0.055	1	80.114	59.386	0.000
翻耕免耕（T）	1	22.416	6.461	0.016	1	3.383	2.508	0.126
秸秆还田（H）	—	—	—	—	1	0.807	0.598	0.447

续表

处理	2015年10月				2016年5月			
	自由度（df）	均方（MS）	*F*值	显著性水平（*P*）	自由度(df)	均方（MS）	*F*值	显著性水平（*P*）
冬闲轮作（R）	—	—	—	—	1	3.035	2.250	0.147
S×T	1	46.346	13.359	0.001	1	12.669	9.391	0.005
S×H	—	—	—	—	1	3.577	2.651	0.117
T×H	—	—	—	—	1	0.940	0.697	0.412
T×R	—	—	—	—	1	0.037	0.028	0.869
H×R	—	—	—	—	1	7.758	5.751	0.025
S×T×H	—	—	—	—	1	1.757	1.302	0.265
T×H×R	—	—	—	—	1	8.605	6.379	0.019
Error	32	3.469			24	1.349		
土壤质地（S）	1	293.314	247.695	0.000	1	32.462	43.913	0.000
翻耕免耕（T）	1	0.915	0.772	0.388	1	0.165	0.223	0.641
秸秆还田（H）	1	1.619	1.367	0.254	1	4.775	6.460	0.018
冬闲轮作（R）	1	2.998	2.531	0.125	1	0.650	0.880	0.358
S×T	1	0.501	0.423	0.522	1	7.256	9.815	0.005
S×H	1	13.312	11.241	0.003	1	0.075	0.102	0.752
T×H	1	3.430	2.897	0.102	1	1.791	2.423	0.133
T×R	1	0.042	0.035	0.852	1	4.999	6.762	0.016
H×R	1	25.076	21.176	0.000	1	18.693	25.288	0.000
S×T×H	1	4.505	3.804	0.063	1	37.216	50.344	0.000
T×H×R	1	15.724	13.278	0.001	1	23.036	31.162	0.000
Error	24	1.184			24	0.739		

因胶体磷含量下降，而总磷含量升高，所以黏壤土胶体磷占总磷的比例在两年结束后与试验初期相比均显著下降（表 7-4），其中翻耕/秸秆不还田/冬闲处理后的比例在第二年结束后最高，为 1.16%，其余为 0.62%～0.94%。比例的显著变化主要发生在第二年水稻季之前，之后趋于稳定。第一年水稻季，各处理均显著降低。而在第一年冬季，仅免耕/秸秆不还田/冬闲和翻耕/秸秆还田/冬闲处理的土壤胶体磷占比与前一季相比显著降低，其余无明显变化。轮作条件下，第二年水稻季（0.74%～0.91%）的胶体磷占比与前一季相比（1.04%～1.31%）均显著下降，而在冬闲条件下，免耕翻耕均无显著变化。且在冬闲系统中，翻耕无秸秆还田的土壤胶体磷含量占总磷含量的比例较高。

同样的，在壤质土中胶体磷占总磷的比例也显著下降。第一年水稻季结束后，免耕（2.49%～2.58%）处理后的胶体磷占总磷的比例与试验初期（2.73%）相比无显著变化，而翻耕（3.37%～3.54%）处理后的则显著升高。第一周年结束后，所有处理均显著下降。

之后所有处理的胶体磷占比均有所升高，但变化幅度（相比于第一年内的变化）较小。两周年结束后，免耕/秸秆不还田/冬闲处理的胶体磷占比最大（1.68%）。

表 7-4　不同耕作处理下供试土壤中胶体磷（TP_{coll}/TP）占总磷的比例　（单位：%）

土壤类型	处理	2015 年 5 月	2015 年 10 月	2016 年 5 月	2016 年 10 月	2017 年 5 月
黏壤土	CHW	1.79±0.13 bA	1.17±0.10 cdeB	1.10±0.00 bB	0.74±0.06 cC	0.71±0.08 efC
	CRB	1.79±0.13 bA	1.04±0.01 eBC	1.24±0.25 abB	0.91±0.16 bcC	0.94±0.03 cdC
	NHW	1.79±0.13 bA	1.31±0.21 cdeB	1.16±0.09 bB	0.74±0.15 cC	0.80±0.09 defC
	NRB	1.79±0.13 bA	1.09±0.18 deB	1.17±0.05 bB	0.77±0.11 cC	0.86±0.06 deC
黏壤土	CHF	1.79±0.13 bA	1.37±0.09 cdB	1.41±0.04 aB	1.04±0.09 bcC	1.16±0.16 bC
	CRF	1.79±0.13 bA	1.23±0.16 cdeB	0.80±0.01 cC	0.73±0.02 cCD	0.62±0.03 fD
	NHF	1.79±0.13 bA	1.44±0.11 cB	1.12±0.10 bC	0.81±0.02 cD	0.65±0.07 fE
	NRF	1.79±0.13 bA	1.28±0.20 cdeB	1.05±0.23 bBC	0.86±0.02 cCD	0.75±0.14 defD
壤质土	CHF	2.73±0.17 aB	3.37±0.11 aA	1.03±0.05 bCD	0.82±0.33 cD	1.20±0.31 bC
	CRF	2.73±0.17 aB	3.54±0.33 aA	0.76±0.12 cD	0.74±0.15 cD	1.10±0.02 bcC
	NHF	2.73±0.17 aA	2.58±0.02 bA	0.66±0.18 cC	1.21±0.57 abB	1.68±0.06 aB
	NRF	2.73±0.17 aA	2.49±0.30 bA	0.79±0.03 cC	1.41±0.03 aB	0.76±0.06 defC

注：每列数据后相同小写字母表示无显著性差异（P<0.05）；每行数据后相同大写字母表示无显著性差异（P<0.05）。

7.5　保护性耕作及多样化轮作下稻田土壤胶体磷分子形态表征

磷标准样品的P-K边XANES谱如图7-4所示。通过图谱对比发现，铁磷的峰a于2149eV，在钙磷（2148.3～2148.7eV）与铝磷（2149.6eV）之间。标样谱及样品谱在2153eV处有特

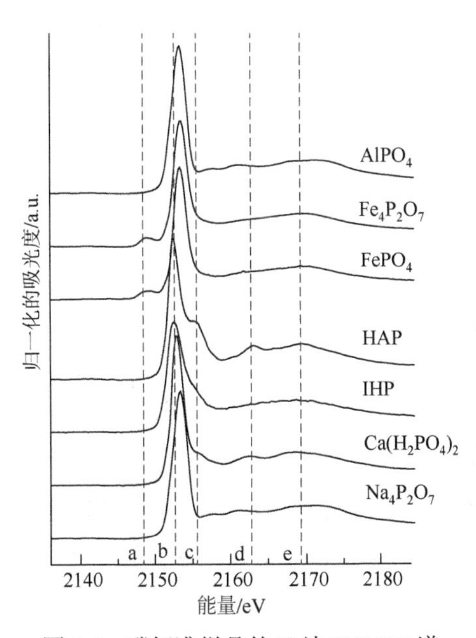

图 7-4　磷标准样品的 K 边 XANES 谱

短线表示不同磷形态的特征峰，a，铁磷；b，吸收边（白线峰）；c 和 d，钙磷；e，氧多重散射

征白线峰 b；在 2169eV 处有氧的共振峰 e。峰 b 的产生是由磷的 1s 电子到 3p 空轨道跃迁所致的，而峰 e 是正磷酸盐中氧原子的多重散射所致（Toor et al.，2006）。而且，由于磷的 3p 空轨道受磷结合原子影响，不同磷化合物峰 b 的位置有所不同。特征峰 c（2155～2156eV）及特征峰 d（约 2163eV）是不同溶解度钙磷的特征峰，由样品同步辐射图谱可得，供试土样中也有一定量的钙磷存在。图 7-5 中显示的相对含量数据也证实了这种推测。

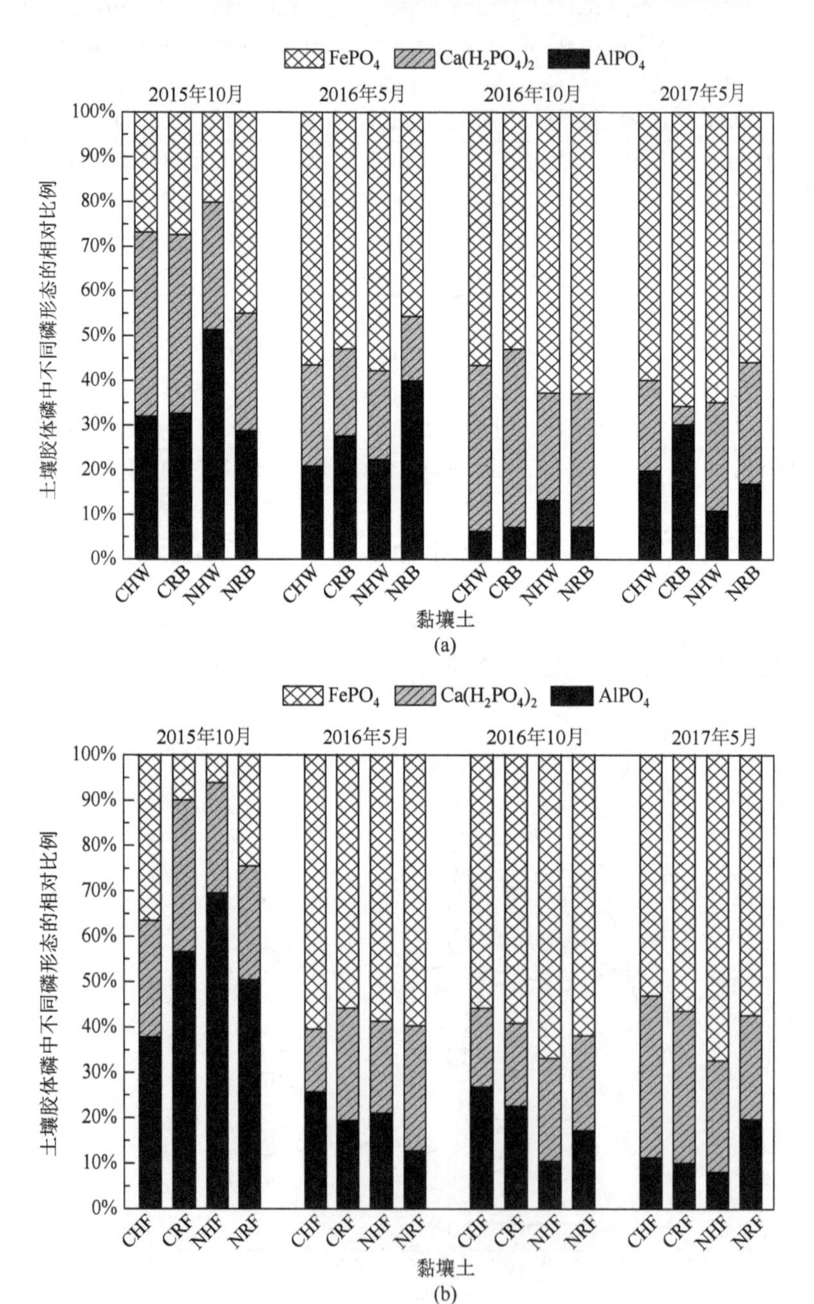

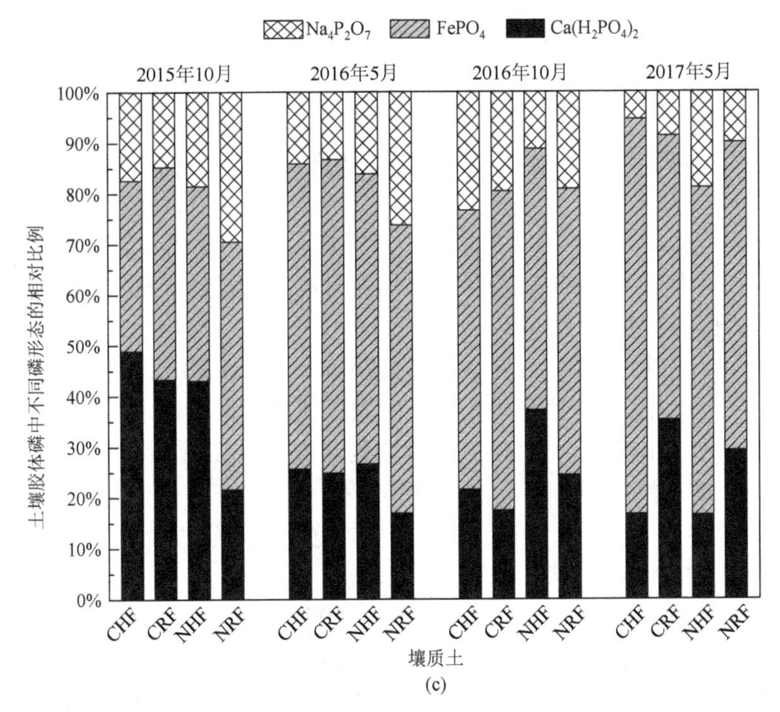

(c)

图7-5 磷的K边XANES谱线性拟合得到的不同耕作处理下土壤胶体磷中不同磷形态的相对比例

为获取胶体中不同磷形态在各处理土壤中的相对百分含量，进一步对土壤中胶体磷的XANES谱线进行线性拟合。各处理的土壤胶体磷与所选取的磷标样拟合度较高，*R*值介于0.001～0.008。拟合结果表明供试土壤中的黏壤土胶体磷主要以铝氧化物结合态磷（两年结束后平均15.9%）、磷酸二氢钙（24.0%）、铁氧化物结合态磷（60.1%）形态储存［图7-5（a）和（b）］。壤质土胶体磷主要以磷酸二氢钙（24.4%）、铁氧化物结合态磷（64.8%）、焦磷酸钠（10.8%）形态储存［图7-5（c）］。两周年结束后，除翻耕/秸秆还田/豌豆轮作处理外，其余处理下的黏壤土中铝氧化物结合态磷的相对含量均显著降低，平均从46.6%降低到13.8%；翻耕/秸秆还田/豌豆处理下的相对含量（30.2%）显著高于其他处理（8.1%～19.9%）［图7-5（a）和（b）］。两周年结束后，翻耕轮作条件下，胶体磷中磷酸二氢钙的相对含量显著下降，从40.6%下降至12.2%，其余处理无显著变化；且翻耕/秸秆还田/豌豆处理后的磷酸二氢钙的相对含量（4.1%）显著小于其余处理的，其余处理（20.2%～35.6%）间无显著差异。铁氧化物结合态磷的相对含量在所有处理中均显著升高，平均从24.6%升至60.1%，且趋于稳定，两年结束后各处理间无显著差异。

在壤质土中，两周年结束后，翻耕/秸秆不还田/冬闲和免耕/秸秆不还田/冬闲处理后的磷酸二氢钙的相对含量显著降低［图7-5（c）］，分别从48.9%和43.0%降低至16.7%和16.5%，而翻耕/秸秆还田/冬闲（35.3%）和免耕/还田/冬闲（29.2%）处理变化差异不显著，且相对含量均大于不还田处理。铁氧化物结合态磷在两年间均显著升高，平均从40.8%升高至64.8%，且趋于稳定。其中翻耕/不还田/冬闲在两年处理后的相对含量最大（77.9%），其余处理（56.0%～64.6%）之间无显著差异。对于焦磷酸钠的相对含量，除了免耕/秸秆还田/冬闲处理后的无显著变化外，其他处理均显著下降，下降后（5.5%～10.1%）小于免耕/秸秆不还田/冬闲（19.0%）处理。

7.6 保护性耕作与多样化轮作调控胶体磷的原因分析

两年结束后，土壤胶体磷含量均显著下降（图 7-3），原因可能有以下几点：首先，水稻生长需要吸收土壤中大量的磷元素，而磷元素本身的移动性相对较差，且植株只能吸收扩散到根部表面的磷元素（Balemi and Negisho，2012；Misra et al.，1988）。因此，移动性较强的细小土壤颗粒（如土壤胶体）中的磷是植株生长的主要磷源（Thao et al.，2008）。其次是农田采用淹水处理，淹水环境降低了土壤的氧化还原电位，从而使土壤胶体与土壤基质之间的胶膜被还原溶解，进而导致胶体磷的流失（Henderson et al.，2012）。此外，还有研究表明胶体磷在水稻种植期间后会随着土壤胶体发生下移（赵越，2015）。

免耕土壤和翻耕土壤相比，免耕土壤结构更加稳定，人为破坏少，更易使土壤胶体颗粒聚合形成大粒径的水稳性团聚体（Gao et al.，2008；Hajabbasi and Hemmat，2000；Pinheiro et al.，2004）。同时，免耕条件下磷酸盐离子和土壤颗粒之间的表面接触减少，导致胶体对磷元素的吸附量减少（Andrade et al.，2003；Muukkonen et al.，2007），从而使翻耕土壤胶体磷含量高于免耕土壤的胶体磷含量。秸秆还田的施用同样可以促进胶体颗粒向大团聚体聚合，并提高团聚体稳定性（付国占等，2005），从而达到减少土壤中胶体磷含量的效果。因此，在两年耕作结束后，黏壤土中翻耕/秸秆不还田/冬闲处理后的土壤胶体磷含量最高；而在壤质土中，可能受土壤质地的影响，免耕/秸秆不还田/冬闲处理后的土壤胶体磷含量更大。此外，作者还发现胶体磷含量显著增加的现象，如壤质土在第一年水稻季翻耕处理以及第二年结束后翻耕/秸秆还田处理。这可能是翻耕会破坏土壤毛细孔，降低孔隙率，破坏土壤团聚体，分散黏性细小颗粒（Timsina and Connor，2001；袁俊吉等，2010），从而导致土壤的胶体磷含量升高。

值得注意的是，土壤×翻耕免耕×秸秆还田、翻耕免耕×秸秆还田×冬闲轮作分别对胶体磷有交互效应（表 7-3），表明土壤胶体磷受众多因子共同影响。虽然轮作在两年内对胶体磷含量的变化未产生单独作用，但分别与翻耕免耕以及秸秆还田有交互作用，共同影响土壤胶体磷的变化。

胶体磷占总磷含量的比例在两周年结束后均显著下降（表 7-4），一方面是因为胶体磷比磷元素本身的迁移性强，极易发生流失（Poirier et al.，2012）；另一方面则可能是植株生长以及稻田的淹水处理使胶体磷含量下降，而施用无机肥并不能使胶体磷在 0～20cm 的土层内显著变化（赵越，2015），从而导致土壤中胶体磷“入不敷出”，而总磷含量在施肥条件下有所增加，最终使胶体磷在总磷中的比例下降。

土壤胶体磷通常与金属氧化物、有机质以及黏土矿物等相结合（Henderson et al.，2012），因此胶体磷含量的变化很可能与铁、铝、钙的释放相关。黏壤土胶体中主要含铁氧化物结合态磷、铝氧化物结合态磷以及磷酸二氢钙，而壤质土壤胶体中则除了铁氧化物结合态磷和磷酸二氢钙外，还含有少量的焦磷酸钠［图 7-5（c）］。一周年结束后两种供试土壤的胶体磷形态均主要以铁氧化物结合态磷为主，并在第二年趋于稳定，这与 Liu 等（2014）发现的稻田土壤中铁氧化物是元磷素重要吸附载体的结果吻合。有研究表明在热带和亚热带地区，铁铝氧化物主导土壤磷的吸附（Petter et al.，2012）。稻田土壤胶体中单一形态有机磷含量（0～5.2%）较少，无法被 XANES 检测到（Beauchemin et al.，2003），这很可能是稻田土壤胶体中没有检测到有机磷储存的主要原因。

7.7 小　　结

通过田间试验，本章研究了保护性耕作及多样化轮作下稻田土壤总磷、胶体磷的储存规律，以及胶体磷的分子形态特征，得到了以下几点结论。

（1）壤质土在免耕两年后会提升土壤总磷含量，有无秸秆还田对土壤总磷含量影响较小。第二年结束后，NRF（471mg/kg）处理显著大于 CRF（458mg/kg）和 CHF（454mg/kg）处理（P<0.05），NHF（462mg/kg）与 CHF 差异显著。黏壤土在两年免耕条件下，秸秆还田具有提高磷含量的效果：与试验初期相比（954mg/kg），黏壤土土壤总磷含量逐年升高，在第二年水稻季末和冬闲季末，NRF 为所有处理中的最大值，并显著大于 NHF 处理。此外，在轮作系统中，免耕可以提高土壤磷含量：NRB 在每一季均为各轮作处理中的最大值，且在第二年显著大于其余三种轮作处理。

（2）壤质土在第一年秸秆还田条件下，免耕土壤胶体磷含量小于翻耕，而在第二年秸秆还田时，免耕土壤胶体磷含量大于翻耕：在第一年水稻季，翻耕处理（15.291mg/kg）高于免耕处理（11.210mg/kg）；第一年结束后，CHF（4.560mg/kg）显著高于其他处理（无显著差异，2.918～3.526mg/kg）；第二年水稻季，免耕处理大于翻耕处理；第二年结束后，NHF 处理（7.778mg/kg）显著高于其他处理（3.590～5.445mg/kg），其中 NRF 最小。这可能是因为壤质土砂粒含量较高，易受耕作扰动的影响，从而进一步影响土壤胶体磷的储存。黏壤土第二年免耕和秸秆还田均可以使土壤胶体磷含量下降，但免耕＋秸秆还田并不会增强胶体磷下降的效果：在第一年结束后，CHF（13.619mg/kg）显著大于除 CRB 外的其他处理（7.721～11.400mg/kg），而且在第二年水稻季也出现这种现象；第二年结束后，CHF 处理（11.249mg/kg）显著高于其他处理（6.073～9.214mg/kg）。

（3）壤质土在第一年秸秆不还田条件下，免耕土壤胶体磷占总磷比例显著小于翻耕，而在第二年不还田条件下，免耕显著大于翻耕。与试验初期（2.73%），壤质土胶体磷占总磷的比例相比在两年后（0.76%～1.68%）显著下降。两年结束后（0.62%～1.16%），黏壤土中胶体磷占总磷的比例与试验初期（1.79%）相比显著下降（P<0.05），但下降的幅度（0.9%）小于壤质土（1.5%）。除第一年水稻季，CHF 处理的胶体磷占比为各处理间最大值。

（4）两周年结束后，黏壤土中胶体磷主要以铝氧化物结合态磷（15.9%）、磷酸二氢钙（24.0%）、铁氧化物结合态磷（60.1%）形态储存，壤质土胶体磷主要以磷酸二氢钙（24.4%）、铁氧化物结合态磷（64.8%）、焦磷酸钠（10.8%）形态储存，其中铁氧化物结合态磷的相对含量在所有处理中均为最高且趋于稳定，表明稻田土壤中胶体磷形态主要以铁氧化物结合态磷为主。

参 考 文 献

付国占，李潮海，王俊忠，等. 2005. 残茬覆盖与耕作方式对土壤性状及夏玉米水分利用效率的影响. 农业工程学报，21（1）：52-56.

单艳红，杨林章，沈明星，等. 2005. 长期不同施肥处理水稻土磷素在剖面的分布与移动. 土壤学报，42（6）：970-976.

袁俊吉，彭思利，蒋先军，等. 2010. 稻田垄作免耕对土壤团聚体和有机质的影响. 农业工程学报，26（12）：153-160.

赵越. 2015. 不同施肥下稻田土壤胶体磷的释放及运移规律. 杭州：浙江大学.

Peng W D，Chu C X，Zhong Y Q，et al. 2016. Effect of sweet corn straw returning to the field on soil fertility，yield and benefit. Meteorological and Environmental Research，4：59-63.

Andrade F V，Mendonça E S，Alvarez V H，et al. 2003. Adição de ácidos orgânicos e húmicos em Latossolos e adsorção de fosfato Addition of organic and humic acids to Latosols and phosphate adsorption effects. Revista Brasileira de Ciência do Solo，27（6）：1003-1011.

Balemi T，Negisho K. 2012. Management of soil phosphorus and plant adaptation mechanisms to phosphorus stress for sustainable crop production：a review. Journal of Soil Science & Plant Nutrition，12（3）：547-562.

Beauchemin S，Hesterberg D，Chou J，et al. 2003. Speciation of phosphorus in phosphorus-enriched agricultural soils using X-ray absorption near-edge structure spectroscopy and chemical fractionation. Journal of Environmental Quality，32（5）：1809.

Gao M，Luo Y J，Wang Z F，et al. 2008. Effect of tillage system on distribution of aggregates and organic carbon in a hydragric anthrosol. Pedosphere，18（5）：574-581.

Garg A K，Aulakh M S. 2010. Effect of long-term fertilizer management and crop rotations on accumulation and downward movement of phosphorus in semi-arid subtropical irrigated soils. Communications in Soil Science and Plant Analysis，41（7）：848-864.

Hajabbasi M A，Hemmat A. 2000. Tillage impacts on aggregate stability and crop productivity in a clay-loam soil in central Iran. Soil & Tillage Research，56（3）：205-212.

Henderson R，Kabengi N，Mantripragada N，et al. 2012. Anoxia-induced release of colloid-and nanoparticle-bound phosphorus in grassland soils. Environmental Science & Technology，46（21）：11727-11734.

Ilg K，Siemens J，Kaupenjohann M. 2005. Colloidal and dissolved phosphorus in sandy soils as affected by phosphorus saturation. Journal of Environmental Quality，34（3）：926-935.

Liu J，Yang J J，Liang X Q，et al. 2014. Molecular speciation of phosphorus present in readily dispersible colloids from agricultural soils. Soil Science Society of America Journal，78（1）：47-53.

Misra R K，Alston A M，Dexter A R. 1988. Root growth and phosphorus uptake in relation to the size and strength of soil aggregates. I. Experimental studies. Soil & Tillage Research，11（2）：103-116.

Murphy J，Riley J P. 1962. A modified single solution method for the determination of phosphate in natural waters. Analytica Chimica Acta，27：31-36.

Muukkonen P，Helinä Hartikainen，Lahti K，et al. 2007. Influence of no-tillage on the distribution and lability of phosphorus in Finnish clay soils. Agriculture Ecosystems & Environment，120（2-4）：299-306.

Gibbon D. 2012. Save and grow: a policymaker's guide to the sustainable intensification of smallholder crop production. Experimental Agriculture，48（1）：154.

Petter，Andrémadari F，Kesilva B E，et al. 2012. Soil fertility and upland rice yield after biochar application in the Cerrado. Pesquisa Agropecuária Brasileira，47（5）：699-706.

Pinheiro E F M，Pereira M G，Anjos L H C. 2004. Aggregate distribution and soil organic matter under different tillage systems for vegetable crops in a Red Latosol from Brazil. Soil and Tillage Research，77（1）：79-84.

Poirier S C，Whalen J K，Michaud A R. 2012. Bioavailable phosphorus in fine-sized sediments transported from agricultural fields. Soil Science Society of America Journal，76（1）：258-267.

Smith J L, Elliott L F. 1990. Tillage and Residue Management Effects on Soil Organic Matter Dynamics in Semiarid Regions//Advances in Soil Science. New York: Springer.

Sumner M E, Miller W P. 1996. Cation Exchange Capacity and Exchange Coefficients//Methods of Soil Analysis: Part 3 Chemical

Methods.New York: Soil Science Society of America and American Society of Agronomy: 1201-1229.

Tang X H，Luo Y J，Lv J，et al. 2011. Mechanisms of soil aggregates stability in purple paddy soil under conservation tillage of Sichuan Basin，China. Ifip Advances in Information & Communication Technology，368：355-370.

Thao H T B，George T，Yamakawa T，et al. 2008. Effects of soil aggregate size on phosphorus extractability and uptake by rice（*Oryza sativa* L.）and corn（*Zea mays* L.）in two Ultisols from the Philippines. Soil Science & Plant Nutrition，54（1）：148-158.

Timsina J，Connor D J. 2001. Productivity and management of rice–wheat cropping systems：issues and challenges. Field Crops Research，69（2）：93-132.

Toor G S，Hunger S，Peak J D，et al. 2006. Advances in the characterization of phosphorus in organic wastes：environmental and agronomic applications. Advances in Agronomy，89（5）：1-72.

第8章　典型稻田田面水和排水胶体磷流失规律研究

8.1　引　　言

本章主要研究了典型降雨-产流事件下，水稻田田面水和稻田排水径流胶体磷的流失规律和流失贡献。

8.2　试验设计与分析方法

8.2.1　研究区域介绍

本试验区为苕溪流域中游的杭州市余杭区径山镇画境种业有限公司苗木基地内的水稻田（30°22′54.40″N，119°53′27.40″E），种植区面积27398m^2，每年只种植一季水稻，种植期为5～11月。共有2次施肥时间，分别为2017年3月10日和6月10日。该地为亚热带季风气候，2017年年均气温为15.8℃，年均降水天数为143d，年均降水量为1556.5mm。不同季节降水量差距显著，降水较集中于3月和9月，降水量均超过100mm。

8.2.2　研究方法

1. 样品采集

选取8次降雨事件后的稻田出水口和沟渠径流的水样，采样位置为水下5cm。此外，全程监测2017年6月25日发生的一次暴雨事件，在降雨开始后5min、15min、20min、30min、45min、60min、90min、120min、150min、180min采集稻田田面水和排水。降雨参数见表8-1。

表8-1　降雨数据

日期	4月2日	5月3日	5月17日	6月15日	6月25日	8月2日	8月9日	8月16日	9月11日
温度/℃	9	18	19	20	25	26	25	26	25
降雨量/mm	23	32	9	36	48	8	49	19	23
pH	5.12	5.25	4.68	4.88	4.23	5.01	5.91	5.82	5.01

2. 样品测试分析

真溶解磷和胶体磷的测定方法为：水样用1μm滤膜过滤，将滤液分为2份，取1份滤液于30000×g下超速离心2h，胶体磷沉降于离心管底部，上清液磷浓度为真溶解磷浓度，未超速离心的滤液磷浓度减去等体积的超速离心的真溶解磷浓度，即为水样中胶体磷的浓度（Liang et al.，2010）。

钼蓝反应磷 MRP 浓度是液体样品在未消解的情况下直接与钼酸盐反应比色后测的磷浓度，而钼蓝非反应磷 MUP 浓度则是各形（溶解和胶体）的总磷减去等体积测定下的 MRP 浓度。

胶体 Fe、胶体 Al 和胶体 TOC 浓度均为离心前后溶液的浓度之差。ICP-AES 测 Fe、Al；TNTC 分析仪测 TOC。

浊度：浊度仪。pH：Hach570pH 计。COD：高锰酸钾法。总磷：钼酸盐比色法。

所有实验器皿均以硝酸（10%）浸泡后去离子水洗涤 3 次。所有分析设置 3 次平行。

处理软件：Microsoft Excel 2016、SPSS Statistics 22.0 和 Origin 2017。

8.3　稻田降雨-产流过程中胶体磷流失贡献的动态变化

图 8-1（a）显示了 6 月 25 日降雨-产流过程中田面水各粒级磷元素浓度的变化情况。由图可知，在降雨历程 5min 左右，田面水中总磷浓度达 1.6mg/L，随后迅速下降，在 45min 左右趋于平稳，最终为 0.13mg/L 左右。田面水磷元素以颗粒磷为主，其浓度变化趋势与总磷吻合，也基本在降雨历程 45min 后趋于平缓。胶体磷和真溶解磷的变化趋势相似，在降雨历程 20min 内快速下降后趋于平稳。磷元素浓度下降的主要原因是降雨径流中的泥沙对磷元素具有富集迁移作用（郭智等，2010）。随着降雨产沙量在降雨历程中不断变小，磷元素流失也随之减少，因此从图中可知磷元素流失主要发生在降雨径流过程的前期。

图 8-1（b）中显示了 6 月 25 日降雨-产流历程中稻田排水各粒级磷元素浓度的变化情况。稻田排水中颗粒磷、胶体磷和真溶解磷流失贡献范围分别为 50%～81%、7%～15%和 9%～39%。与田面水明显不同是，稻田排水中各粒级磷浓度在降雨发生后 15min 左右达到峰值，与田面水相比具有一定的滞后性。这主要是因为，降雨事件发生前，稻田排水的通道中已有大量低磷浓度存水，导致初期田面水流失的磷元素无法在短时间内汇入，同时降雨初期磷元素浓度峰值的稻田径流运动到稻田排水通道需要一定时间，导致稻田排水中磷元素浓度不能快速上升。此外，在降雨历程后期，各粒级磷元素浓度皆出现小幅度上升，这缘于降雨后期，大量的低磷浓度的雨水和田面水汇入排水沟，增加了排水沟底泥高

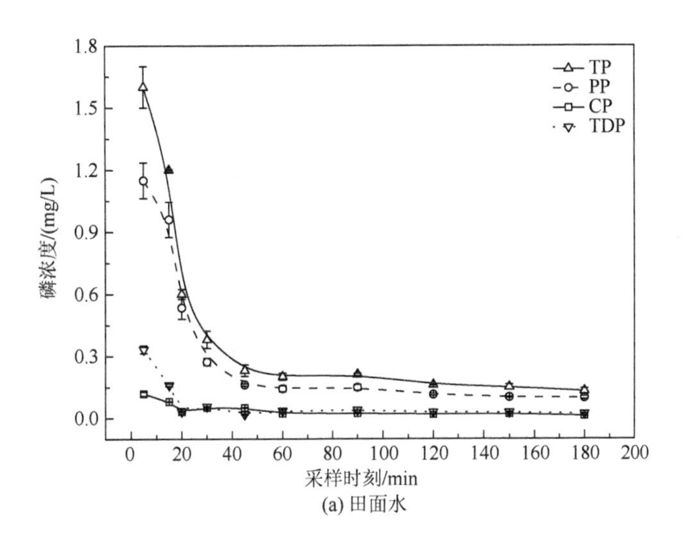

(a) 田面水

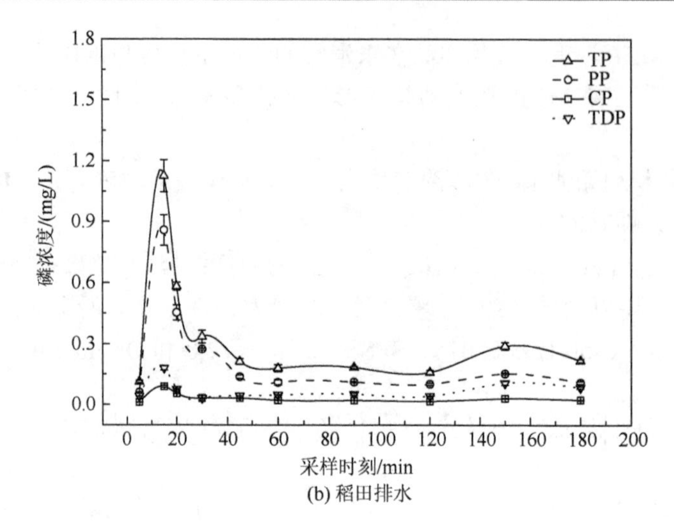

图 8-1　稻田田面水与排水在 6 月 25 日降雨-产流中各粒级磷元素浓度

TP，总磷；PP，颗粒磷；CP，胶体磷；TDP，真溶解磷

磷浓度的间隙水与上覆水间的浓度差，而间隙水中磷浓度在以往学者的研究中为上覆水的 6.5 倍（王晓玲等，2017），浓度差的存在导致间隙水向上覆水中释放磷元素，引起稻田排水中总磷浓度的小幅波动。

图 8-2（a）和（b）显示了 6 月 25 日降雨历程田面水与稻田排水中胶体磷（CP）和真溶解磷浓度（TDP）。稻田田面水和排水中的胶体磷的流失贡献范围分别为 26%～73% 和 21%～50%。如图 8-2（a）所示，田面水中胶体磷的流失贡献在降雨历程中不断升高，在 45min 左右达到峰值（73%），超过了真溶解磷的贡献比例，随后快速下降并稳定在 40% 左右。稻田排水中胶体磷流失贡献与田面水中变化规律相似，呈先上升后下降的趋势，但其贡献峰值（50%）出现在 30min 左右，且最终稳定在 20%左右，仅为田面水中的 1/2。造成这一现象的原因可能是，在降雨进行过程中，酸性雨水在稻田田面水和排水径流中所占比例越来越大，导致径流 pH 不断降低。而在酸性条件下，大颗粒胶体之间或土壤团聚

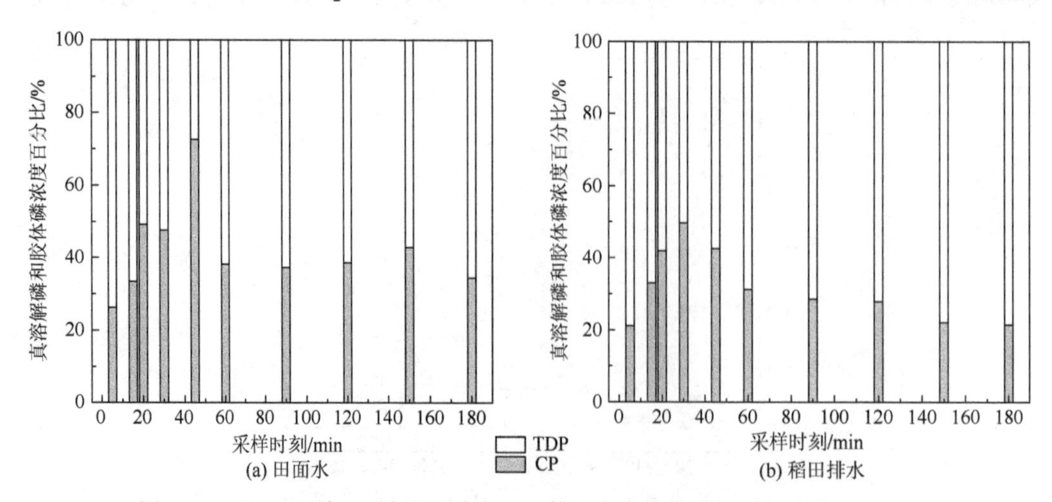

图 8-2　6 月 25 日降雨历程田面水与稻田排水中真溶解磷和胶体磷浓度百分比

体内部的无机矿物胶膜会被溶解（Liang et al.，2010），促进胶体磷流失。此外，田面水径流中大颗粒胶体或土壤颗粒在汇集到稻田排水通道的过程中受水稻拦截等植株拦截发生沉降，导致胶体磷的转化源减少。综合来看，在过 1μm 滤膜的总磷中，真溶解磷占据主导比例，但胶体磷的贡献仍不容忽视，从整个降雨过程来看，胶体磷的流失贡献为 21%～73%。同时由于胶体的重力在水体中会被布朗运动所抵消，长期呈悬浮态，可协助磷元素运输到更远的水体中，诱发水体污染的概率更大（Siemens et al.，2008）。

8.4　稻田田面水和排水径流中胶体磷流失规律

图 8-3（a）和（b）显示了八次降雨事件下田面水与稻田排水中真溶解磷（TDP）和胶体磷（CP）的浓度百分比。田面水中胶体磷的贡献范围为 9%～44%，稻田排水的胶体磷流失贡献范围为 10%～16%。从图中可以明显地看出，距离施肥事件较近的田面水与稻田排水径流中胶体磷流失贡献小，如田面水在 4 月 2 日和 6 月 15 日时的流失贡献为 14%和 9%，而距离施肥时间远的径流中胶体磷流失贡献又变大。这主要是因为磷肥的输入，大量磷酸根离子导致田面水中的离子强度增加（Haynes and Naidu，1998），压缩胶体磷表面的双电层，进而导致稻田田面水和排水中的胶体磷的短程力变小，范德瓦耳斯力增大，促使胶体磷凝聚，形成较大粒径的颗粒，最终在重力作用下沉降而减少流失。此外，施肥是影响土壤电导率的主要因素（王晶等，2017），施肥会导致土壤电导率的升高，而在以往的研究中被证明，电导率与胶体磷流失贡献呈负相关关系（Zhang，2008），这也从侧面解释了施肥降低胶体磷的流失贡献。另外，作者还发现，稻田排水中胶体磷流失贡献的变化趋势尽管与田面水一致，但是其波动幅度较小（田面水变异系数为 0.53，稻田排水变异系数为 0.18），这可能是由于田面水的离子强度还受其他因素影响，如田面水在运输过程受水稻植株的影响，运动不规律，最终导致施肥对胶体磷流失贡献的影响减弱，而稻田排水的运输通道沟渠水生植物较少。

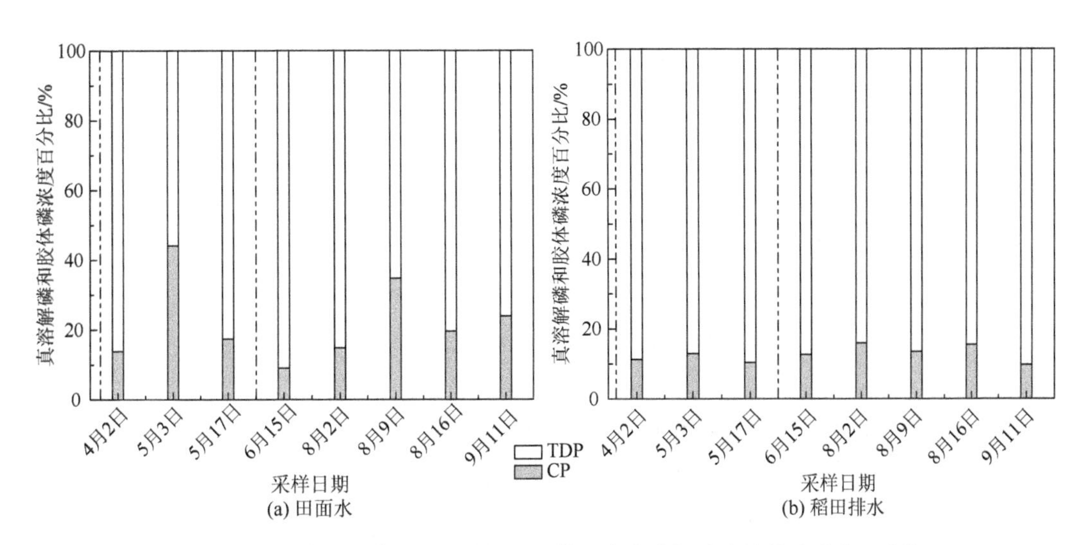

图 8-3　八次降雨事件下田面水与稻田排水中真溶解磷和胶体磷浓度百分比

图 8-4 显示出在八次降雨事件后稻田田面水和排水中胶体磷与降雨强度的相关性。稻田田面水中胶体磷浓度与降雨强度之间的线性相关性较弱，回归系数 $R^2 = 0.5301$，而排水中胶体磷的浓度与降雨强度具有较好的相关性（$R^2 = 0.7493$）。直观上讲，降雨事件下，土壤细小颗粒（胶体）流失的原因主要为雨水的冲刷，但在前人的检测中，发现土壤直接受到的雨水物理打击力最大不超过 0.3MPa，而维持土壤胶体稳定的范德瓦耳斯力、静电排斥力和水合力至少是雨水打击力的几十倍（Li et al.，2013），雨水的打击力与胶体间的作用力完全不在一个数量级上，因此，降雨冲刷不是土壤胶体磷分散的原因。例如，Li 等（2013）的试验发现，降雨期间，高表面电荷密度下（＜−100mV），即使降雨强度达到 150mm/h，土壤微小颗粒流失量依然较小。尽管降雨不会通过冲刷效应增加胶体磷的流失贡献，但雨水带来的 H^+会促进胶体磷的活化迁移（Liang et al.，2010）。例如，与牛彧文等（2017）进行的杭州市多年酸雨特征（平均值为 4.0～5.0）调查类似，本书研究区域位于在杭州市余杭区，实测结果发现几次降雨雨水 pH 范围为 4.23～5.91（表 8-1）。显而易见，降雨强度越大，酸性雨水汇入量越多，尤其在降雨强度较大时，降雨事件后径流水体构成中酸性雨水比例较大，这必然会导致径流的 pH 下降，进而溶解径流中土壤颗粒间的金属氧化物胶膜，促进胶体磷的释放。另外，降雨强度越大，表层土壤的流失量越大（陈晓燕等，2012），尽管冲刷效应不会直接增加胶体磷流失贡献，但会增加径流中的可被 H^+溶解的颗粒磷，增加径流中可转化为胶体磷的磷源。

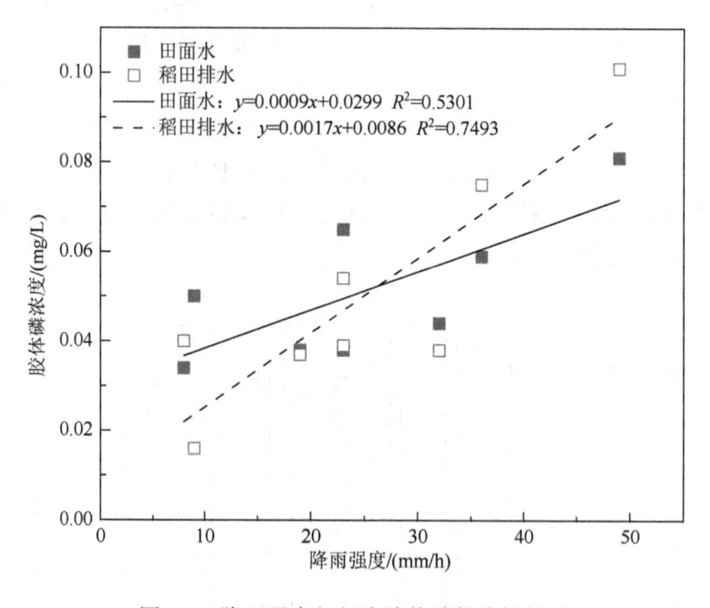

图 8-4　降雨强度与径流胶体磷的线性关系

在八次降雨事件中，真溶解磷的占比均超过胶体磷（图 8-3）。八次降雨事件显示，稻田田面水和排水径流中真溶解磷的流失贡献范围分别为 56%～91%和 84%～90%，为径流中粒径小于 1μm 磷元素流失的主要流失形式。

与胶体磷浓度不同的是，田面水的真溶解磷浓度以第 2 次施肥时间作为起点，整体呈下降趋势，而第 1 次施肥和第 2 次施肥间真溶解磷浓度先上升后下降，施肥对真溶解磷流失呈正向促进（图 8-5）。磷肥是真溶解磷的主要且直接来源，流失时间越久，田面水中可供流失的真溶解磷量越少。然而 5 月 17 日的真溶解磷浓度大于 5 月 3 日，这源于此次降雨量较少，只对田面土壤造成一定的扰动，田面水中真溶解磷浓度上升，但未达到排水需求。

稻田排水的真溶解磷浓度变化趋势与田面水一致，稻田排水主要来源于田面水溢出。而造成 5 月 17 日的稻田排水真溶解磷浓度大于 5 月 3 日，也与降雨强度相关，雨水汇入量较小，沟渠径流磷元素未发生横向运输，却可以引发沟渠底泥真溶解磷纵向汇入径流（王晓玲等，2017）。

6 月 15 日的真溶解磷监测结果显示，排水（0.12mg/L）远低于田面水（0.30mg/L）（图 8-5），这可能由施肥造成。此次采样时间仅为施肥后 5 天，稻田土壤中磷含量依然较高，这也直接造成田面水中真溶解磷流失贡献的升高。而其余七次采集的田面水中真溶解磷浓度低于稻田排水，这主要因为稻田排水径流中的磷元素除田面水排入的磷元素外，还包括沟渠底泥和间隙水中的磷元素，尤其在降雨后期，大量真溶解磷浓度较低的田面水径流汇入排水沟后，在底泥间隙水与上覆水磷浓度差的胁迫下，底泥及间隙水磷元素大量释放导致稻田排水中的真溶解磷流失贡献升高（王晓玲等，2017）。

由此得知，降雨和施肥时间是磷元素流失的主要原因（Fonseca et al.，2010）。由于真溶解磷可被藻类直接利用，其大量流失造成的环境风险极大，因此应合理地选择施肥时间，避开降雨集中的月份。

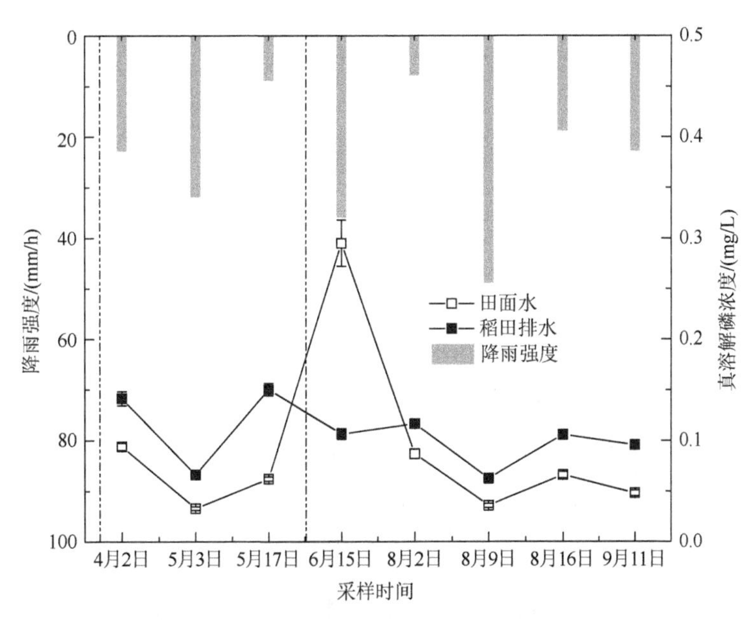

图 8-5 田面水与稻田排水真溶解磷浓度和降雨强度

8.5 稻田田面水与排水径流中胶体 MRP 和 MUP 含量

图 8-6 展示了不同降雨事件下田面水与稻田排水胶体 MRP 和 MUP 含量。在稻田田

面水和排水中，MRP 流失贡献较大，田面水中胶体 MRP 比例为 58%～71%，稻田排水为 53%～66%。田面水中 MRP 与施肥密切相关，如图 8-6（a）所示，以第二次施肥事件作为起点，施肥后第一次降雨田面水的胶体 MRP 浓度为峰值，在第二次降雨采样时浓度陡降，后期波动幅度较小，这主要是因为施肥会导致胶体磷流失增加（Siemens et al.，2010；Ilg et al.，2010），而肥料中的磷酸盐属于 MRP，最终导致胶体 MRP 流失增加。而稻田排水的胶体 MUP 浓度变化趋势相比于田面水[图 8-6(b)]，受施肥影响较小(Ilg et al.,2005)，但距离施肥事件较近的降雨径流中 MRP 含量依然较高。综合来看，稻田田面水和排水中胶体 MRP 比例始终大于 MUP，但距离施肥事件的时间越远，随着降雨冲刷和水稻吸收，

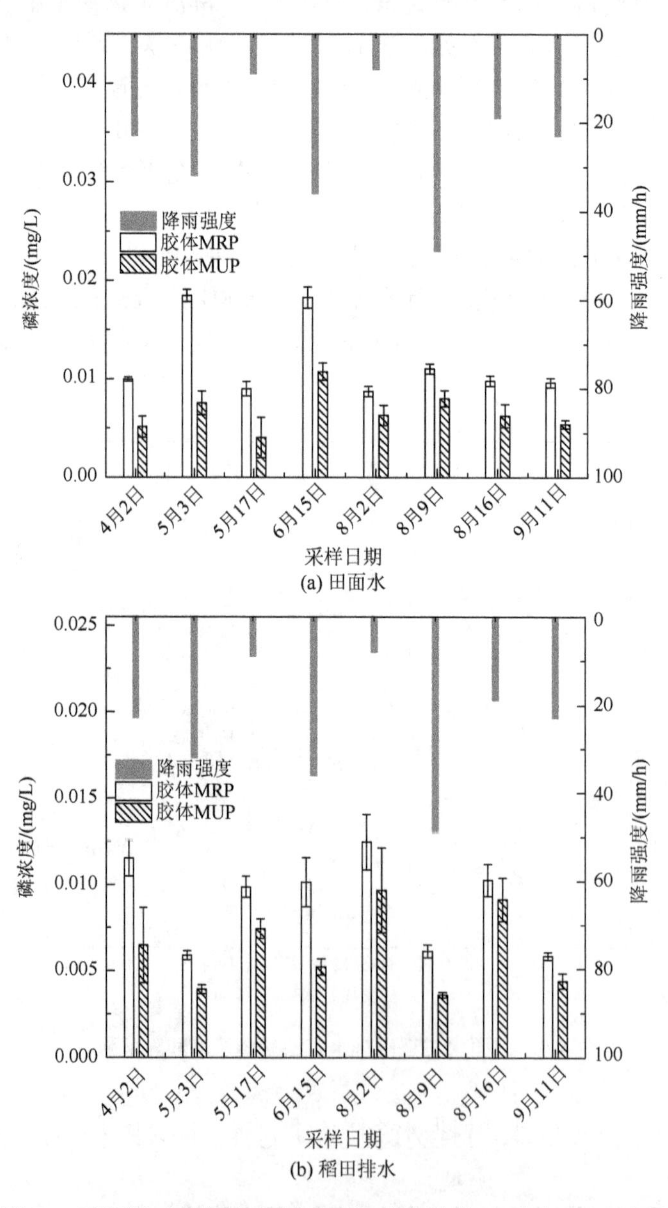

图 8-6　不同降雨事件下田面水与稻田排水胶体 MRP 和 MUP 含量

导致 MRP 比例变小（Katarina et al.，2004），但是 MRP 只需要水解就可以被吸收利用，对水体富营养化的意义更大。

8.6 稻田田面水和排水径流中胶体磷的赋存形态分析

一般胶体磷可以分为有机胶体结合磷而构成的微小胶体磷（<25nm）、有机质-金属（铁铝）胶体结合磷而构成的细小尺寸胶体磷（25～240nm）和金属氧化物（铁、铝、硅）或黏土矿物胶体结合磷而构成的中等尺寸胶体磷（240～500nm）3 个等级（Missong et al.，2018）。此外，在不同土壤中，胶体磷的赋存形态存在差异，这取决于土壤钙、铁铝或黏土矿物含量和有机质含量（Liang et al.，2016；Missong et al.，2018）。

表 8-2 显示了八次降雨事件后稻田田面水和排水胶体磷、胶体 MRP 和胶体 MUP 与其浊度、COD、pH、胶体 Fe、胶体 Al、胶体 TOC 之间的皮尔逊相关系数。如表所示，胶体磷、胶体 MRP 和胶体 MUP 与胶体 TOC、胶体 Fe、胶体 Al 之间也存在正相关关系，这说明金属氧化物胶体、有机质胶体结合磷为径流中胶体磷的重要赋存形态，即金属氧化胶体和有机质对磷元素从稻田土壤流向地表水中起到重要的协助运输作用。Regelink 等（2013）采用超滤和 ICP-MS 技术分析农田排水中的胶体物，同样发现胶体磷与排水中金属胶体具有正相关性。此外，还说明径流中的腐殖质、高价金属阳离子和真溶解磷会通过络合反应和吸附架桥作用生成腐殖质-Al（Fe）-正磷酸盐，也具有类似的磷元素流失协助运输作用，即有机质-金属氧化物结合磷也是土壤胶体磷流失的重要赋存形态。

表 8-2　胶体磷与水样其他理化性质的相关性

		胶体总磷	胶体 MRP	胶体 MUP	浊度	COD	pH	胶体 Fe	胶体 Al	胶体 TOC
胶体总磷	田面水	1	0.972**	0.952**	0.665	0.591	0.317	0.544	0.635	0.781*
	稻田排水	1	0.964**	0.952**	0.690	0.698	0.597	0.734*	0.35	0.747*
胶体 MRP	田面水	0.972**	1	0.854**	0.562	0.526	0.147	0.527	0.612	0.765*
	稻田排水	0.964**	1	0.836**	0.561	0.584	0.501	0.762*	0.566	0.653
胶体 MUP	田面水	0.952**	0.854**	1	0.742*	0.625	0.511	0.521	0.612	0.737*
	稻田排水	0.952**	0.836**	1	0.776*	0.767*	0.654	0.636	0.072	0.788*

*显著相关，$P<0.05$ 水平（双侧）；**极显著相关，$P<0.01$ 水平（双侧）。

胶体磷在径流中的赋存形态受多种因素影响。例如，尽管表 8-2 中胶体磷、胶体 MRP 和胶体 MUP 与胶体 TOC、胶体 Fe、胶体 Al 之间都存在正相关关系，但胶体有机质的相关性高于胶体 Fe 和胶体 Al，这主要源于本试验区多年免耕稻田，土壤有机质含量较高，而土壤有机质较高的土壤胶体磷通常以有机质胶体为主。例如，在高有机质含量的森林土壤中胶体磷的主要形式为有机质胶体磷（Missong et al.，2018）。此外，本书中径流浊度与胶体磷浓度呈正相关关系（表 8-2），但相关性弱于 Heathwaite 等（2005）的研究结果（$R^2=0.86$），主要原因在于此次试验为自然条件下采样，不可控变量因素影响较大，如采样时间延迟、水稻田水稻和沟渠中水生植物的水力拦截等。

8.7 小　结

（1）降雨-产流中，稻田田面水和排水胶体磷流失贡献不容忽视。在<1μm 粒径的磷元素中，胶体磷流失贡献的范围为 21%～73%，在降雨发生后 45min 达到峰值，超过真溶解磷流失贡献。但胶体的重力在水体中会被布朗运动所抵消，长期呈悬浮态，可协助磷元素运输到更远的水体中。

（2）降雨-径流中，田面水胶体磷流失贡献范围为 9%～44%，稻田排水胶体磷流失贡献范围为 10%～16%。胶体 MRP 流失贡献较大，田面水中胶体 MRP 比例为 58%～71%，稻田排水为 53%～66%。金属氧化物胶体、有机质胶体结以及金属氧化物-有机质胶体与胶体磷存在显著正相关关系，这表明，金属氧化物胶体、有机质胶体结以及金属氧化物-有机质胶体对稻田磷元素向径流流失具有重要的协助运输作用，这几类胶体与磷的结合态为径流胶体磷的重要赋存形态。

（3）田面水和排水胶体磷流失贡献受外界环境影响较大。主要为降雨和施肥。稻田施肥后，土壤导电率和径流离子强度增加，增强了胶体磷的稳定性，进而减少胶体磷的流失贡献。降雨通过降低稻田田面水和排水 pH 来增加胶体磷的流失贡献。降雨强度与胶体磷的线性回归分析结果还显示，降雨与稻田排水胶体磷流失关系更紧密。

参 考 文 献

陈晓燕，王茹，卓素娟，等. 2012. 不同降雨强度下紫色土陡坡地侵蚀泥沙养分特征. 水土保持学报，1（6）：1-5.

郭智，肖敏，陈留根，等. 2010. 稻田径流侵蚀泥沙对磷素流失的影响. 水土保持学报，24（5）：63-67.

牛彧文，浦静姣，邓芳萍，等. 2017. 1992～2012 年浙江省酸雨变化特征及成因分析. 中国环境监测，33（6）：55-62.

王晶，杨联安，杨煜岑，等. 2017. 西安市蔬菜种植区土壤属性的空间变异与肥力适宜性. 水土保持通报，37（3）：204-209.

王晓玲，郑晓通，李松敏，等. 2017. 农田排水沟渠底泥-间隙水-上覆水氮磷迁移转化规律研究. 水利学报，48（12）：1410-1418.

Fonseca C R，Collins B，Westoby M. 2010. Shifts in trait-combinations along rainfall and phosphorus gradients. Journal of Ecology，88（6）：964-977.

Haynes R J，Naidu R. 1998. Influence of lime，fertilizer and manure applications on soil organic matter content and soil physical conditions：a review. Nutrient Cycling in Agroecosystems，51（2）：123-137.

Heathwaite L，Haygarth P，Matthews R，et al. 2005. Evaluating colloidal phosphorus delivery to surface waters from diffuse agricultural sources. Journal of Environmental Quality，34（1）：287-298.

Ilg K，Dominik P，Kaupenjohann M，et al. 2010. Phosphorus-induced mobilization of colloids：model systems and soils. European Journal of Soil Science，59（2）：233-246.

Ilg K，Siemens J，Kaupenjohann M. 2005. Colloidal and dissolved phosphorus in sandy soils as affected by phosphorus saturation. Journal of Environmental Quality，34（3）：926-935.

Katarina B，Elisabetta B，Erasmus O. 2004. Impact of long-term inorganic phosphorus fertilization on accumulation，sorption and release of phosphorus in five Swedish soil profiles. Nutrient Cycling in Agroecosystems，69（1）：11-21.

Liang X Q，Liu J，Chen Y X，et al. 2010. Effect of pH on the release of soil colloidal phosphorus. Journal of Soils & Sediments，10（8）：1548-1556.

Liang X，Jin Y，Zhao Y，et al. 2016. Release and migration of colloidal phosphorus from a typical agricultural field under long-term phosphorus fertilization in southeastern China. Journal of Soils & Sediments，16（3）：842-853.

Li S，Li H，Xu C Y，et al. 2013. Particle interaction forces induce soil particle transport during rainfall. Soil Science Society of

America Journal，77（5）：1563-1571.

Missong A，Bol R，Nischwitz V，et al. 2018. Phosphorus in water dispersible-colloids of forest soil profiles. Plant and Soil，427（2）：71-86.

Missong A，Holzmann S，Bol R，et al. 2018. Leaching of natural colloids from forest topsoils and their relevance for phosphorus mobility. Science of the Total Environment，634：305-315.

Regelink I C，Koopmans G F，van der Salm C，et al. 2013. Characterization of colloidal phosphorus species in drainage waters from a clay soil using asymmetric flow field-flow fractionation. Journal of Environmental Quality，42（2）：464-473.

Siemens J，Ilg K，Lang F，et al. 2010. Adsorption controls mobilization of colloids and leaching of dissolved phosphorus. European Journal of Soil Science，55（2）：253-263.

Siemens J，Ilg K，Pagel H，et al. 2008. Is colloid-facilitated phosphorus leaching triggered by phosphorus accumulation in sandy soils?. Journal of Environmental Quality，37（6）：2100-2107.

Zhang M K. 2008. Effects of soil properties on phosphorus subsurface migration in sandy soils. Pedosphere，18（5）：599-610.

第 9 章　不同施肥下稻田田面水胶体磷的分布特征

9.1　引　　言

本章对不同施肥下稻田田面水磷元素粒径分布特征及形态进行分析，评估了稻田磷流失潜能及流失形式，探究了磷肥施用下稻田田面水胶体磷的分布特征及可能的流失风险。

9.2　试验设计与分析方法

9.2.1　试验地概况

稻田肥料定位试验点位于浙江省嘉兴市王江泾镇双桥农场（图 9-1），30.83°N，120.72°E，为亚热带季风气候，年平均温度为 15.7℃，年平均降水量为 1200mm。土壤类型为青紫泥，潜育型水稻土。耕层土壤的理化性状为：pH，6.8；SOC，19.2g/kg；总氮，

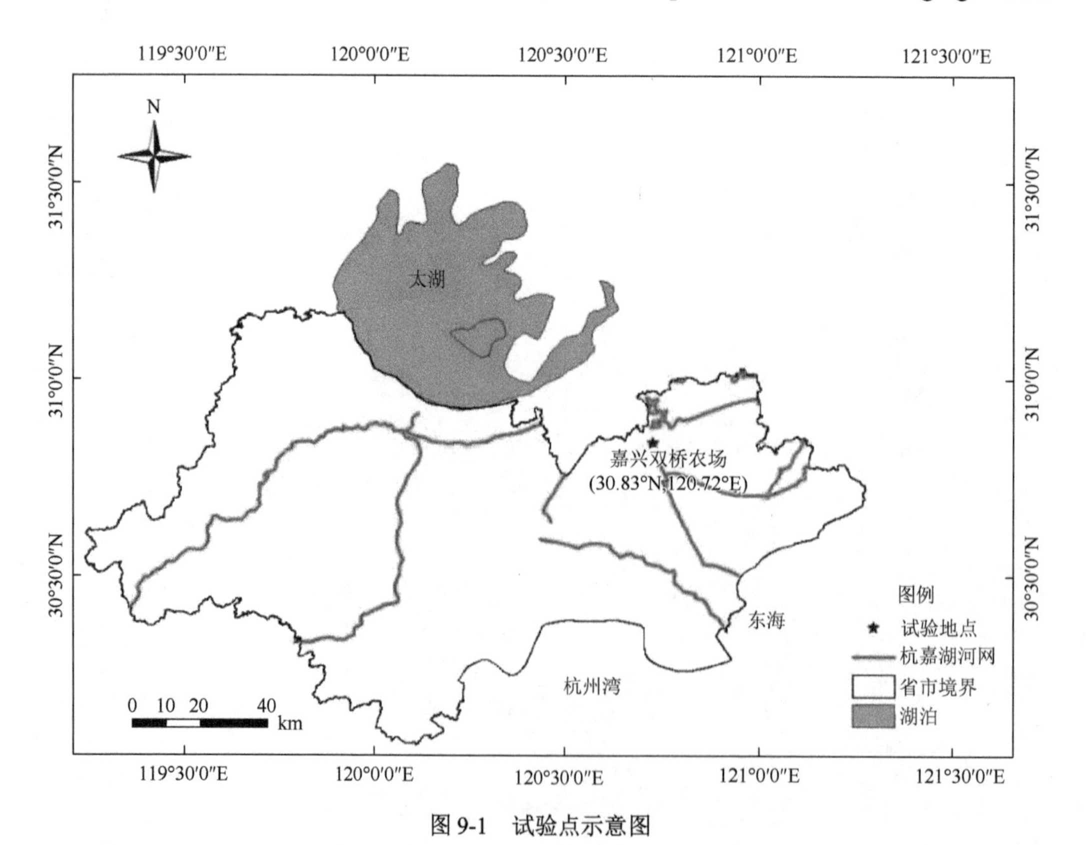

图 9-1　试验点示意图

1.93g/kg；总磷，1.53g/kg；阳离子交换量（CEC），8.10cmol/kg。种植模式为水稻-油菜轮作。水稻季为6～11月，油菜季为11月到次年5月。试验开始于2005年，于2013年选取水稻生长季进行研究，试验小区实景见图9-2。

图9-2　试验点实景图

9.2.2　试验设计

试验以过磷酸钙作为无机肥，腐熟的猪粪为有机肥（理化性质见表9-1），在保证氮肥施用量相同的情况下，设置4组磷肥水平：不施磷肥处理CK；无机磷肥处理IP1，施磷量为26kg P/hm^2；有机肥处理OM，施磷量与IP1保持相同；无机磷肥处理IP2，施磷量为39kg P/hm^2。每组3个平行，共12个小区，小区面积为20m^2（5m×4m），呈两行随机分布。靠外围的一侧设有保护行，小区田埂用塑料薄膜包被以防串流和侧渗，小区田埂筑高20cm。磷肥作为基肥一次性采用撒施的方式施入。根据当地农事实际情况，通过灌溉和排水使稻田水位维持在50mm左右。

表9-1　猪粪有机肥的理化性质

类别	pH	含水率/%	有机质/(g/kg)	离子交换容量/(cmol/kg)	总磷/(g/kg)	总氮/(g/kg)	铁含量/(g/kg)	铝含量/(g/kg)
猪粪	8.3±0.2	63±2.5	695.3±45.7	42.01±6.40	10.7±0.17	36.7±0.37	6.78±0.12	11.57±0.27

9.2.3　样品采集与分析

1. 田面水样采集

水稻移栽后的第18d（2013年7月11日）施肥，施肥前一天及施肥后一周内隔天采集田面水，即施肥后第 1d、3d、5d、7d 各采集一次，然后第 12d、19d、26d、40d、54d、68d 各采集一次，共计采集了 11 次田面水样。将样品放于高密度聚四氟乙烯瓶中，并迅速带回实验室分析，未能当天分析的水样保存在 4℃冰箱中，于次日分析。

2. 胶体分离与磷的测定

水样总磷由酸性过硫酸钾消解后钼蓝比色法测定。水样胶体磷的测定方法如下：一定体积水样过 1μm 滤膜（样品 I），在 300000×g 下离心 2h（Optima TL，Beckman，Unterschleissheim，Germany）去除胶体物质，上清液即溶解态水样（样品 II）。根据斯托克斯公式（Gimbert et al.，2005）计算可知，本章中胶体的粒径范围是 0.01～1μm。

样品 I 和样品 II 分别加入酸性过硫酸钾在 121℃水浴锅中消解 1h，加入抗坏血酸在 95℃水浴锅中静置 1h，由钼蓝比色法测定磷浓度，两水样样品磷浓度之差即为胶体磷浓度。样品 II 求得的浓度即为溶解态磷的浓度。无机磷（MRP）由样品直接与钼酸盐反应比色测得，而有机磷（MUP）由总磷与无机磷浓度做差求得，由此可以分别求得总磷、胶体磷、溶解态无机磷和有机磷浓度（Liu et al.，2011）。所有试剂瓶均以稀硝酸浸泡后去离子水洗涤三次。

3. 结果分析方法

田面水总磷及各粒级磷的负荷值 Load 由单位面积小区的量值来表达（mg/m^2），其计算公式如下：

$$\text{Load}=\frac{C_i\times V_i}{A}=C_i\times h_i \tag{9-1}$$

式中，C 为总磷或者各粒级磷浓度（mg/L）；V 为土壤表面以上田面水的体积（m^3）；A 为水稻田小区的面积（20m^2）；h 为水位尺量得的田面水水深（m）；i 为施肥后的天数。

总磷及各粒级磷浓度随时间变化的规律采用指数函数、幂函数与对数函数 3 种函数进行回归分析。指数函数、幂函数与对数函数描述分别如下：

$$\begin{gathered} y=a\times\exp(b\times t)\\ y=a\times t^b \\ y=a+b\times\ln t \end{gathered}\tag{9-2}$$

式中，y 为稻田田面水磷浓度值；t 为施肥后的天数；a 和 b 为需要计算的参数。

9.2.4　数据处理

利用 Excel 2010、SPSS 19.0 软件对数据进行统计作图，所有数据测定结果均以 3 次重复的平均值表示，方差显著性分析采用 LSD 法。

9.3　气象水文参数变化情况记录

水稻于2013年6月24日移栽，至11月8日收割，历时138d。水稻种植期间，累积降雨量531.4mm，有几场较大强度的降雨，其中最大强度日降雨是10月7日，降雨量96.8mm。因7月受副热带高气压影响，天气较为炎热，水稻种植期日平均气温26.4℃。水稻田保持为淹水状态，是该地区典型的种植模式，通过灌溉将田面水保持在50mm。当发生较大强度降雨时将产生农田径流。2013年水稻生长期内降雨量和气温分布见图9-3。

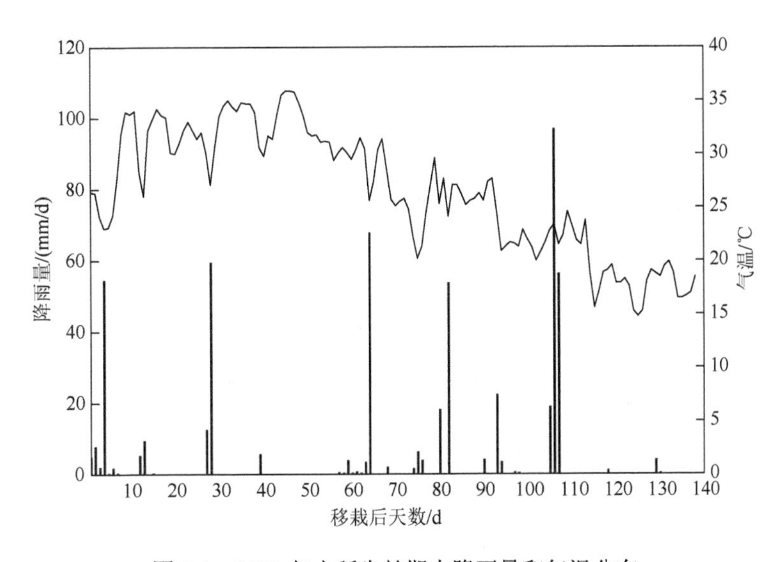

图9-3　2013年水稻生长期内降雨量和气温分布

9.4　稻田田面水总磷浓度变化

水稻基肥施入后，稻田田面水中总磷的浓度随施肥量的增加而增加，并呈现一种随时间延长逐渐降低的趋势，且施用无机磷肥与有机肥下田面水中磷元素浓度也呈现了一定差异性（图9-4）。水稻淹水期，基肥施入前CK、IP1、OM和IP2四种处理下田面水总磷浓度分别为0.15mg/L、0.44mg/L、0.54mg/L和0.56mg/L。有机肥处理下稻田田面水总磷浓度较IP1处理高，这可能因为长期施用有机肥与轮作可降低土壤对磷的吸持量（戚瑞生，2012）。水稻生长季CK、IP1、OM和IP2处理下总磷的变化范围分别是0.12～0.19mg/L、0.12～1.84mg/L、0.11～1.66mg/L和0.12～2.26mg/L。施肥处理下总磷的最高浓度出现在施肥后第1d，IP1、OM和IP2处理下总磷浓度分别是CK处理下的9.7倍、8.7倍和11.9倍。但随着时间的推移，田面水总磷浓度迅速降低，在施肥后第7d，IP1、OM和IP2处理下总磷浓度降为峰值的31.6%、37.3%和25.7%。基肥施入后一个月左右（第40d）田面水浓度趋于一个相对的稳定值，CK、IP1、OM 和 IP2 四种处理下田面水总磷浓度无差异，稳定在 0.12mg/L 左右，已经低于国家地表水水质标准 V 类水 0.4mg/L 的值。施肥初期，农田排水对周围水体环境的污染风险不可忽视。稻田田面水磷浓度变化规律与前人研究相似（叶玉适，2014；张志剑，2001）。

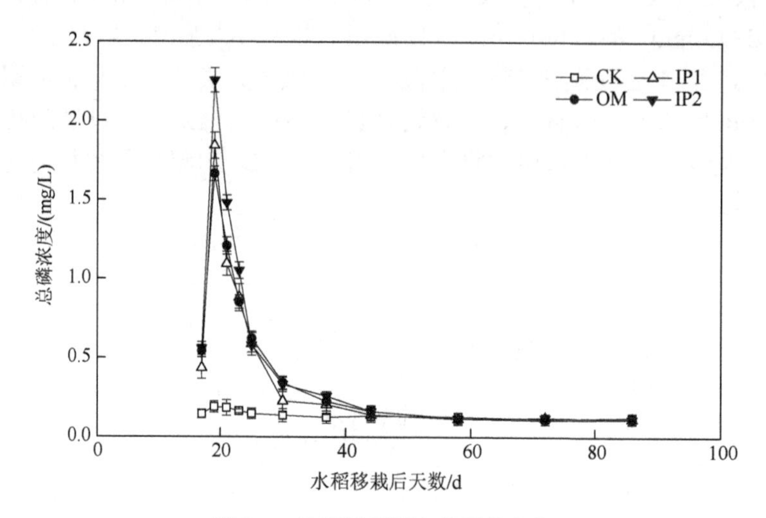

图 9-4　施肥后田面水总磷的变化

施用有机肥与无机磷肥相比，田面水总磷浓度降低趋势呈现显著不同。有机肥施用下，总磷浓度降低缓慢。从施肥后第 3d 开始，OM 处理下的田面水总磷浓度高于 IP1 处理，IP1 处理下田面水总磷浓度在施肥后第 12d 已低于 Sharpley（1995）提出的农田排水总磷浓度的限制标准 0.25mg/L，而 OM 处理下的田面水在 19d 才低于此值。可见，有机肥相比无机磷肥使田面水磷浓度保持较高水平，提高了磷流失风险。

9.5　稻田田面水胶体磷分布特征

利用式（9-1），分别计算水稻生长季稻田田面水中总磷、颗粒态磷、胶体磷和溶解态磷的负荷值。从图 9-5 可以看出，施肥释放大量的磷元素，溶解态磷负荷在施肥后第 1d 就达到最高值，CK、IP1、OM、IP2 处理下分别为 5.73mg/m^2、74.64mg/m^2、46.81mg/m^2、90.24mg/m^2，然后逐渐降低，无机磷肥对溶解态磷的影响较有机肥明显。随着施肥时间的延长，颗粒态磷和溶解态磷都呈现下降趋势，且施肥后的一周内下降最快，而胶体磷的变化相对稳定，主要在 OM 处理下胶体磷的降低明显。CK 处理下，颗粒态磷负荷范围为 2.24～3.65mg/m^2，胶体磷为 0.52～1.34mg/m^2，溶解态磷为 1.79～5.73mg/m^2；IP1 处理下，颗粒态磷负荷范围为 2.84～12.90mg/m^2，胶体磷为 0.55～6.16mg/m^2，溶解态磷为 1.74～74.64mg/m^2；OM 处理下，颗粒态磷负荷范围为 2.91～23.22mg/m^2，胶体磷为 0.70～13.16mg/m^2，溶解态磷为 1.65～46.81mg/m^2；IP2 处理下，颗粒态磷负荷范围在 3.03～14.80mg/m^2，胶体磷为 0.86～7.90mg/m^2，溶解态磷为 1.55～90.24mg/m^2。从各粒级磷负

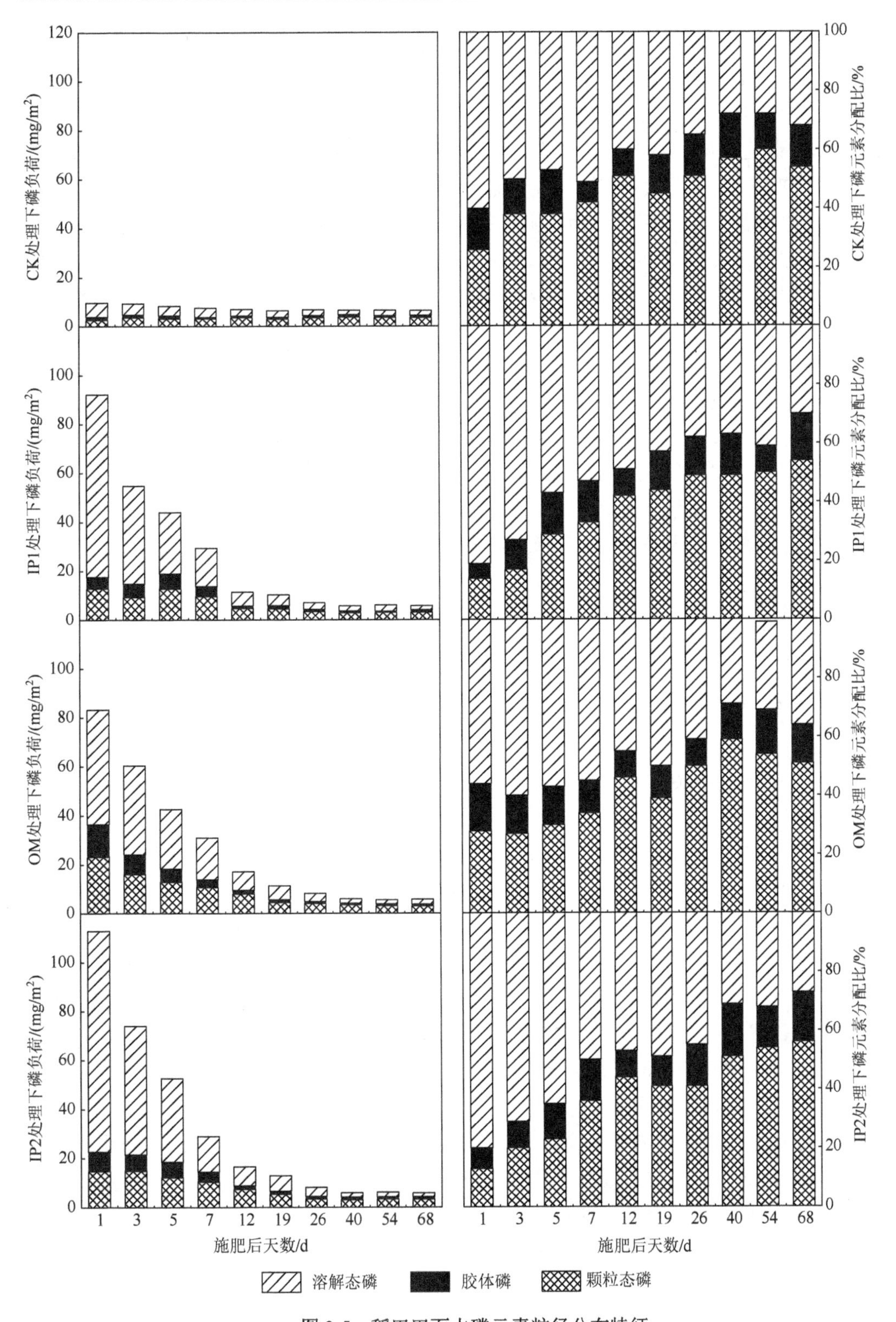

图9-5　稻田田面水磷元素粒径分布特征

荷变化趋势看，稻田田面水前期磷元素主要以溶解态磷形式存在，后期以颗粒态为主，这与 Zhang 等（2007）对稻田田面水的研究结果一致。

颗粒态磷、胶体磷和溶解态磷在总磷中所占比例分别为 13%～59%、7%～18%和 27%～81%。颗粒态磷和溶解态磷是磷的主要形式，胶体磷相对稳定，含量较低。CK 处理下，各级粒级磷变化不大，前期可能受边际效应的影响，溶解态磷含量略有增加。颗粒态磷比例逐渐升高，最后接近稳定。后期颗粒态磷、胶体磷和溶解态磷稳定含量分布在 50%～60%、10%～20%和 20%～30%。Zhang 等（2007）的研究得出颗粒态磷在稻田田面水中最后稳定在 50%左右的结论，与本书的结果类似。有机肥施用后第 1d 溶解态磷含量占总磷的比例为 60%，明显低于无机磷肥处理的 80%，而且胶体磷含量较高，颗粒态磷含量前期较为稳定，这可能在于有机肥富含有机质，入水后释放大量有机悬浮物质，增加了胶体、颗粒态物质含量。

施肥后田面水磷元素负荷显著提高，如果遇到降雨磷流失的风险极大，而且溶解态磷在总磷中的比例最大，可能主要会以溶解态方式流失，因此施肥后可以通过调节田面水位，防止因降雨产生营养元素流失。后期田面水中颗粒态磷是磷元素的主要部分，但是此时总磷浓度已经不高，流失风险相对前期要小很多。

9.6　稻田田面水无机磷与有机磷的分布变化

水稻田面水中无机磷是水中总磷的主要部分，占到总磷的 45%～82%，有机磷含量相对较小（图 9-6）。无机磷在总磷中的比例高，提供植物可直接利用性磷的能力强，对植物的生长有一定帮助。施肥使田面水中无机磷和有机磷的含量迅速增加，无机肥对无机磷含量的增加较有机肥明显，但是有机肥对有机磷含量的增加效应较无机肥更为显著。各施肥处理下，无机磷在施肥后第 1d 都达到峰值，CK、IP1、OM、IP2 的负荷最高值分别为 6.31mg/m^2、75.18mg/m^2、58.93mg/m^2、92.98mg/m^2，且无机磷在施肥后的一周下降迅速，施肥后第 7d 各处理降为 4.61mg/m^2、19.58mg/m^2、17.43mg/m^2、19.31mg/m^2，OM 处理下无机磷的下降较无机肥缓慢。CK、IP1、OM、IP2 处理下有机磷在施肥后第 1d 也达到峰值，负荷分别为 3.24mg/m^2、16.97mg/m^2、24.27mg/m^2、19.82mg/m^2，随着时间的推移也呈现一个降低的过程。但是 OM 处理下，有机磷含量在一周内呈现相对稳定的态势，负荷分布在 13.62～24.27mg/m^2，之后才逐渐降低。

土壤受风化因素影响，CK 处理下无机磷在总磷中所占比例相对稳定，为 60%左右。IP1 和 IP2 处理下前期无机磷含量增加，能够达到总磷的 80%以上，这是因为施用磷肥释放大量磷元素，而且这些磷元素主要是钼蓝可反应性的。相比无机磷肥处理，OM 处理下水中无机磷在总磷中的比例前期未有明显增加，保持相对稳定，约占总磷的 60%。这可能是因为有机肥富含较高含量的有机磷，在水中溶解后释放无机磷的同时也释放了有机磷。随着时间的推移，水稻后期，无机磷和有机磷在总磷中的比例维持相对稳定，各处理间没有差异，无机磷占总磷的 50%～60%，有机磷占 40%～50%。

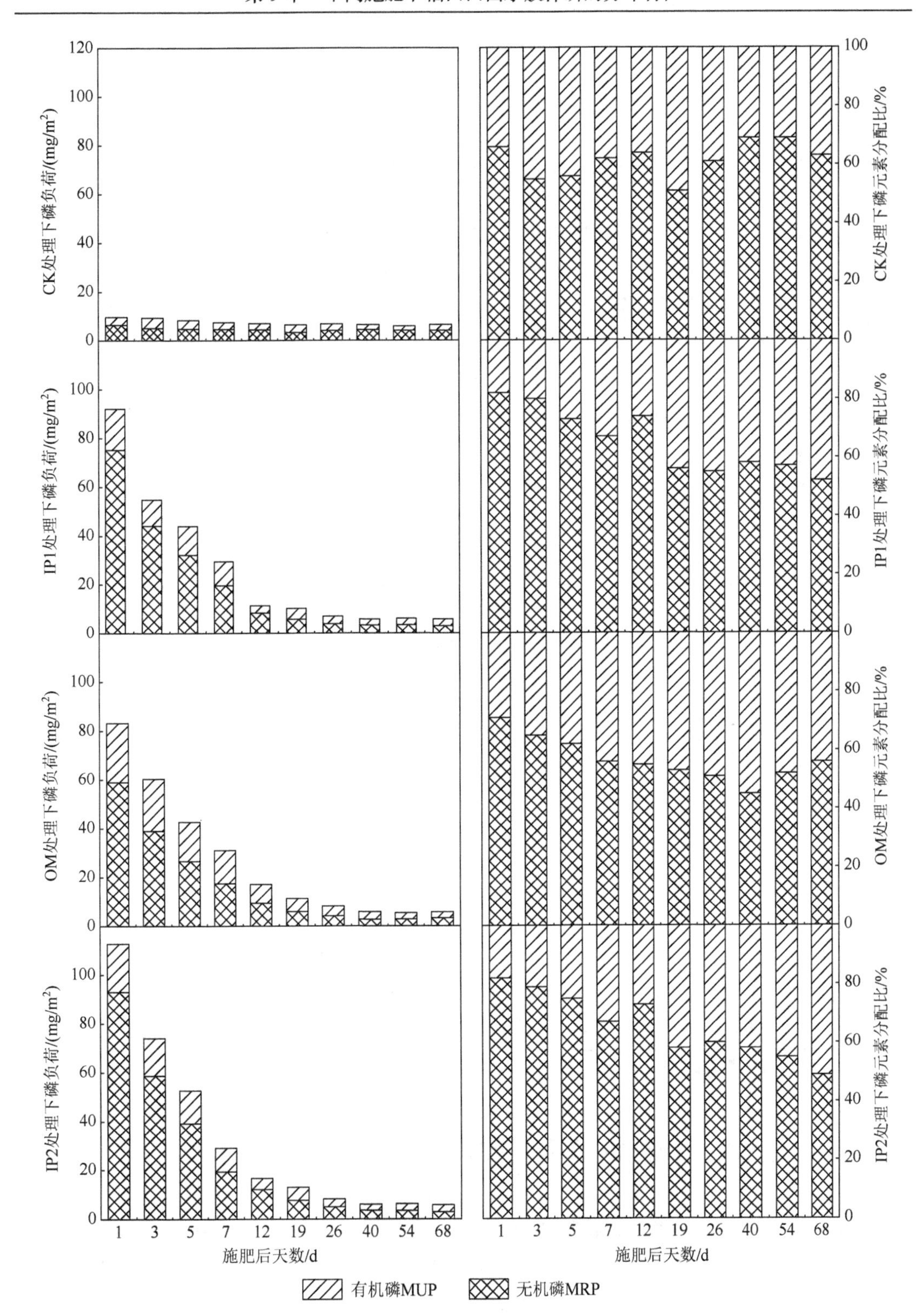

图 9-6　稻田田面水中无机磷及有机磷含量分布特征

9.7　无机磷在不同粒级上的变化

各粒级上无机磷与总磷的变化相符，随着施肥时间的延长，田面水无机磷负荷逐渐降低（表 9-2）。施肥影响最大的是溶解态无机磷，且有机肥对溶解态无机磷的影响在施肥前期显著小于无机肥作用，而施肥后第 7d OM 处理下溶解态无机磷高于其他施肥处理，第 26d 后施肥处理间无差异。对于颗粒态磷来说，无机磷是其主要组成，可占颗粒态磷的 59%～96%。磷肥施用提高了颗粒态无机磷的含量，特别是有机肥因释放含磷量高的微粒，其颗粒态无机磷与其他处理间产生显著差异（P<0.05），施肥后第 19d 各施肥处理已无差异。胶体无机磷规律与颗粒态类似，其含量相对较低，有机肥施用下田面水中胶体无机磷负荷显著提高，高达 5.91mg/m^2。

表 9-2　稻田田面水无机磷在不同粒级上的变化　　（单位：mg/m^2）

处理		施肥后天数									
		1d	3d	5d	7d	12d	19d	26d	40d	54d	68d
DP	CK	3.67 d	2.28 d	1.19 d	1.47 b	1.25 c	0.60 c	0.83 c	0.95 a	0.83 a	0.73 a
	IP1	62.46 b	32.45 b	17.36 c	13.00 b	8.66 b	2.21 b	1.65 ab	1.13 a	0.87 a	0.72 a
	OM	37.18 c	25.50 c	22.39 b	18.79 a	11.01 a	6.30 a	2.56 a	1.04 a	0.86 a	0.74 a
	IP2	77.88 a	44.23 a	30.28 a	15.79 b	8.86 b	2.61 b	2.28 a	1.10 a	0.81 a	0.86 a
CP	CK	0.56 d	0.26 c	0.58 c	0.23 c	0.26 c	0.37 c	0.45 b	0.58 a	0.46 a	0.44 a
	IP1	2.78 c	2.77 b	2.28 b	1.73 b	1.11 b	0.90 a	0.59 ab	0.56 a	0.55 a	0.47 a
	OM	5.91 a	3.99 a	3.89 a	2.47 a	1.66 a	1.07 a	0.84 a	0.60 a	0.48 a	0.42 a
	IP2	4.46 b	2.82 b	2.32 b	1.94 ab	1.25 b	1.10 a	0.79 a	0.68 a	0.45 a	0.39 a
PP	CK	2.08 c	2.51 c	2.87 c	3.20 c	2.88 b	3.37 b	3.27 b	4.12 a	3.50 a	3.59 a
	IP1	9.94 b	7.55 b	8.43 b	7.55 b	7.57 a	5.70 a	5.43 a	3.84 a	3.68 a	3.72 a
	OM	15.84 a	11.99 a	10.58 a	8.26 a	7.55 a	5.85 a	5.65 a	4.19 a	4.05 a	3.77 a
	IP2	10.66 b	9.44 b	9.34 b	7.59 b	6.92 a	6.16 a	5.24 a	4.54 a	3.50 a	3.92 a

注：DP、CP、PP 分别代表溶解态磷、胶体磷、颗粒态磷。表中同一列数据后面不同字母表示差异达 P<0.05 显著水平。

9.8　各粒级磷浓度随施肥时间的回归分析

田面水总磷、颗粒态磷、胶体磷、溶解态磷从施肥第 1d 至最后一次采样的时间变化曲线分别用指数函数、幂函数与对数函数拟合，如表 9-3 所示。其中，幂函数的拟合效果要好于指数函数和对数函数。对溶解态磷的拟合效果较好，而胶体磷的拟合效果较差。总体上来看，拟合曲线可以有效预测各粒级磷的变化趋势，对评估磷元素流失风险具有积极作用。

表 9-3　2013 年稻田田面水各粒级磷负荷浓度随施肥时间的回归分析

处理		指数函数 $y=a\times\exp(b\times t)$			幂函数 $y=a\times t^b$			对数函数 $y=a+b\times\ln t$		
		a	b	R^2	a	b	R^2	a	b	R^2
TP	CK	0.164	−0.006	0.606	0.194	−0.120	0.904	0.191	−0.018	0.899
	IP1	0.765	−0.037	0.674	2.138	−0.752	0.949	1.542	−0.400	0.881
	OM	0.842	−0.039	0.762	2.239	−0.750	0.966	1.506	−0.382	0.922
	IP2	0.965	−0.041	0.729	2.821	−0.805	0.968	1.915	−0.502	0.881
PP	CK	3.054	0.002	0.221	2.812	0.055	0.392	2.835	0.166	0.379
	IP1	9.391	−0.022	0.696	16.164	−0.420	0.865	13.572	−2.745	0.833
	OM	13.296	−0.029	0.769	27.259	−0.551	0.972	21.149	−4.886	0.949
	IP2	11.442	−0.025	0.753	20.558	−0.463	0.898	16.372	−3.416	0.919
CP	CK	0.931	−0.003	0.041	1.115	−0.096	0.187	1.174	−0.104	0.292
	IP1	3.734	−0.031	0.627	8.061	−0.597	0.776	6.063	−1.375	0.711
	OM	4.896	−0.038	0.629	14.720	−0.787	0.937	10.784	−2.851	0.855
	IP2	4.583	−0.031	0.655	10.633	−0.624	0.893	8.028	−1.923	0.878
DP	CK	4.085	−0.014	0.686	5.922	−0.274	0.947	5.491	−0.918	0.949
	IP1	23.976	−0.048	0.698	89.614	−0.973	0.963	57.491	−15.870	0.828
	OM	23.743	−0.049	0.785	76.304	−0.917	0.946	43.360	−11.370	0.917
	IP2	31.831	−0.055	0.776	126.14	−1.061	0.973	71.363	−19.77	0.835

注：TP、DP、CP、PP 分别代表总磷、溶解态磷、胶体磷、颗粒态磷。

9.9　小　　结

通过田间试验，本章研究了不同施肥下水稻生态系统田面水中总磷和各粒级磷浓度在水稻生长季的变化，以及无机磷和有机磷在不同粒级上的分配特征，得到了以下几点结论。

（1）施肥显著提高了稻田田面水磷浓度，施肥后第 1d 总磷即达峰值，然后逐渐降低，施肥后的第一周下降最快，一个月左右（第 40d）田面水浓度趋于一个相对的稳定值 0.12mg/L。有机肥施用下总磷负荷峰值较无机磷肥低，且下降得缓慢。

（2）受到施肥的影响，稻田田面水前期磷元素主要以溶解态磷形式存在，后期以颗粒态磷为主。有机肥富含有机质，入水后释放大量有机悬浮物质，增加了胶体、颗粒态物质含量。胶体磷在田面水中占总磷的 7%～18%，在稻田田面水中相对稳定。

（3）施肥提高了田面水无机磷含量，无机磷肥处理下能占到总磷的 80%以上，而有机肥处理下为总磷的 60%。随着时间变化逐渐降低，最终无机磷和有机磷能够达到相对稳定，无机磷占总磷的 50%～60%，有机磷为 40%～50%。颗粒态磷中无机磷是其主要成分，占到 59%～96%。而溶解态磷的主要成分由施肥后的无机磷逐渐变成有机磷。胶体磷含量小，且受施肥、吸附作用等因素影响，无机磷和有机磷含量组成变化不稳定。

（4）利用拟合曲线预测田面水磷浓度负荷变化效果较好，对于评估磷元素流失风险具有积极作用。

参 考 文 献

戚瑞生. 2012. 长期施肥与轮作对农田土壤磷素吸持特性和磷素形态的影响. 杨凌：西北农林科技大学.

叶玉适. 2014. 水肥耦合管理对稻田生源要素炭氮磷迁移转化的影响. 杭州：浙江大学.

张志剑. 2011. 水田土壤磷素流失的数量潜能及控制途径的研究. 杭州：浙江大学.

Gimbert L J, Haygarth P M, Beckett R, et al. 2005. Comparison of centrifugation and filtration techniques for the size fractionation of colloidal material in soil suspensions using sedimentation field-flow fractionation. Environmental Science & Technology, 39(6): 1731-1735.

Liu J, Liang X Q, Yang J J, et al. 2011. Size distribution and composition of phosphorus in the East Tiao River, China: the significant role of colloids. Journal of Environmental Monitoring, 13: 2844-2850.

Sharpley A N. 1995. Identifying sites vulnerable to phosphorus loss in agricultural runoff. Journal of Environmental Quality, 24 (5): 947-951.

Zhang Z J, Zhang J Y, He R, et al. 2007. Phosphorus interception in floodwater of paddy field during the rice-growing season in TaiHu Lake Basin. Environmental Pollution, 145 (2): 425-433.

第 10 章　不同施肥下稻田径流排水中胶体磷的流失规律

10.1　引　　言

本章研究了不同施肥下降雨产生的稻田径流排水中各粒级磷的组成特点，无机磷和有机磷的所占比重。胶体微粒中铁铝氧化物等对磷具有显著的吸附作用，分析了此作用下微量元素与磷的相关关系，进而总结了稻田径流排水中胶体磷的流失规律，评估了胶体磷的流失风险。

10.2　试验设计与分析方法

10.2.1　样品采集与分析

1. 径流水样采集

较大强度降雨会产生径流排水，分别于稻田施肥后的第 10d、46d、64d 的降雨过程中，在试验田排水口采集径流样品。试剂瓶为高密度聚四氟乙烯瓶，采样结束后，使用移动冰箱带回实验室分析，未能当天分析的水样保存在 4℃冰箱中，于次日分析。

2. 样品测定

水样各粒级磷参照前章内容测定，分别取定量（5mL）过 1μm 滤膜的水样（样品Ⅰ）和超离心后水样（样品Ⅱ），加入 2mL 硝酸后进行微波消解，以 ICP-OES（Model IRAS-AP，TJA）测定 P、Fe、Al 元素总量，样品Ⅰ和样品Ⅱ差值即为胶体态物质的浓度。TOC 含量以 TOC 分析仪（Multi N/C 3100，AnalytikjenaAG，Jena，Germany）测定。

3. 样品分析

颗粒态磷、胶体磷和溶解态磷是磷元素在水体中存在的相态分类，无机磷和有机磷是磷元素在水体中的活性分类，然而颗粒态、胶体态和溶解态中也存在着无机磷和有机磷，现将 Kr 作为磷在某一相态下的活性系数，公式表达为

$$\mathrm{Kr} = \mathrm{MRP}_i/\mathrm{MUP}_i \tag{10-1}$$

式中，MRP、MUP 分别为同一相态下的无机磷、有机磷浓度（mg/L）；i 表示磷的相态，为颗粒态或胶体态或溶解态；Kr 为此相态下的磷活性能力，值越大，此相态下无机磷比例越高，可被生物直接利用的能力越强。

10.2.2　数据处理

数据分析使用 SPSS 19.0 软件，作图用 Origin 8.0 进行。数据测定结果均以 3 次重复的平均值表示，方差显著性分析采用 LSD 法。

10.3　稻田径流中磷元素粒径组成

随着施肥时间的延长，降雨产生的径流中磷浓度相应降低（图 10-1）。在离施肥时间最近的一次径流排水中，磷浓度受到施肥的影响较大，进而施肥处理下磷的流失量大，

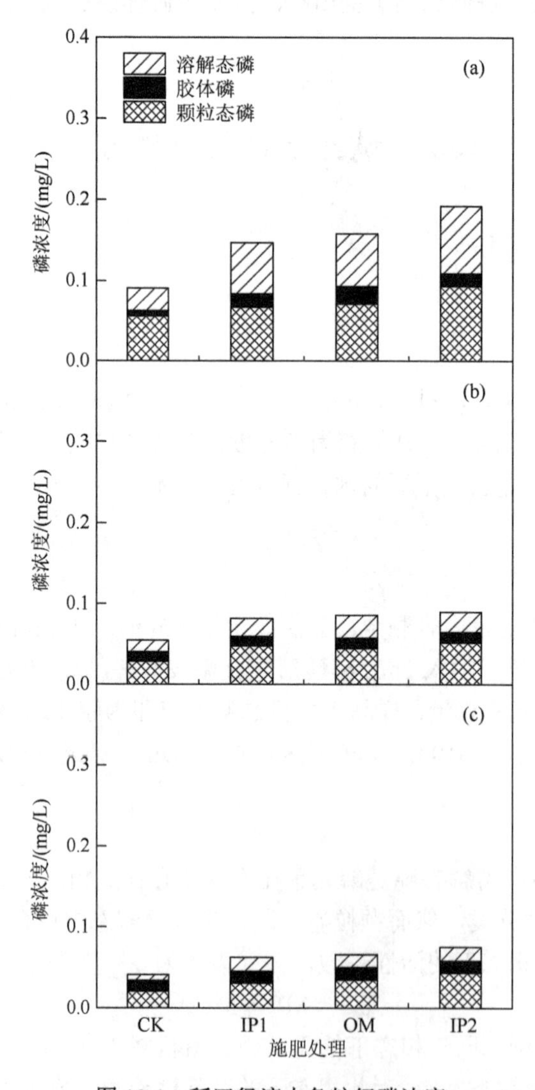

图 10-1　稻田径流中各粒级磷浓度

（a）、（b）、（c）对应的采样时间为施肥后第 10d、46d、64d

图 10-1（a）中显示磷流失浓度 IP2＞OM＞IP1＞CK。CK、IP1、OM、IP2 处理下径流排水中总磷浓度分别为 0.09mg/L、0.15mg/L、0.16mg/L、0.19mg/L。距离施肥 46d，产生的径流排水磷浓度显著降低，CK、IP1、OM、IP2 处理下总磷浓度分别为 0.05mg/L、0.08mg/L、0.09mg/L、0.09mg/L，施肥各处理之间无显著差异（$P<0.05$）。而距离施肥 64d 的径流排水中，施肥处理总磷浓度进一步降低，分别是 0.04mg/L、0.06mg/L、0.06mg/L、0.07mg/L。由此可见，施肥与径流发生的时间间隔是决定径流磷元素损失的重要因素（陆欣欣等，2014）。

从径流样品各粒级磷浓度分布看，颗粒态磷是稻田磷流失的主要形式（Fuchs et al.，2009）。施肥可以显著提高溶解态磷的浓度，因而前期径流溶解态磷浓度比重也较高。施肥后第 10d 的流失中 CK、IP1、OM、IP2 处理下颗粒态磷分别占到总磷的 60.9%、45.3%、44.7%、48.5%；溶解态磷分别占到总磷的 31.0%、42.9%、41.1%、43.3%；胶体磷比重最低，但是不同施肥之间差异明显，各处理中 OM 处理下胶体磷浓度最高，达 0.02mg/L，这可能是因为有机肥能够释放微粒态的有机质，结合磷元素提高了胶体磷浓度。颗粒态磷和胶体磷的输出在 OM 处理下相比 IP1 分别增加了 6.0%和 29.4%。施肥后第 46d 径流排水中，颗粒态磷浓度占到总磷的 50%以上。胶体磷浓度相对稳定，各处理无显著差异（$P<0.05$），浓度约为 0.01mg/L。CK、IP1、OM、IP2 处理下溶解态磷浓度分别是 0.01mg/L、0.02mg/L、0.03mg/L、0.03mg/L。施肥后第 64d 的径流样品浓度中，仍以颗粒态磷的流失为主。由此可以看出，稻田径流排水中以颗粒态磷为主，但施肥前期受磷肥溶解产生溶解态磷影响，径流排水中增加了磷的输出（Withers et al.，2001；Zhang et al.，2003）。而胶体磷相对稳定，在有机肥施用下有所增加。

10.4　稻田径流中无机磷与有机磷的组成

不同施肥处理下稻田径流排水中无机磷和有机磷呈现不同的变化趋势，无机磷是径流流失的主要磷元素组成，占到总磷的 47.3%～75.9%（图 10-2）。施肥后第 10d 的径流排水中，无机磷在 CK、IP1、OM、IP2 处理之间存在显著性差异（$P<0.05$），且随着施肥量的增加而增加，但 OM 处理组可能因为有机肥释放的无机磷含量较无机磷肥少，使径流中无机磷含量仅为 0.09mg/L，低于 IP1 处理的 0.11mg/L。而有机磷的含量在 OM 处理下却达到了 0.07mg/L，显著高于 IP1 的 0.04mg/L 和 IP2 的 0.05mg/L。距离施肥时间越长，磷浓度会越低。在施肥后第 46d 的径流中，无机磷含量已经显著降低，CK、IP1、OM、IP2 处理分别为 0.03mg/L、0.05mg/L、0.04mg/L、0.06mg/L，施肥处理无显著差异（$P<0.05$），而有机磷为 0.03mg/L、0.03mg/L、0.05mg/L、0.04mg/L，OM 处理下仍比其他处理高。在施肥后第 64d，径流排水中磷浓度进一步降低，无机磷的含量在 0.02～0.04mg/L，施肥处理之间无显著差异（$P<0.05$），而有机磷的含量在 0.02mg/L，施肥处理之间也无显著差异（$P<0.05$）。

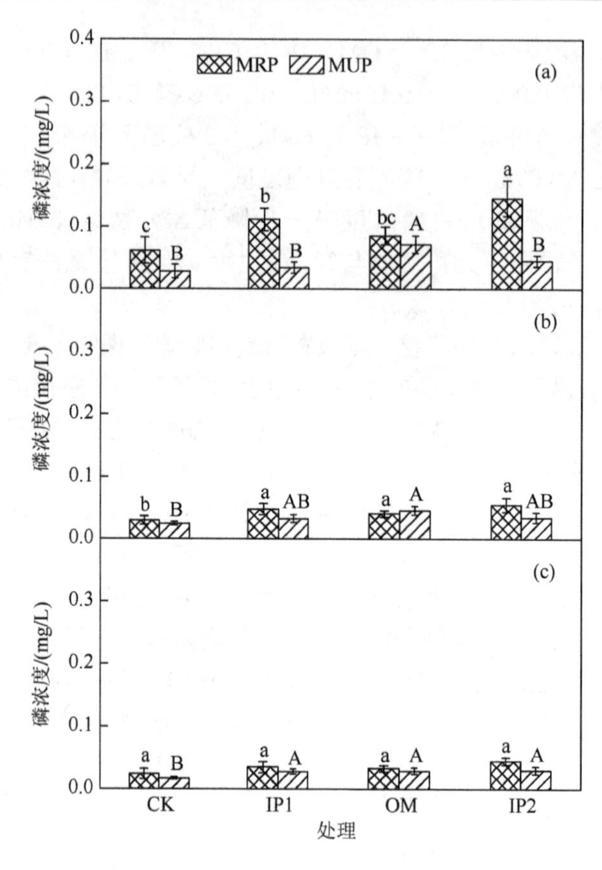

图 10-2　稻田径流中无机磷和有机磷浓度

（a）、（b）、（c）对应的采样时间为施肥后第 10d、46d、64d；同行不同小写字母表示无机磷间差异显著（$P<0.05$），不同大写字母表示有机磷间差异显著（$P<0.05$）

10.5　稻田径流中胶体态元素的含量特征

磷元素流失会受到土壤基质的吸附作用，悬浮在水体中的颗粒物质因铁铝氧化物的存在对磷的吸附也很明显（Regelink et al.，2013）。胶体作为水体中的悬浮物质，因吸附作用的存在，胶体中的铁铝氧化物以及有机质等与胶体磷存在密切关系。稻田径流中胶体磷、胶体铁、胶体铝、胶体总有机碳的浓度即显示了它们的关系（表 10-1）。施肥后的第 10d，因有机肥富含有机质及其他矿质元素，OM 处理下径流中的胶体磷、胶体铁、胶体铝、胶体总有机碳与其他处理之间有显著性差异（$P<0.05$）。无机肥之间胶体上的元素没有差异，但与 CK 相比，胶体磷和胶体总有机碳存在显著差异（$P<0.05$），这可能是磷的施用以及竞争吸附的作用，使土壤中的有机碳存在解吸现象（Beck et al.，1999；Gao et al.，2014）。施肥后第 46d 和第 64d 径流中胶体磷、胶体铁、胶体铝、胶体总有机碳的浓度在 OM 处理下相对较高，但各处理间的差异已不显著（$P<0.05$）。

表 10-1　稻田径流中胶体磷、胶体铁、胶体铝、胶体总有机碳的浓度　（单位：μg/L）

时间	类别	处理			
		CK	IP1	OM	IP2
7 月 21 日	P_{coll}	7.40 c	17.40 b	22.29 a	15.81 b
	TOC_{coll}（$\times 10^3$）	57.70 c	63.63 bc	107.36 a	66.53 b
	Fe_{coll}	236.46 b	247.93 b	262.15 a	253.23 b
	Al_{coll}	125.04 b	128.16 b	142.21 a	132.13 b
8 月 26 日	P_{coll}	11.92 a	12.16 a	13.42 a	13.30 a
	TOC_{coll}（$\times 10^3$）	59.11 a	60.18 a	61.41 a	58.64 a
	Fe_{coll}	221.92 a	226.36 a	234.58 a	222.35 a
	Al_{coll}	112.99 a	117.02 a	122.11 a	121.05 a
9 月 13 日	P_{coll}	13.84 a	15.03 a	15.67 a	14.84 a
	TOC_{coll}（$\times 10^3$）	46.44 a	48.61 a	47.35 a	46.62 a
	Fe_{coll}	210.32 a	217.43 a	220.21 a	218.68 a
	Al_{coll}	110.08 a	112.12 a	118.15 a	115.04 a

注：表中同一行数据后面不同字母表示差异达 $P<0.05$ 显著水平。

稻田田面水中的胶体来源于土壤基质的释放，外源施肥作用下稻田排水中胶体磷的存在与胶体中矿质元素和有机质有明显的正相关性（表 10-2）。胶体无机磷浓度与胶体总磷相关性达到了 0.935，说明在稻田径流排水中胶体无机磷是胶体磷流失的重要形式。胶体无机磷与胶体上的铁、铝元素和有机碳的相关性分别为 0.814、0.746 和 0.769，高于胶体磷的 0.639、0.610 和 0.707，充分说明了胶体对磷元素吸附作用的存在，胶体磷是磷元素流失的一种重要形式。

表 10-2　稻田径流中胶体磷、胶体无机磷、胶体铁、胶体铝、胶体总有机碳的相关性分析（$n=36$）

Trait a	P_{coll}	MRP_{coll}	TOC_{coll}	Fe_{coll}	Al_{coll}
P_{coll}	1				
MRP_{coll}	0.935**	1			
TOC_{coll}	0.707**	0.769**	1		
Fe_{coll}	0.639**	0.814**	0.692*	1	
Al_{coll}	0.610*	0.746*	0.753*	0.729*	1

* $P<0.05$；** $P<0.01$。

10.6　稻田径流中各粒级磷的活性强度

无机磷是生物可直接吸收利用的重要形式。无机磷的比例越高，生物生长直接利用的磷元素越丰富，而流失水体中无机磷的高浓度可极大地促进水体富营养化的发生。稻田径流排水中磷元素存在颗粒态、胶体态、溶解态三相，这三相中无机磷和有机磷比重不同。从三次径流样品各粒级磷中活性系数 Kr 的大小看，颗粒态磷的活性系数远高于胶体态和溶解态，分布在 2～8（图 10-3），溶解态的系数较低，一般在 3 以下，集中在 1 左右。而胶体磷的活性系数介于颗粒态磷和溶解态磷之间。磷活性系数越高，流失水体的风险越大，颗粒态磷作为稻田径流的主要流失形式，其对周围水环境的风险不可忽视。而颗粒态微粒容易沉降，因而其迁移性不大，对远距离河流、湖泊等水源的影响主要在于胶体磷和溶解态磷。胶体磷迁移性很强，胶体相在水体的稳定存在，使胶体磷能够远距离迁移，对水体环境的影响更大。

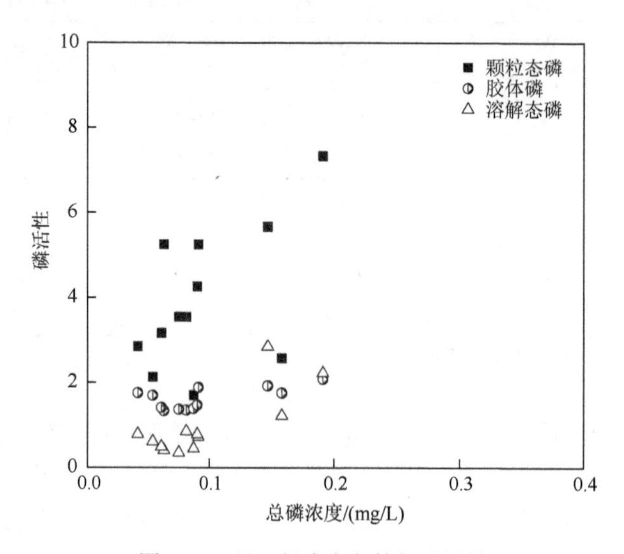

图 10-3　稻田径流中各粒级磷活性

10.7　小　　结

本章通过采集降雨下稻田径流样品，研究了不同施肥下稻田排水中磷元素粒径组成，无机磷和有机磷的比重，胶体态铁、铝元素和总有机碳与胶体磷的关系，以及不同粒级磷的活性强度，得到了以下几点结论。

（1）距离施肥的时间越短，径流排水中磷浓度越高，稻田径流中以颗粒态磷为主，可占到总磷 50%以上，胶体磷浓度最低，一般在 0.01～0.02mg/L；磷肥施用量越大，前期流失量越高，有机肥的施用增加了颗粒态磷和胶体磷的输出，相比 IP1 处理分别增加 6.0%和 29.4%。

（2）无机磷是稻田径流磷流失的主要形式，而有机肥处理相比无机磷肥处理在降低无机磷浓度的同时，提高了有机磷的浓度，后期各处理之间差异不明显。

（3）稻田径流排水因有机肥的施用，胶体磷浓度高于其他处理，第一次径流中胶体磷浓度为 22.29μg/L，且胶体磷、胶体铁、胶体铝、胶体有机碳之间存在一定的正相关性，说明胶体吸附磷流失已成为磷流失的重要形式。

（4）颗粒态磷的活性系数较高，在 2～8，溶解态磷活性系数最低，胶体磷活性系数介于颗粒态磷和溶解态磷之间，但因胶体具有相对较强的迁移能力，其对水体的影响不可忽视。

参 考 文 献

陆欣欣，岳玉波，赵峥，等. 2014. 不同施肥处理稻田系统磷元素输移特征研究. 中国生态农业学报，22（4）：394-400.

Beck M A，Robarge W P，Buol S W. 1999. Phosphorus retention and release of anions and organic carbon by two Andisols. European Journal of Soil Science，50（1）：157-164.

Fuchs J W，Fox G A，Storm D E，et al. 2009. Subsurface transport of phosphorus in riparian floodplains：influence of preferential flow paths. Journal of Environmental Quality，38（2）：473-484.

Gao Y，Zhu B，He N P，et al. 2014. Phosphorus and carbon competitive sorption-desorption and associated non-point loss respond to natural rainfall events. Journal of Hydrology，517：447-457.

Regelink I C，Koopmans G F，van der Salm C，et al. 2013. Characterization of colloidal phosphorus species in drainage waters from a clay soil using asymmetric flow field-flow fractionation. Journal of Environmental Quality，42（2）：464-473.

Withers P J A，Clay S D，Breeze V G. 2001. Phosphorus transfer in runoff following application of fertilizer manure and sewage sludge. Journal of Environmental Quality，30（1）：180-188.

Zhang H C，Cao Z H，Shen Q R，et al. 2003. Phosphate fertilizer application on phosphorus（P）losses from paddy soils in Taihu Lake Region I. Effect of phosphate fertilizer rate on P losses from paddy soil. Chemosphere，50（6）：695-701.

第 11 章　不同施肥对稻田土壤剖面胶体磷的影响

11.1　引　　言

本章通过研究水稻种植前后稻田剖面土壤水提取态胶体磷的分布变化情况，明确了不同施肥下胶体磷在稻田土壤中的储存量及其与磷肥输入的关系。

11.2　试验设计与分析方法

11.2.1　土壤样品采集与分析

油菜、水稻收割后各采集土壤剖面，将剖面土壤分为 4 层，分别是 0～5cm、5～30cm、30～60cm 和 60～100cm，土壤风干后研磨过 2mm 筛。土壤总磷测定采用硫酸-高氯酸消解法，具体操作参考鲁如坤主编的《土壤农业化学分析方法》。土壤中水分散胶体磷参考 Ilg 等（2005）采用的离心方法测定，具体操作如下：①10g 土壤与 80mL 去离子水震荡混合 24h；②提取液在 3000×g 下离心 10min，去除粗颗粒；③将上清液过 1μm 生物膜，过膜液体被认为是土壤胶体溶液；④将此溶液在 300000×g 下超速离心 2h，去除土壤胶体颗粒；⑤未超速离心和超速离心的溶液，用酸性过硫酸钾消解后钼蓝比色测定磷浓度，两者之差即为胶体磷浓度。超离心溶液经酸性过硫酸钾消解后钼蓝比色得到水提取下溶解态磷浓度。无机磷是样品直接与钼酸盐反应比色测得，而有机磷由总磷与无机磷浓度做差求得，可由此求得土壤胶体相及溶解相中无机磷和有机磷的含量。离心管在离心前后的质量差，可求得土壤胶体释放量（Siemens et al.，2008）。

11.2.2　土壤胶体颗粒的电镜（SEM/TEM）及能谱（EDS）分析

土壤胶体颗粒样品经过离子溅射喷金处理，使样品表面导电后，置于热场发射扫描电子显微镜（SIRION-100，荷兰），在放大倍数为 5000～10000 观察土壤胶体颗粒表面形貌。利用 X 射线能量色散谱仪（EDS，Genesis4000，美国）分析土壤胶体颗粒上金属元素（Fe、Al、Ca、Mg、Mn 等）的分布及含量百分比。

11.2.3　土壤胶体颗粒的傅里叶红外光谱（FTIR）分析

将 1mg 土壤胶体颗粒与 KBr（光谱纯，Sigma Aldrich）研磨混合（质量比 1∶200），压片，在岛津红外光谱仪中（IR Prestige-21，日本）波段下以 4cm^{-1} 为步长扫描样品，扫描范围为 400～4000cm^{-1}。

11.2.4　土壤胶体颗粒的 X 射线衍射（XRD）分析

采用 X'Pert PRO 型 X 射线衍射仪（PANalytical，荷兰）对土壤胶体颗粒进行 X 射线衍射表征，入射角在 5°～70°，扫描步长为 0.017°，扫描速度为 10s。利用 MDI Jade5.0 软件处理试验数据，并通过软件中的 PDF 标准比对卡确定衍射峰处的晶体矿物类型。

11.2.5　数据处理

利用 Excel 2010、SPSS 19.0 软件对数据进行统计作图，所有数据测定结果均以 3 次重复的平均值表示，方差显著性分析采用 LSD 法，显著性水平设定为 $\alpha = 0.05$。

11.3　施肥对水稻产量与磷元素利用的影响

IP2 处理下的水稻产量高于其他处理，达到 8083kg/hm^2，而 OM 处理下也比 IP1 高 42kg/hm^2，施肥处理下的水稻产量虽然较不施肥有所提高，但是差异不显著（P<0.05）（图 11-1）。不同施肥下水稻谷粒和秸秆中的含量磷有一定差别。水稻谷粒中磷含量在 3.5～3.9g/kg，并且磷肥施用量大，谷粒中磷含量相对较高，OM 处理下的谷粒含量相比 IP1 处理低 0.1g/kg 左右，但是各施肥处理间并无显著差异（P<0.05）。水稻秸秆中磷含量在 1.2～1.5g/kg，也显示出磷肥施用量大，秸秆吸收利用的磷元素多，水稻在 OM 处理下对磷的吸收利用相比 IP1 处理要低，OM 处理与其他处理间呈现出显著差异（P<0.05）。

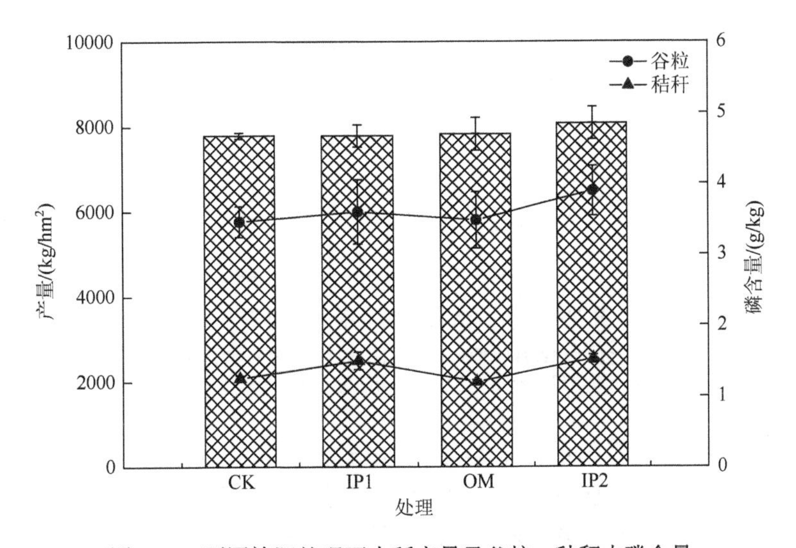

图 11-1　不同施肥处理下水稻产量及谷粒、秸秆中磷含量

11.4 施肥对土壤总磷剖面分布的影响

水稻种植前后土壤总磷的变化情况（图 11-2）显示，磷的输入促进了磷元素在表层土壤的集聚。油菜收割后在 CK 处理下，0～5cm 土壤总磷含量为 0.58g/kg，而 IP1、OM、IP2 处理较 CK 处理分别高出 48.2%、56.1%、73.7%。表层以下土壤，除 OM 和 IP2 处理下 5～30cm 土壤总磷明显增加外，磷肥施用对总磷含量没有影响。从水稻收割后土壤磷元素的累积变化情况看，只有 0～5cm 和 5～30cm 土壤总磷与油菜收割后相比发生了变化。除 CK 处理下总磷减少外，IP1、OM、IP2 处理下 0～5cm 土壤总磷分别较油菜收割后提高了 2.9%、7.4%、6.1%，5～30cm 土壤总磷分别较油菜收割后提高 4.7%、8.0%、3.9%。

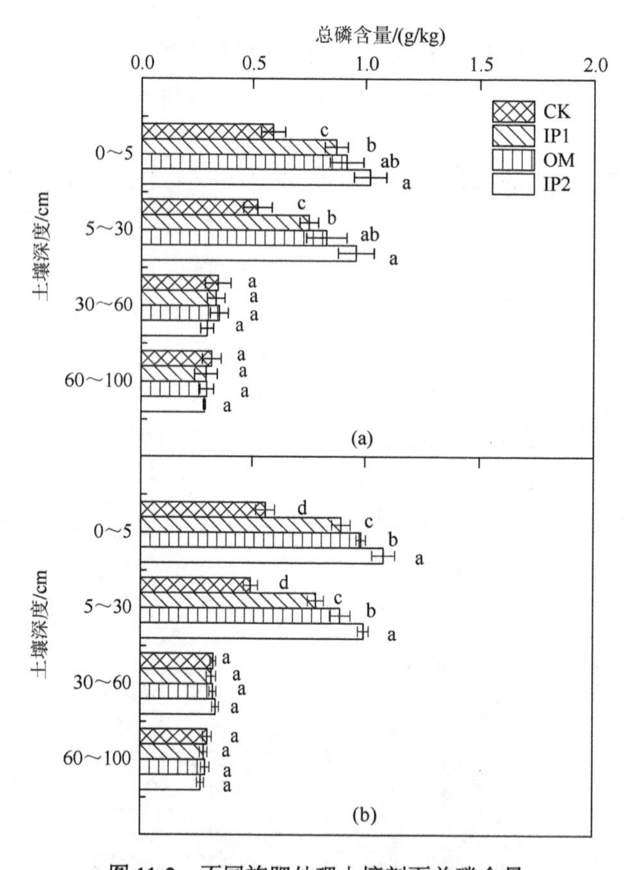

图 11-2 不同施肥处理土壤剖面总磷含量

（a）为 2013 年 5 月油菜收割后；（b）为 2013 年 11 月水稻收割后
柱状图上不同小写字母表示同一土层在不同施肥水平下差异达 $P<0.05$ 显著水平

施肥对土壤磷含量的影响主要体现在 0～5cm 和 5～30cm 的土壤。随着施肥量的增加，土壤累积磷量也逐渐加大（张国荣等，2009）。由于植物的吸收利用，CK 处理的磷元素处于“负亏”状态。长期过量施肥容易造成土壤磷元素积累，增加磷元素流失风险（单艳红等，2005）。油菜收割后相比无机肥 IP1 处理，IP2 处理下表层土壤总磷增量明显。因为是撒施磷肥，水稻收割后施肥处理下的 0～5cm 土壤总磷较油菜收割后显著提高，而 5～30cm 土壤总磷含量的增加表明在水稻淹水过程中磷元素存在一定程度的下移。各施肥处理间 30cm 以下的土壤，总磷含量并无显著性差异（P<0.05），这说明土壤磷元素下移程度有限，施肥对深层土壤的磷含量影响小。有研究表明长期施用有机肥容易造成磷元素在土壤累积（Garg and Aulakh，2010；Naveed et al.，2014）。有机肥对磷元素在土壤中的累积效应要高于无机磷肥处理，一方面可能是由于作物吸收主要是无机磷，有机肥富含有机磷，有机磷能够在土壤中集聚下来（王建国等，2006）；另一方面有机肥富含有机质，有机质可以通过竞争土壤矿物固磷点位而提高土壤磷元素的活性，更易于发生迁移（Guppy et al.，2005）。

11.5　施肥对土壤剖面胶体释放量的影响

土壤胶体释放量随土壤深度的增加，呈现增大趋势（表 11-1 和表 11-2），且水稻种植前后发生了显著变化。油菜收割后，施用有机肥增加了 0～5cm 和 5～30cm 的土壤胶体释放量，与其他处理相比达到了显著性差异（P<0.05），而 30cm 以下土壤差异较小。水稻淹水处理使 0～5cm 和 5～30cm 的土壤胶体释放量减小，而 30cm 以下的土壤胶体释放量有所增加。水稻收割后，有机肥处理下 5～30cm 和 30～60cm 的土壤胶体释放量增加，无机肥和不施肥处理间并没有差异。

表 11-1　油菜收割后不同施肥处理土壤胶体释放量　　（单位：g/kg）

土壤剖面	CK	IP1	OM	IP2
0～5cm	0.58±0.06 b	0.63±0.06 ab	0.72±0.05 a	0.62±0.03 ab
5～30cm	1.96±0.21 b	2.03±0.09 ab	2.48±0.16 a	2.19±0.31 ab
30～60cm	3.92±0.07 a	4.10±0.44 a	3.94±0.02 a	4.15±0.48 a
60～100cm	5.43±0.13 a	5.35±0.16 a	5.40±0.16 a	5.36±0.28 a

注：表中同一列数据后面不同字母表示差异达 P<0.05 显著水平。

表 11-2　水稻收割后不同施肥处理土壤胶体释放量　　（单位：g/kg）

土壤剖面	CK	IP1	OM	IP2
0～5cm	0.15±0.01 a	0.14±0.04 a	0.12±0.03 a	0.11±0.07 a
5～30cm	0.80±0.07 b	0.81±0.02 b	1.05±0.05 a	0.87±0.02 b
30～60cm	5.34±0.05 ab	4.99±0.19 b	5.67±0.25 a	5.09±0.06 b
60～100cm	6.17±0.16 a	6.03±0.02 a	6.34±0.11 a	6.21±0.21 a

注：表中同一列数据后面不同字母表示差异达 P<0.05 显著水平。

从表 11-1 和表 11-2 可以看出，土壤胶体释放量受到土壤深度影响，并随土壤深度的增加而增加，这与 Zang 等（2013）的研究一致。同时，施肥也对土壤胶体的释放产生影响，主要是有机肥处理下有增加的趋势，这可能是有机肥释放有机胶体所致（Zang et al.，2011）。与油菜收割后 0～5cm 和 5～30cm 土壤相比，水稻收割后相同深度土壤的胶体释放量明显减少，说明受淹水条件下土壤基质的活化、有机碳矿化（郝瑞军等，2008）等过程影响，土壤胶体活化迁移流失。相同处理的条件下，30cm 以下土壤胶体释放量的增加，则说明在水稻淹水过程中土壤胶体有可能随土壤优势流发生下移现象。因土壤胶体受多种因素的影响，深层土壤理化性质（pH、电导率、氧化还原电位等）的变化，也可能是土壤胶体释放量变化的原因。

11.6　土壤胶体形貌/官能团/晶体结构特征

水稻收割后，采集 OM 处理下 0～5cm 土壤，其水分散性胶体的形貌如图 11-3 所示。在 5μm 的空间分辨率下，土壤胶体可观察到一定的网状分布结构，其可增强对土壤溶液中营养元素的吸附作用。1μm 的空间分辨率下，可看到各种形态的胶体微粒存在。

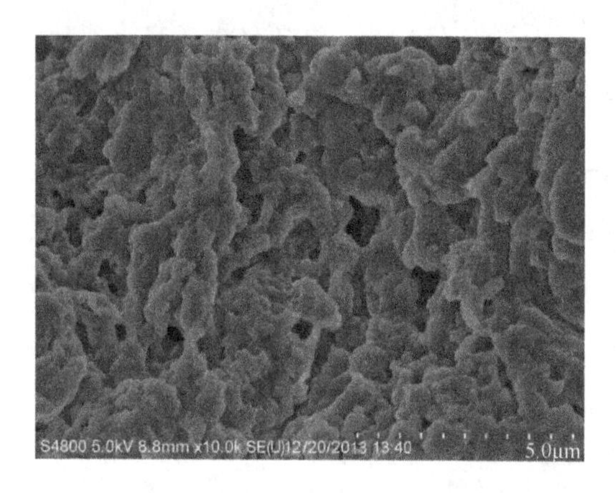

图 11-3　OM 处理下稻田土壤水分散性胶体的 SEM 图

不同施肥处理对土壤胶体颗粒的傅里叶红外（FTIR）吸收峰影响不大，且不同土层间土壤胶体颗粒的官能团差异也不大，仅在个别样品中吸收峰的强度有差异。检测到土壤胶体颗粒的吸收峰主要出现在 $3700cm^{-1}$、$3628cm^{-1}$、$3391cm^{-1}$、$2938cm^{-1}$、$2874cm^{-1}$、$1645cm^{-1}$、$1385cm^{-1}$、$1107cm^{-1}$、$1039cm^{-1}$、$912cm^{-1}$、$868cm^{-1}$、$748cm^{-1}$、$692cm^{-1}$、$532cm^{-1}$ 和 $467cm^{-1}$ 等波数处（图 11-4），各波数对应的主要官能团见表 11-3。从峰型上来看，400～$1300cm^{-1}$ 的低频区内吸收峰较多，而 1300～$4000cm^{-1}$ 的中高频区内吸收峰较少。所有 FTIR 图谱中，最明显的是出现在 $1039cm^{-1}$ 处的强吸收峰，该吸收峰表明所有土壤胶体颗粒均可能含有大量硅酸盐。$3700cm^{-1}$ 和 $3628cm^{-1}$ 两处是明显的 1∶1 型高岭石双峰特征吸收峰。M_1（40～60cm）、M_2（20～40cm）和 M_3（40～60cm）等样品在 $3391cm^{-1}$ 处存在明显较宽的吸收峰，表明这些土壤胶体颗粒矿物上可能含有较多的结晶水。在 4 种处理的 40～60cm 土层，均发现了 $2938cm^{-1}$ 和 $2874cm^{-1}$ 两个弱吸收峰，表明样品具有明显的脂肪族 C 的 CH_2、CH_3 伸缩振动。所有样品在 $1645cm^{-1}$ 处具有明显的吸收峰，这个结果一致显示了土壤胶体颗粒可能有含芳香族 C＝C 基团的碳骨架。在 40～60cm 土层，4 种处理的土壤胶体颗粒均出现了 $1385cm^{-1}$ 的吸收峰；而在 0～5cm 和 5～20cm 土层，4 种处理的土壤胶体颗粒均没有出现该吸收峰，这表明耕作层含羧酸盐 COO—键的矿物可能较少，施有机肥没有增加耕层含该种官能团化合物的含量。

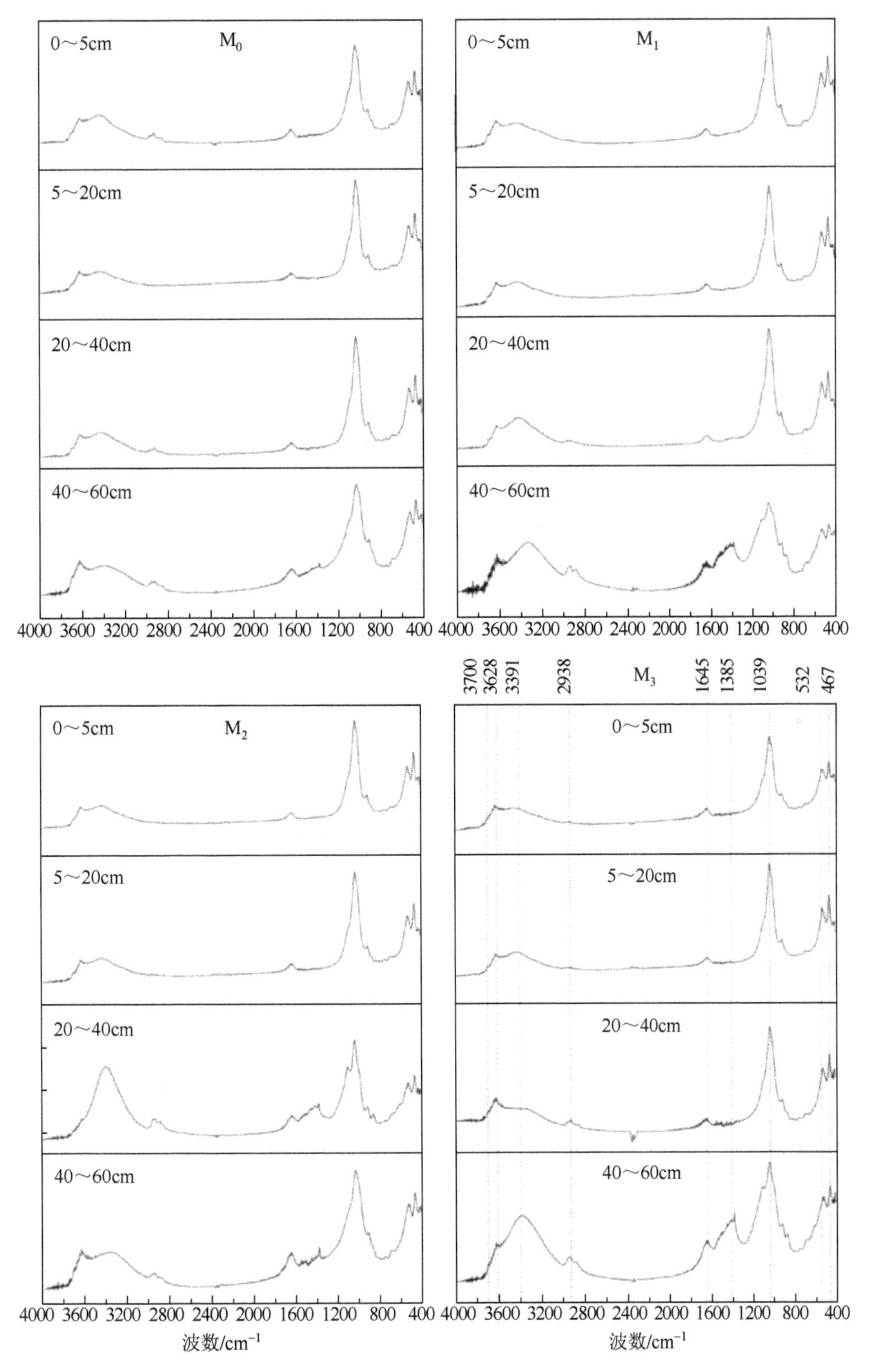

图 11-4　不同施肥量 0～60cm 稻田剖面土壤胶体颗粒傅里叶红外光谱

M_0、M_1、M_2、M_3 分别指 0 kg P/hm^2、26kg P/hm^2、39kg P/hm^2、52kg P/hm^2 的猪粪处理

表 11-3　傅里叶红外光谱测定土壤胶体颗粒官能团吸收峰对照表

波数/cm^{-1}	官能团分析
3700	内表面 OH 官能团
3628	内部 OH 官能团
2938、2874	脂肪族 C—H 伸缩振动
1645	芳香族 C＝C 伸缩振动
1385	羧酸盐 COO—的反对称伸缩振动
1107	多糖 C—O 伸缩振动
1039	硅酸盐矿物与硫酸盐
912、868、748、692、532、467	无机矿物晶体，如 AlAlOH、AlMgOH 等

根据 XRD 图谱衍射峰的出峰位置和强度，推测嘉兴土壤胶体颗粒的主要晶体态结构组成可能有：衍射峰出现在 20.5°、35.2°、61.0°的多水高岭石-7A[$Al_2Si_2O_5(OH)_4$]和衍射峰出现在 18.5°、26.5°、35.0°、45.3°的白云母-3T（K，Na）$(Al，Mg，Fe)_2$（$Si_{3.1}Al_{0.9}$）$O_{10}(OH)_2$（图 11-5）。对比各处理间的 XRD 图谱可以发现，增施猪粪有机肥对 0～5cm 和 5～20cm 的土壤胶体颗粒晶体结构的影响较明显。具体来说，相比于 M0 处理，M_1、M_2 和 M_3 处理的 0～20cm 土壤胶体颗粒出现了 20.5°、26.5°和 35.2°这 3 处较强的衍射峰；但是 M_1、M_2、M_3 三种处理之间衍射峰强度的差异不明显。在 20cm 以下，4 种处理的土壤胶体颗粒晶体结构差别不大。这表明相比于不施肥处理，长期增施猪粪有机肥可能增加了 0～20cm 层中土壤胶体颗粒上多水高岭石和白云母晶体矿物质。

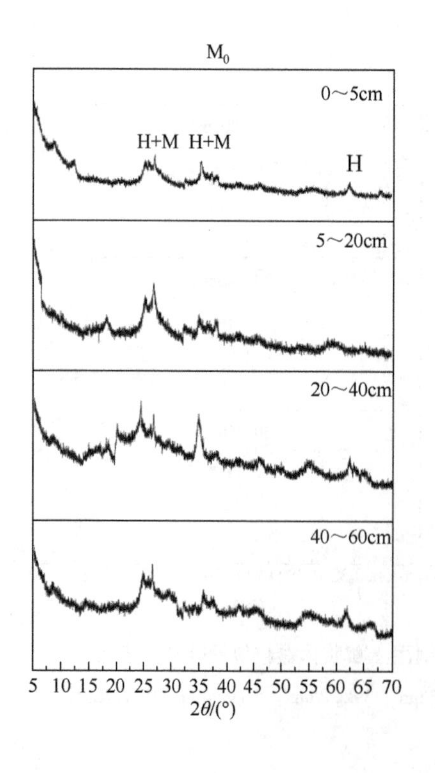

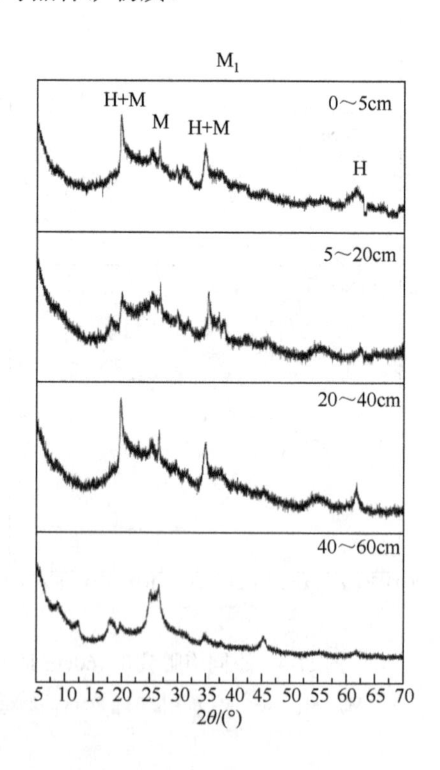

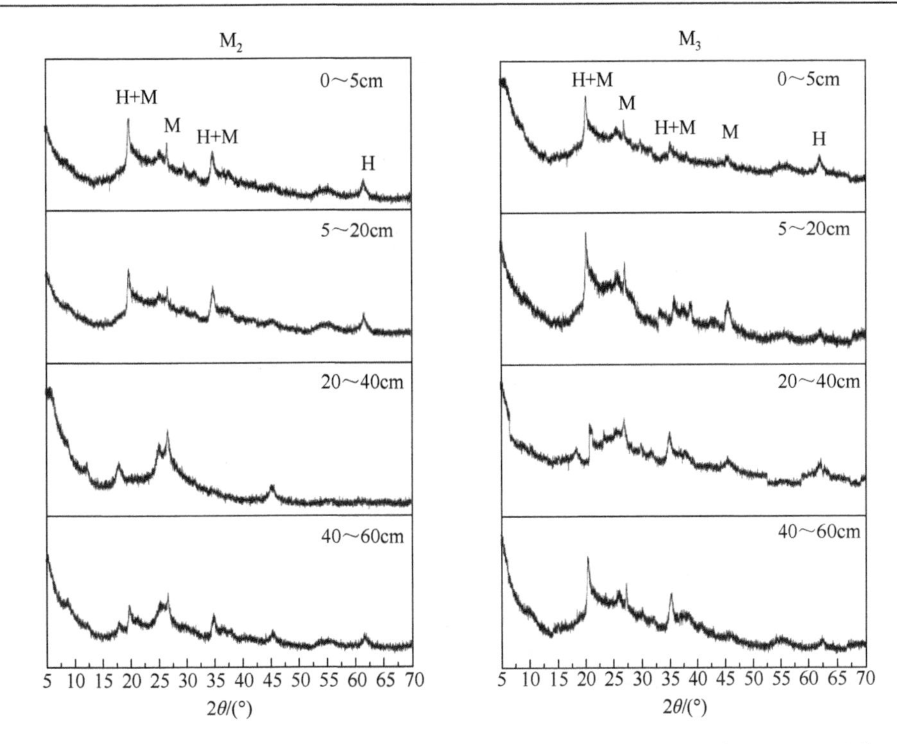

图 11-5　不同施肥处理 0～60cm 稻田剖面土壤胶体颗粒 X 射线衍射（XRD）图谱

H 指多水高岭石-7A，PDF 卡号 29～1487；M 指白云母-3T，PDF 卡号 07～0042；M_0、M_1、M_2、M_3 分别指 0 kg P/hm^2、26kg P/hm^2、39kg P/hm^2、52kg P/hm^2 的猪粪处理

11.7　施肥对土壤胶体磷剖面分布的影响

油菜收割后不同施肥处理土壤剖面胶体磷含量（图 11-6）显示，土壤胶体溶液（<1μm）中磷元素主要以胶体磷形式存在，胶体磷占到了土壤胶体溶液（<1μm）磷元素的 86.5%～92.7%，占到了土壤总磷的 0.6%～1.8%，且随土壤深度的增加胶体磷含量逐渐减少。相比 CK 处理，施肥处理增加了 0～5cm 和 5～30cm 土壤胶体磷含量。0～5cm 的土壤，CK、IP1、OM、IP2 各处理胶体磷含量分别为 5.3mg/kg、6.7mg/kg、8.0mg/kg、6.9mg/kg，占土壤胶体溶液（<1μm）总磷的 86.5%、88.0%、90.1%、88.8%，占土壤总磷的 0.9%、0.8%、0.7%、0.6%。5～30cm 土壤，IP1、OM、IP2 处理胶体磷含量较 CK 处理分别提高了 26.1%、39.0%、27.1%。有机肥处理下，胶体磷含量与无机肥处理相比达到了显著性差异（$P<0.05$）。施肥对 30cm 以下土壤胶体磷含量没有产生影响。

水稻收割后不同施肥处理土壤剖面胶体磷含量则显示（图 11-7），0～5cm 和 5～30cm 土壤胶体溶液（<1μm）中磷元素组成发生了显著变化，胶体磷含量减少。0～5cm 的土壤，CK、IP1、OM、IP2 各处理胶体磷含量分别为 0.63mg/kg、0.6mg/kg、1.0mg/kg、0.72mg/kg，仅为水稻种植前 0～5cm 土壤胶体磷的 9.0%～12.5%，占到了土壤胶体溶液（<1μm）总磷的 26.9%～36.2%，溶解态磷成了土壤胶体溶液磷元素主要组成部分。5～30cm 土壤胶体磷含量比 0～5cm 增多，不同施肥处理之间并无显著性差异。30cm 以下的土壤胶体磷仍是土壤胶体溶液磷元素的主要组成，均占到土壤胶体溶液（<1μm）总磷的 90%以上。

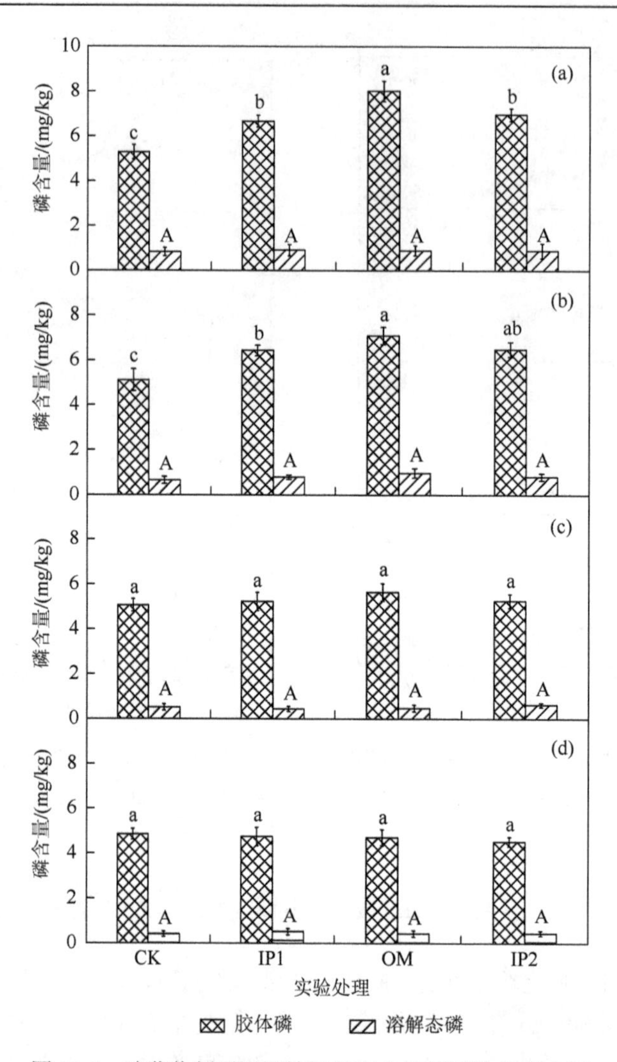

图 11-6　油菜收割后不同施肥处理土壤剖面胶体磷含量

（a）0～5cm；（b）5～30cm；（c）30～60cm；（d）60～100cm
柱状图上小写字母和大写字母分别表示同一土层在不同施肥水平下胶体磷和溶解态磷的显著性差异水平（P<0.05）

施肥对胶体磷含量的影响表现在 30～60cm 土壤中，有机肥处理下增量较大，与其他处理相比达到显著性差异（P<0.05），无机肥处理下胶体磷含量与不施肥处理相比也具有显著性差异（P<0.05）。但不同处理间 60～100cm 土壤胶体磷含量没有差异。

油菜收割后土壤胶体磷是土壤胶体溶液（<1μm）总磷的主要形态（图 11-6），占到了 85%以上。植物吸收利用主要是溶解态的磷，在溶解态磷和土壤固定的磷之间，胶体磷可能起到连接架桥的作用。磷元素在土壤中易被固定，同时提取态的土壤胶体具有一定的吸附性能，所以水提取态下的溶解态磷含量较少。Ilg 等（2005）对水溶剂提取下农田土壤磷有效性进行研究，发现土壤水提液中胶体磷含量明显高于溶解态磷，与本书的研究一致，这表明胶体磷是土壤水提取态磷的主要组成部分。因胶体特殊的迁移性，胶体磷在磷元素迁移转化中起到重要作用。

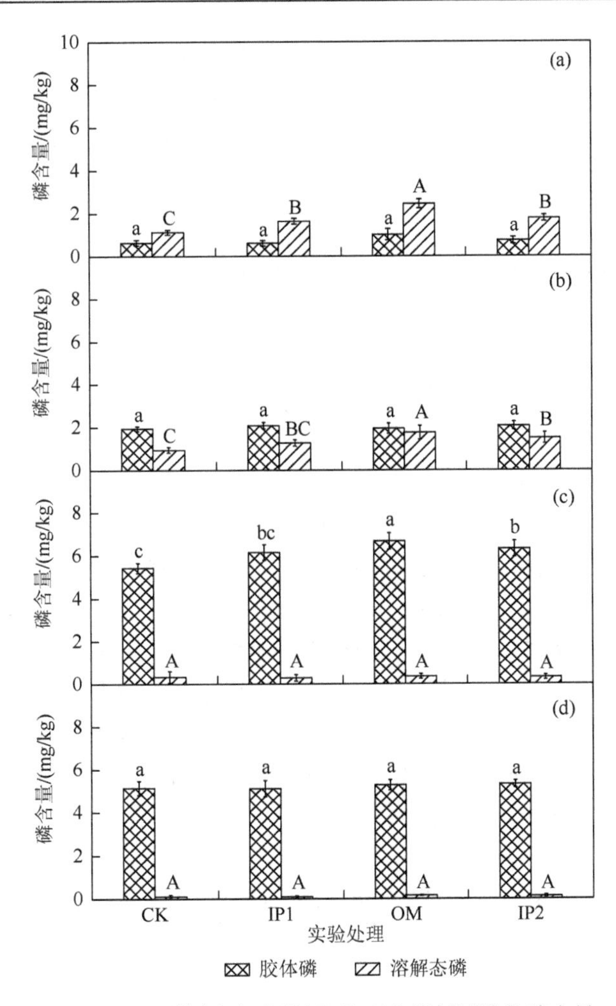

图 11-7　水稻收割后不同施肥处理土壤剖面胶体磷含量

（a）0～5cm；（b）5～30cm；（c）30～60cm；（d）60～100cm

柱状图上小写字母和大写字母分别表示同一土层在不同施肥水平下胶体磷和溶解态磷的显著性差异水平（$P<0.05$）

从油菜收割后土壤剖面胶体磷含量的变化可以看出，随着土壤深度的增加，胶体磷含量减少。水稻收割后土壤胶体溶液（<1μm）的总磷含量发生显著变化，0～5cm 和 5～30cm 土壤胶体溶液磷含量减少，主要在于胶体磷的减少，水提取态溶解态磷反而增加。这可能在于三个方面：一是水稻植株生长吸收利用了大量磷元素，胶体磷作为磷源，因解吸作用可以提供溶解态的磷；二是土壤淹水处理显著降低了土壤氧化还原电位，进而导致土壤胶体与土壤基质间结合的铁膜被还原溶解，促发了土壤胶体或者胶体磷的径流流失（Henderson et al.，2012）；三是从土壤胶体释放量的变化看，水稻收割后 5～30cm 和 30～60cm 的土壤胶体释放量增加，这说明可能出现了胶体的下移，进而胶体磷也发生迁移。但由于胶体磷受多种环境因素影响，水稻淹水改变下层土壤的 pH、电导率等理化因素，进而改变土壤胶体的释放影响胶体磷含量。

施肥对土壤胶体溶液（<1μm）磷元素组成产生影响，增加了胶体磷含量。有机肥对土

壤胶体磷的影响较无机肥处理更明显，有机肥处理下 30cm 以上的土壤以及水稻收割后 30～60cm 的土壤，胶体磷含量与其他处理相比均具有显著性差异，这可能是有机肥释放有机胶体所致（Zang et al.，2011）。土壤胶体释放量的变化，则进一步说明了有机肥的作用。王月立等（2013）的研究证实施用有机肥更易于磷元素向下迁移。而土壤大孔隙是粪便胶体结合态磷发生纵向迁移的重要通道（McGechan，2002）。从水稻种植前后剖面土壤胶体磷含量变化来看，水稻收割后 30cm 以下土壤胶体磷较油菜收割后增加了 5.9%～18.3%，且 30cm 以上的土壤胶体磷含量减少，这说明了胶体磷可能存在下移趋势，且施用有机肥能够促进这一趋势。

11.8　施肥影响下无机磷和有机磷在胶体和溶解相的分布

油菜收割后不同施肥处理下胶体磷和溶解态磷中无机磷和有机磷的含量随土壤深度的增加呈现降低的趋势（表 11-4）。胶体磷中无机磷是主要组成，无机磷在浅层土壤胶体上含量高，随着土壤深度增加，在胶体磷上所占比例也下降，但始终高于有机磷含量。施肥对胶体无机磷、有机磷均产生影响，0～5cm 土层 OM 处理下无机磷和有机磷与其他处理差异达到显著水平（$P<0.05$）；5～30cm 土层施肥处理与不施肥处理之间有差异，无机肥和有机肥之间无差异。30cm 以下的不同施肥处理土壤胶体无机磷和有机磷均无显著差异。溶解态磷的含量与胶体磷相比十分微小，且主要组成为无机磷，有机磷含量在土层中变化很小，稳定在 0.2mg/kg，30cm 以下无机磷的比例有所下降。各处理之间溶解态无机磷和有机磷含量虽然有波动，但是差异不显著。

表 11-4　油菜收割后不同施肥处理下土壤磷粒级分布　（单位：mg/kg）

土壤剖面	磷粒级	磷组分	处理			
			CK	IP1	OM	IP2
0～5cm	CP	MRP	2.87 c	4.24 b	4.92 a	4.71 ab
		MUP	2.42 b	2.42 b	3.09 a	2.25 b
	DP	MRP	0.62 a	0.63 a	0.64 a	0.61 a
		MUP	0.20 b	0.27 a	0.24 ab	0.27 a
5～30cm	CP	MRP	2.92 b	4.10 a	4.02 a	4.16 a
		MUP	2.18 b	2.33 b	3.07 a	2.32 b
	DP	MRP	0.46 a	0.51 a	0.51 a	0.60 a
		MUP	0.19 a	0.28 a	0.26 a	0.21 a
30～60cm	CP	MRP	2.96 a	3.39 a	2.98 a	3.16 a
		MUP	2.10 b	1.83 b	2.66 a	2.09 b
	DP	MRP	0.20 b	0.24 ab	0.24 ab	0.34 a
		MUP	0.29 a	0.20 a	0.23 a	0.28 a
60～100cm	CP	MRP	2.57 a	2.50 a	2.16 a	2.59 a
		MUP	2.28 a	2.24 a	2.36 a	2.11 a
	DP	MRP	0.23 a	0.27 a	0.23 a	0.26 a
		MUP	0.18 a	0.25 a	0.22 a	0.17 a

注：CP、DP 分别代表水提取态下土壤胶体磷、溶解态磷；MRP、MUP 分别代表无机磷、有机磷。表中同一列数据后面不同字母表示差异达 $P<0.05$ 显著水平。

水稻收割后 30cm 以上土壤磷元素组成发生显著变化（表 11-5），0～5cm 土壤胶体无机磷无显著差异，有机磷含量随施肥的增加而增加。5～30cm 土壤 OM 处理下胶体无机磷与其他处理形成了显著差异（P<0.05），有机磷之间无差异。30cm 以下，胶体无机磷和有机磷只表现在施肥处理与不施肥处理之间存在差异。0～5cm 和 5～30cm 土壤对于溶解态无机磷和有机磷均呈现出随施肥量的增加而增加，施肥与不施肥之间存在显著差异，而不同施肥之间无差异。30cm 以下土壤之间没有显著差异，各组分含量很小。

表 11-5　水稻收割后不同施肥处理下土壤磷粒级分布　（单位：mg/kg）

土壤剖面	磷粒级	磷组分	处理			
			CK	IP1	OM	IP2
0～5cm	CP	MRP	0.31 a	0.28 a	0.26 a	0.35 a
		MUP	0.33 c	0.33 c	0.46 b	0.66 a
	DP	MRP	0.95 c	1.37 b	1.48 b	2.07 a
		MUP	0.16 c	0.26 b	0.29 b	0.37 a
5～30cm	CP	MRP	0.57 b	0.57 b	0.65 a	0.56 b
		MUP	1.36 a	1.49 a	1.41 a	1.38 a
	DP	MRP	0.83 c	1.08 b	1.28 ab	1.49 a
		MUP	0.11 c	0.18 b	0.21 b	0.25 a
30～60cm	CP	MRP	2.61 b	3.33 a	3.55 a	3.64 a
		MUP	2.76 b	2.82 ab	2.67 b	3.03 a
	DP	MRP	0.22 a	0.16 b	0.20 a	0.23 a
		MUP	0.12 a	0.11 a	0.11 a	0.13 a
60～100cm	CP	MRP	2.51 b	2.74 ab	3.10 a	3.04 a
		MUP	2.63 a	2.37 b	2.62 a	2.23 b
	DP	MRP	0.06 a	0.06 a	0.06 a	0.06 a
		MUP	0.05 bc	0.03 c	0.07 b	0.09 a

注：CP、DP 分别代表水提取态下土壤胶体磷、溶解态磷；MRP、MUP 分别代表无机磷、有机磷。表中同一列数据后面不同字母表示差异达 P<0.05 显著水平。

11.9　小　　结

本章通过研究油菜、水稻收割后不同施肥下土壤剖面总磷、胶体释放、胶体磷的量，以及无机磷和有机磷的比例，得到以下几点结论。

（1）施肥并未显著提高水稻产量，OM 处理下水稻谷粒和秸秆中磷含量相比无机磷肥处理要低。

（2）施肥对土壤磷含量的影响主要集中在 0～5cm 和 5～30cm 的土壤，长期过量施肥容易造成土壤磷元素积累，增加磷元素流失风险。

（3）土壤胶体释放量受到土壤深度影响，并随土壤深度的增加而增加。有机肥处理下胶体释放量增加，而水稻淹水处理使土壤上层土壤胶体释放量显著减少。

（4）稻田剖面土壤胶体磷含量约占土壤总磷的 0.1%～2.0%，是磷元素在土壤中储存的重要形式，占到了土壤胶体溶液（<1μm）总磷的 85%以上。磷肥施用能够增加土壤胶体磷含量，有机肥对胶体磷的影响较无机肥显著。油菜收割后的胶体磷随土壤深度的增加呈降低趋势，而水稻收割后上层土壤胶体磷和溶解态磷均减少，且溶解态磷浓度高于胶体磷浓度。水稻种植前后剖面土壤胶体释放量和胶体磷含量的变化，特别是在有机肥处理下30～60cm 的土壤，表明了胶体磷可能存在纵向迁移。

（5）油菜收割后的土壤剖面无机磷是胶体磷的主要组成部分，而对于 0～5cm 土层有机肥施用下胶体无机磷和有机磷均有显著提高，与其他处理达到显著差异；水稻收割后不同施肥处理下表层土壤的胶体无机磷与有机磷之间均无差异，而溶解态磷随施肥量的增加而增加。

参 考 文 献

郝瑞军，李忠佩，车玉萍，等. 2008. 好气与淹水条件下水稻土各粒级团聚体有机碳矿化量. 应用生态学报，19（9）：1944-1950.

单艳红，杨林章，沈明星，等. 2005. 长期不同施肥处理水稻土磷元素在剖面的分布与移动. 土壤学报，42（6）：970-976.

王建国，杨林章，单艳红，等. 2006. 长期施肥条件下水稻土磷元素分布特征及对水环境的污染风险. 生态与农村环境学报，22（3）：88-92.

王月立，张翠翠，马强，等. 2013. 不同施肥处理对潮棕壤磷元素累积与剖面分布的影响. 土壤学报，50（4）：761-768.

张国荣，李菊梅，徐明岗，等. 2009. 长期不同施肥对水稻产量及土壤肥力的影响. 中国农业科学，42（2）：543-551.

Garg A K，Aulakh M S. 2010. Effect of long-term fertilizer management and crop rotations on accumulation and downward movement of phosphorus in semi-arid subtropical irrigated soils. Communications in Soil Science and Plant Analysis，41（7）：848-864.

Guppy C N，Menzies N W，Blamey F P C，et al. 2005. Do decomposing organic matter residues reduce phosphorus sorption in highly weathered soils？. Soil Science Society of America Journal，69（5）：1405-1411.

Henderson R，Kabengi N，Mantripragada N，et al. 2012. Anoxia-induced release of colloid-and nanoparticle-bound phosphorus in grassland soils. Environmental Science & Technology，46（21）：11727-11734.

Ilg K，Siemens J，Kaupenjohann M. 2005. Colloidal and dissolved phosphorus in sandy soils as affected by phosphorus saturation. Journal of Environment Quality，34（3）：926-935.

McGechan M B. 2002. Effects of timing of slurry spreading on leaching of soluble and particulate inorganic phosphorus explored using the MACRO model. Biosystems Engineering，83（2）：237-252.

Naveed M，Moldrup P，Vogel H J，et al. 2014. Impact of long-term fertilization practice on soil structure evolution. Geoderma，217-218：181-189.

Siemens J，Ilg K，Pagel H，et al. 2008. Is colloid-facilitated phosphorus leaching triggered by phosphorus accumulation in sandy soils？. Journal of Environment Quality，37（6）：2100-2107.

Zang L，Tian G M，Liang X Q，et al. 2011. Effect of water-dispersible colloids in manure on the transport of dissolved and colloidal phosphorus through soil column. African Journal of Agricultural Research，6（30）：6369-6376.

Zang L，Tian G M，Liang X Q，et al. 2013. Profile distributions of dissolved and colloidal phosphorus as affected by degree of phosphorus saturation in paddy soil. Pedosphere，23（1）：128-136.

第12章　粪源炭对稻田土壤胶体磷释放的影响

12.1　引　　言

生物炭作为良好的土壤改良剂，可以通过显著改善土壤的物理、化学和生物特性，减少养分流失。当前关于粪源生物炭的研究多集中在对作物产量、土壤性质的改善，以及粪源生物炭施加对土壤养分流失、重金属析出方面的影响，对于胶体磷流失潜能的研究尚不多见。作者通过室内培养实验，探究了施加3种粪源生物炭的土壤中胶体磷的释放潜能，从稻田土壤养分变化以及胶体磷释放潜能两方面为稻田土壤粪源生物炭的利用提供了一定的理论依据。

12.2　试验设计与分析方法

12.2.1　土壤样品采集与分析

本试验供试土壤1取自浙江诸暨市稻田（29°35′29.184″N ，120°09′14.306″E），供试土壤2取自浙江桐乡市稻田（30°40′18.152″N，120°26′22.279″E），供试土壤3取自浙江金华市稻田（29°05′32.94″N，119°38′41.25″E）。其中，诸暨市年平均气温为16.3℃，年平均降水量为1373.6mm；桐乡市年平均气温为16.5℃，年平均降水量为1212.3mm；金华市年平均气温为17.5℃，年平均降水量为1424mm。

表12-1是3种供试土壤的基本理化性质，从表12-1中可以看出，培养开始前，3种土壤的基本理化性质有较大差别。3种供试土壤质地有显著差异，其中，土壤1为粉壤土，土壤2为粉土，土壤3为黏壤土。3种供试土壤的pH差别不大，分别是6.45、7.06和6.60。整体而言，TP含量和Olsen-P含量都是土壤1＞土壤2＞土壤3，其中土壤1的TP含量分别是土壤2和土壤3的1.40倍和2.32倍，Olsen-P含量也相差较大，土壤1的Olsen-P含量分别是土壤2和土壤3的3.38倍和4.04倍。而TC和TN的含量则是土壤3＞土壤1＞土壤2。

表12-1　添加粪源生物炭前3种土壤的基本理化性质

采样点	土壤质地分类	机械组成/%		
		砂粒	粉粒	黏粒
土壤1	粉壤土	23.91±0.01	53.51±0.23	22.57±0.20
土壤2	粉土	7.19±0.17	86.35±1.24	6.46±0.03
土壤3	黏壤土	26.87±0.21	33.85±0.75	39.28±0.52

续表

采样点	pH（1：5w/v）	TP/(g/kg)	TC/(g/kg)	TN/(g/kg)	Olsen-P/(mg/kg)
土壤 1	6.45±0.12	0.88±0.05	12.03±0.22	1.45±0.07	153.52±6.58
土壤 2	7.06±0.76	0.63±0.07	7.09±0.15	0.83±0.13	45.38±0.83
土壤 3	6.60±0.15	0.38±0.02	18.34±0.33	1.91±0.06	38.04±1.30

本试验在 400℃温度下分别制备猪粪生物炭、羊粪生物炭和牛粪生物炭，制备过程参考 Uchimiya 和 Hiradate 的生物炭制备方法。具体操作方法如下：称取 40g 左右风干的畜禽粪便放置在 50mL 瓷坩埚中，尽量压实填满，排除样品间隙的空气；盖上坩埚盖，将坩埚置于可控温的真空管式炉中（OTF-1200X-S，合肥科晶）。预通氮气 10min 后以 8℃/min 速度升温至所需温度，热解 2h；充分冷却至室温后取出，用玛瑙研钵研磨过 100 目筛。3 种粪源生物炭分别命名为 PM（猪粪生物炭）、SM（羊粪生物炭）和 CM（牛粪生物炭），低温保存备用。

本次培养试验于 50mL 锥形瓶中进行，3 种供试土壤，每种供试土壤下，除对照组 CK 外，共设置 6 种处理，1%PM、2%PM、1%SM、2%SM、1%CM 和 2%CM。将 25g 供试土壤置于 50mL 锥形瓶中，搅拌均匀后按田间持水量的 60%加入去离子水，置于 25℃培养箱中预培养 10d，使微生物复活并构成一稳定区系。预培养结束后，除对照组外，分别加入 0.25g、0.5g 猪粪生物炭，0.25g、0.5g 羊粪生物炭，0.25g、0.5g 牛粪生物炭，并充分混合均匀，各处理的粪源生物炭分别记为 CK、1%PM、2%PM、1%SM、2%SM、1%CM 和 2%CM，每种处理设置 3 个平行，置于 25℃培养箱中培养 30d。分别于第 1d、3d、7d、15d 和 30d 将锥形瓶中土样全部取出，自然风干磨细过筛备用。

12.2.2　样品分析方法

土壤基本理化性质的测定参考 4.2 节。

土壤胶体总磷（TP_{coll}）、胶体钼蓝反应磷（MRP_{coll}）、胶体钼蓝不反应磷（MUP_{coll}）的含量以 4.2 节中试样Ⅰ与试样Ⅱ中 TP、MRP 及 MUP 含量之差计算得到，试样Ⅰ和试样Ⅱ中 TP 采用过硫酸钾消解后钼蓝比色的方法测定，MRP 不经过消解直接用钼蓝比色法测定，MUP 用 TP 减去 MRP 得到。

粪源生物炭的理化性质测定方法：

1. 产率

通过称量热解前、后畜禽粪便原料和产物生物炭的质量，计算粪源生物炭产率。计算公式如下：

$$产率(\%)=\frac{热解后粪源生物炭产物质量}{热解前畜禽粪便原料质量}\times 100\% \tag{12-1}$$

2. 灰分

称取一定量过 100 目筛的粪源生物炭样品（记质量为 M_0，g）放在瓷坩埚中（坩埚质量事先称重，记为 M_1，g），敞口置于马弗炉中；升温至 750℃并灰化 6h，冷却至室温后取出称灰分和坩埚总质量，记为 M_2，g。灰分含量的百分比计算如下：

$$灰分(\%) = \frac{M_2 - M_1}{M_0} \times 100\% \tag{12-2}$$

3. 元素分析

生物炭中的 C、H、N 元素利用元素分析仪测定（Thermo Finnigan EA1112，意大利）。元素 O 的含量利用差减法计算得到，计算公式为 O = 100–ash–C–N–H。

12.2.3　数据处理

利用 Microsoft Excel 2013、SPSS Statistics 20.0（SPSS Inc. Chicago，美国）和 Origin 8.0 进行数据处理和制图。

12.3　不同粪源炭的基本理化性质分析

猪粪、羊粪和牛粪经过 400℃热解得到的粪源生物炭基本理化性质有较大差异，具体分析结果见表 12-2。3 种生物炭的产率和 pH 都是 SM400（54.80%，11.56）＞PM400（50.70%，10.24）＞CM400（42.30%，9.56）。已有研究表明，不同畜禽粪便在 250～800℃下热解制成的生物炭，灰分的含量在 8.6%～59.6%（Wang et al.，2012），本试验的 PM400 的灰分含量最高，达到 45.08%，SM400 的灰分含量最小，只有 PM400 的 39.06%左右。不同灰分含量可能和矿物养分、土壤酶活性密切相关（Zhao et al.，2013）。SM400 中 TC 含量最高，达到 55.45%，其次是 CM400（45.77%），PM400（36.71%）TC 含量最低。此外，3 种生物炭的 TP 含量相差较大，TP 含量最高的是 PM400，达到 25.24g/kg，SM400 中 TP 含量是 16.87g/kg，而 CM400 中 TP 含量只有 PM400 的 16.8%。

表 12-2　粪源生物炭的理化性质

理化性质	PM400	SM400	CM400
产率/%	50.70±0.84	54.80±1.25	42.30±0.46
pH	10.24±0.16	11.56±0.27	9.56±0.28
灰分/%	45.08±1.29	17.61±0.38	38.00±1.43
TN/%	3.22±0.21	3.55±0.44	3.26±0.11

续表

理化性质	PM400	SM400	CM400
TC/%	36.71±0.59	55.45±2.47	45.77±1.26
氢/%	2.14±0.01	3.18±0.19	3.53±0.62
氧/%	12.85±0.64	15.76±0.88	9.91±0.66
TP/（g/kg）	25.24±0.68	16.87±0.37	4.24±0.02

12.4 不同种类粪源炭对土壤 pH、TC、TN 的影响

经过 30d 的培养，施加 3 种粪源炭都会提高稻田土壤的 pH。其中土壤 1 与对照相比，添加 1%PM、2%PM、1%SM、2%SM、1%CM 和 2%CM 后，土壤 pH 分别增加 0.52、0.80、0.55、0.85、0.41 和 0.77；在土壤 2 中，土壤 pH 分别增加 0.29、0.48、0.31、0.54、0.29 和 0.44；在土壤 3 中，土壤 pH 分别增加 0.37、0.57、0.38、0.62、0.28 和 0.43（表 12-3）。在 30d 的培养过程中，如图 12-1 所示，供试土壤第 1d pH 的增幅较大，之后 15d 内缓慢增长，15～30d 内变化不大。

与植物残渣相比，相同热解条件下制备的粪源生物炭都具有较高的 pH（谢祖彬等，2011），而高 pH 的生物炭更有利于酸性土壤的改良（袁金华和徐仁扣，2012）。整体而言，添加相同浓度粪源炭时，3 种生物炭对土壤 pH 的影响大小为 SM＞PM＞CM，这表明 3 种粪源炭中 SM 更有利于酸性土壤的改良。而且，在同一种生物炭处理下，3 种土壤 pH 的增长幅度为土壤 1＞土壤 3＞土壤 2。有研究表明，施加生物炭可以提高土壤的 pH，其中与砂土和粉土相比，黏土的 pH 增幅最大（Fowles，2007）。

从表 12-3 可以看出，经过 30d 培养，增施 1%PM 和 2%PM 的 3 种水稻土 TC 含量分别比对照组提高了 13.10%～77.55%和 28.14%～166.95%。土壤 TN 分别提高了 15.43%～56.47%和 37.77%～101.18%。增施 1%SM 的 3 种水稻土 TC 分别比对照组提高了 40.15%、102.93%和 25.70%；土壤 TN 分别提高了 15.97%、36.47%和 12.23%。增施 2%SM 的 3 种水稻土壤 TC 分别比对照组提高了 94.28%、235.29%和 56.44%；土壤 TN 分别提高了 26.39%、63.53%和 27.66%。增施 1%CM 和 2%CM 的 3 种水稻土壤 TC 分别比对照组提高了 22.17%～93.17%和 41.24%～188.98%；土壤 TN 分别比对照组提高了 7.45%～41.18%和 12.77%～89.41%。

有研究表明，粪源炭的施加可以显著增加土壤中阳离子交换量（CEC）、TC、TN 等养分含量，主要是因为经高温热解的粪源炭本身有较大的 CEC 以及高的矿物营养元素（Mukherjee et al.，2011）。本试验表明，粪源生物炭的添加对稻田土壤的 TC 含量影响较大，3 种生物炭对于同一种水稻土壤 TC 含量的影响为 2%SM＞2%CM＞2%PM＞1%SM＞1%CM＞1%PM；而对于 TN 的含量，在粪源生物炭的添加量相同时，PM 处理下 TN 含量最高，CM 和 SM 处理下 TN 含量差别较小。因此，生物炭在土壤的养分循环中可以发挥关键的作用（Liang et al.，2006）。3 种粪源炭中，同一种处理下，3 种水

稻土 TC、TN 的增长量也有很大差距，基本都是土壤 2＞土壤 1＞土壤 3。同种处理下，碳、氮含量在第 1d 数值就有明显增加，之后在 30d 的培养期内基本没有明显波动（图 12-2 和图 12-3）。

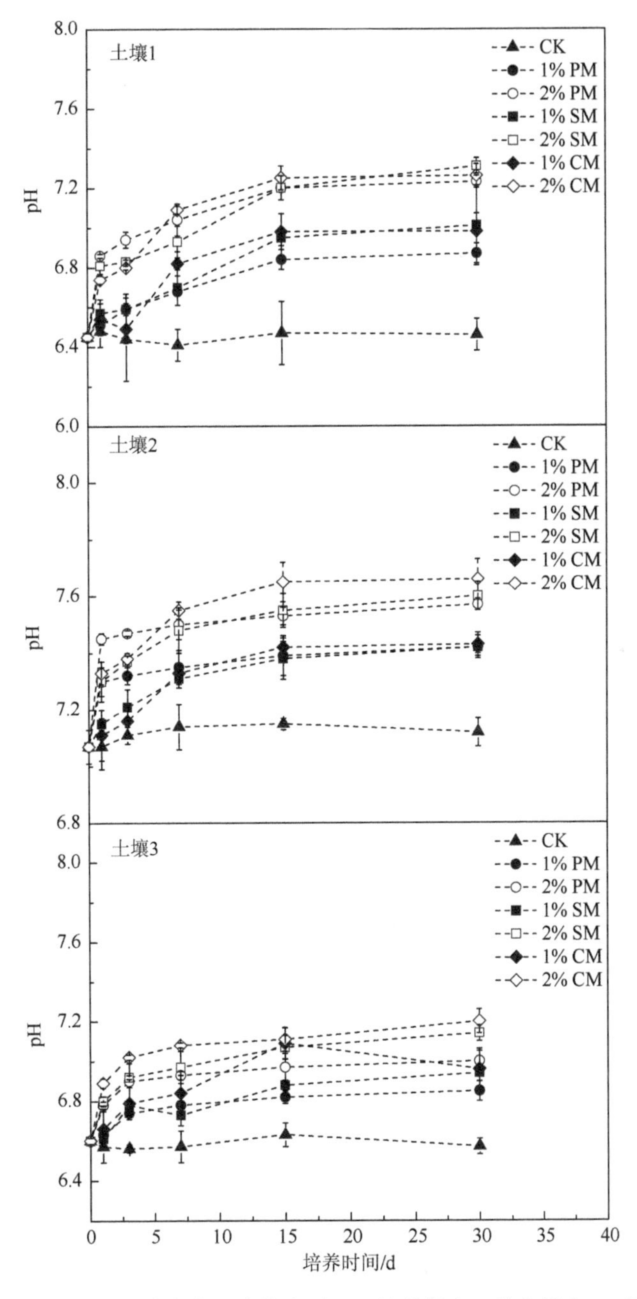

图 12-1　增施不同种类粪源生物炭对 30d 培养期内 3 种水稻土 pH 的影响

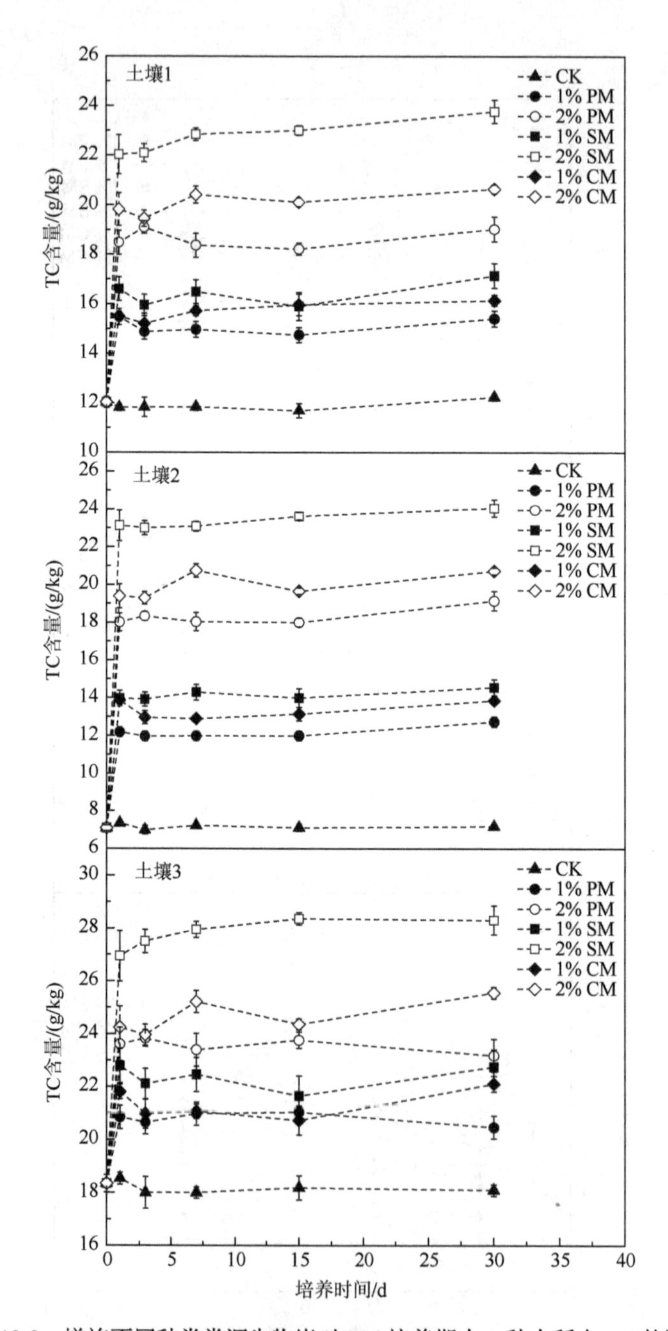

图 12-2　增施不同种类粪源生物炭对 30d 培养期内 3 种水稻土 TC 的影响

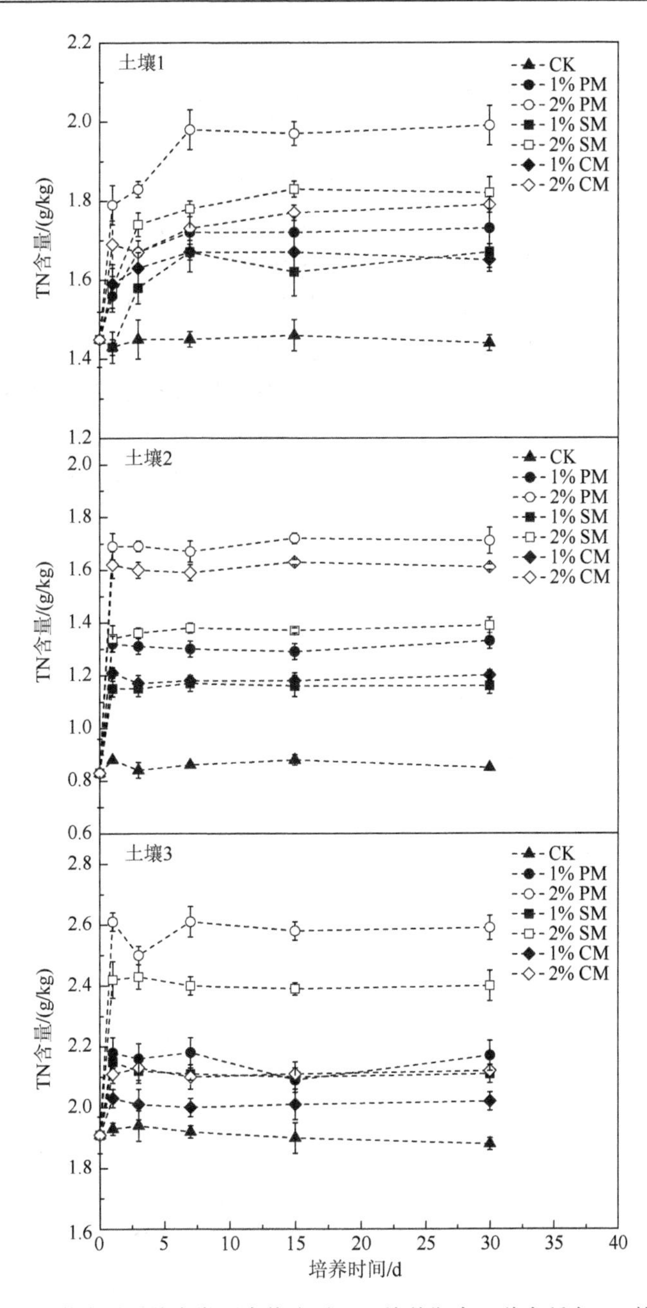

图 12-3　增施不同种类粪源生物炭对 30d 培养期内 3 种水稻土 TN 的影响

添加不同粪源生物炭后，土壤 1 和土壤 2 的碳氮比都有所提高，在相同浓度下，增幅为 SM＞CM＞PM，而在土壤 3 中，1%PM 和 2%PM 的添加分别使土壤的碳氮比降低了 2.18%和 7.36%，1%SM、2%SM、1%CM、2%CM 处理下，碳氮比增长率分别为 11.30%、22.18%、13.47%、24.66%。较高的碳氮比意味着氮元素更容易被微生物固定，从而减少氮元素流失（Enders et al.，2012），可见，在 3 种粪源炭中，SM 的施加更有利于土壤中氮元素的固定。

12.5　不同种类粪源炭对土壤 TP 和 Olsen-P 含量的影响

经过 30d 的培养，不同种类的粪源生物炭对 3 种稻田土壤 TP 含量的影响差异较大。与对照相比，PM 和 CM 的添加都显著增加了稻田土壤中 TP 的含量，培养结束后，1%PM 和 2%PM 处理下 3 种稻田土壤的 TP 含量分别增加了 42.86%～115.79%和 93.41%～260.53%；而 1%CM 和 2%CM 的处理下 TP 含量分别增加了 21.98%～57.89%和 45.05%～134.21%（表 12-3）。3 种土壤的 TP 增长率差别很大，一方面是土壤类型不同，另一方面可能是土壤 TP 的背景值差别较大导致的。SM 的添加对稻田土壤 TP 含量的影响不大，培养结束后，与各自对照组相比，1%SM 处理下 3 种土壤 TP 含量只增加了 4.62%～10.53%。同种处理下，TP 含量在 30d 的培养期内变化波动不大，PM 和 CM 处理下基本在施加生物炭第 1d 后 TP 含量都有明显增加，之后是缓慢增加，15d 后基本趋于稳定。而 SM 的添加整个培养过程 TP 含量变化不大（图 12-4），这主要是因为在培养过程中，除第 1d 施加了粪源炭，在培养系统内没有任何磷元素的增加和损失。

表 12-3　30 天培养后添加不同种类粪源生物炭的供试土壤的理化性质

采样点	处理	pH（1∶5*w*/*v*）	TC/(g/kg)	TN/(g/kg)	C∶N	TP/(g/kg)	Olsen-P/(mg/kg)
土壤 1	CK	6.46±0.08c	12.23±0.14f	1.44±0.02e	8.47±0.02g	0.91±0.01e	166.70±7.40e
	1%PM	6.98±0.09b	15.41±0.32e	1.73±0.04c	8.89±0.05f	1.30±0.03b	219.41±8.17c
	2%PM	7.26±0.06ab	19.02±0.51c	1.99±0.05a	9.58±0.09e	1.76±0.05a	314.47±8.38a
	1%SM	7.01±0.15b	17.14±0.50d	1.67±0.05cd	10.24±0.06c	0.99±0.03d	183.17±5.34d
	2%SM	7.31±0.19a	23.76±0.46a	1.82±0.04b	13.08±0.13a	1.01±0.04d	207.39±7.39c
	1%CM	6.87±0.20b	16.14±0.21e	1.65±0.02d	9.76±0.05d	1.11±0.01c	215.50±6.31c
	2%CM	7.23±0.14ab	20.64±0.18b	1.79±0.02bc	11.55±0.12b	1.32±0.04b	265.71±8.82b
土壤 2	CK	7.12±0.08b	7.17±0.08f	0.85±0.01f	8.47±0.07g	0.65±0.04e	46.24±2.81g
	1%PM	7.42±0.10ab	12.73±0.27e	1.33±0.03d	9.58±0.12f	1.29±0.03b	319.35±6.68c
	2%PM	7.60±0.07a	19.14±0.51c	1.71±0.05a	11.22±0.23e	2.23±0.02a	553.43±14.75a
	1%SM	7.43±0.16ab	14.55±0.42d	1.16±0.03e	12.58±0.16c	0.68±0.02de	97.23±7.60f
	2%SM	7.66±0.20a	24.04±0.46a	1.39±0.03cd	17.32±0.24a	0.73±0.06d	141.47±15.44e
	1%CM	7.42±0.22ab	13.85±0.18d	1.20±0.02e	11.53±0.18d	0.91±0.02c	234.11±14.21d
	2%CM	7.57±0.15a	20.72±0.18b	1.61±0.01b	12.85±0.06b	1.32±0.02b	403.37±13.39b
土壤 3	CK	6.57±0.08b	18.09±0.21f	1.88±0.02e	9.65±0.07e	0.38±0.03f	38.36±2.33g
	1%PM	6.94±0.09ab	20.46±0.43e	2.17±0.05c	9.44±0.14f	0.82±0.02c	232.81±8.67c
	2%PM	7.14±0.06ab	23.18±0.62c	2.59±0.04a	8.94±0.09g	1.37±0.02a	468.65±12.49a
	1%SM	6.96±0.15ab	22.74±0.66c	2.11±0.03cd	10.74±0.03d	0.42±0.01ef	54.13±2.90f
	2%SM	7.20±0.19a	28.30±0.55cd	2.40±0.05b	11.79±0.13b	0.45±0.04e	74.88±3.94e
	1%CM	6.85±0.20b	22.10±0.29d	2.02±0.03d	10.95±0.17c	0.60±0.02d	161.89±4.74d
	2%CM	7.00±0.14ab	25.55±0.22e	2.12±0.02c	12.03±0.26a	0.89±0.02b	267.60±8.88b

注：每列数据后相同小写字母表示无显著性差异（$P<0.05$）。

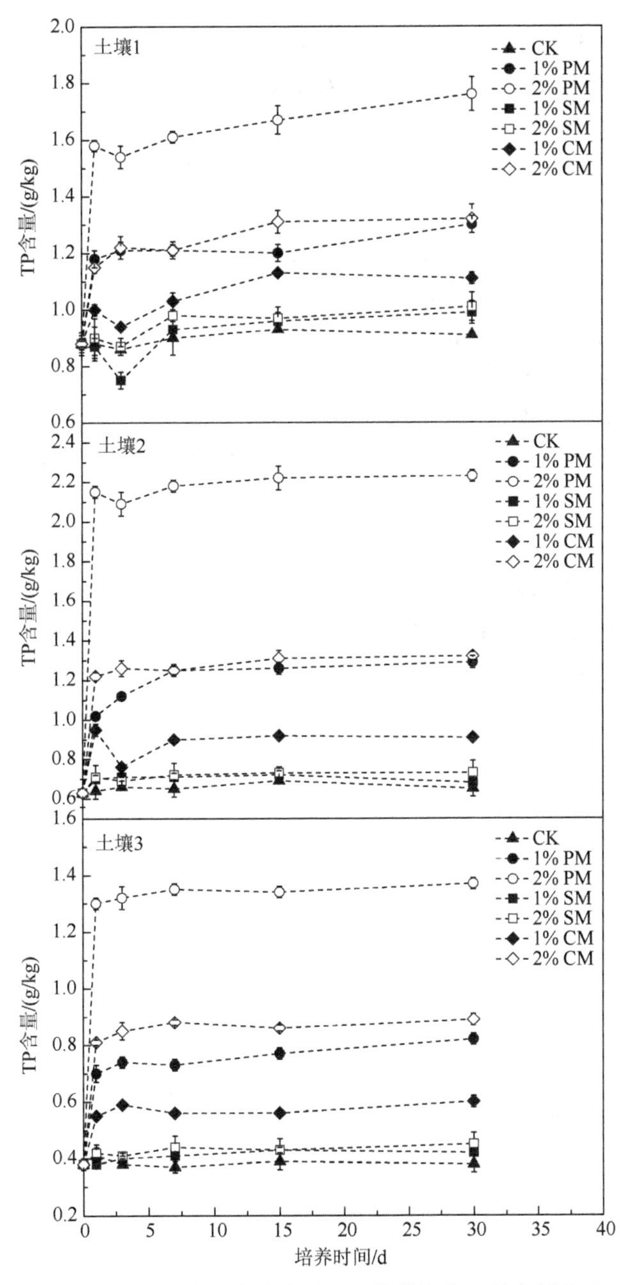

图 12-4　增施不同种类粪源生物炭对 30d 培养期内 3 种水稻土 TP 的影响

生物炭对土壤中 TP 含量的影响取决于生物炭的原料以及土壤质地。在砂质水稻土中（pH 4.02），施加 10%的污泥生物炭后，TP 含量提高了 189%（Khan et al.，2013）。类似的，Uchimiya 等（2012）发现，在砂质酸性土壤中（pH 6.11），鸡粪在 350℃下热解制成的生物炭比在 650℃下热解制成的生物炭更有利于土壤中 P 的释放以及重金属的固定。将畜禽粪便热解制成生物炭可以保留大量的磷组分，因为在热解过程中它们是不可挥发的（Uchimiya and Hiradate，2014）。由于粪源生物炭施加到稻田土壤中可以显著增加 TP 的含量，因此稻田中粪源炭的利用需要考虑磷的流失（Chan et al.，2008）。

30d 培养后，不同种类粪源生物炭的添加都显著提高了 3 种稻田土壤 Olsen-P 的含量，1%PM 的处理下，Olsen-P 的含量分别是各自对照的 1.32 倍、6.91 倍和 6.07 倍；2%PM 的处理下，Olsen-P 的含量分别是各自对照的 1.89 倍、11.97 倍和 12.22 倍；1%SM 的处理下，三种稻田土壤的 Olsen-P 含量分别为 183.17mg/kg、97.23mg/kg 和 54.13mg/kg，分别是各自对照的 1.10 倍、2.10 倍和 1.41 倍；2%SM 的处理下，Olsen-P 的含量分别是各自对照的 1.24 倍、3.06 倍和 1.95 倍；在 1%CM 的处理下，Olsen-P 的含量分别是各自对照的 1.29 倍、5.06 倍和 4.22 倍；在 2%CM 的处理下，Olsen-P 的含量有显著增加，分别是各自对照的 1.59 倍、8.72 倍和 6.98 倍（表 12-3）。整体而言，PM 和 CM 对土壤 Olsen-P 含量的影响较大，尤其是对于土壤 2 和土壤 3 有显著影响。在同种处理下，Olsen-P 含量在 30d 的培养期内呈现稳定上升的趋势，整体而言，添加生物炭的第 1d 和第 7d Olsen-P 有较大幅度的增长（图 12-5）。

Marchetti 和 Castelli（2013）的研究表明，与对照组相比，施加了猪粪生物炭的碱性砂壤土（pH 8.70）的 Olsen-P 含量显著提高。生物炭的施加可以改良土壤，会提高土壤的总磷、有效磷、无机磷（可溶性无机磷、铝结合态无机磷）和有机磷组分。原因在于生物炭可以增加土壤的 pH，减少可交换的氢离子、铝离子和铁离子，从而增加了磷的可利用性（Ch'ng et al.，2014）。添加粪源生物炭会增加土壤中磷的可利用性，其原理与其

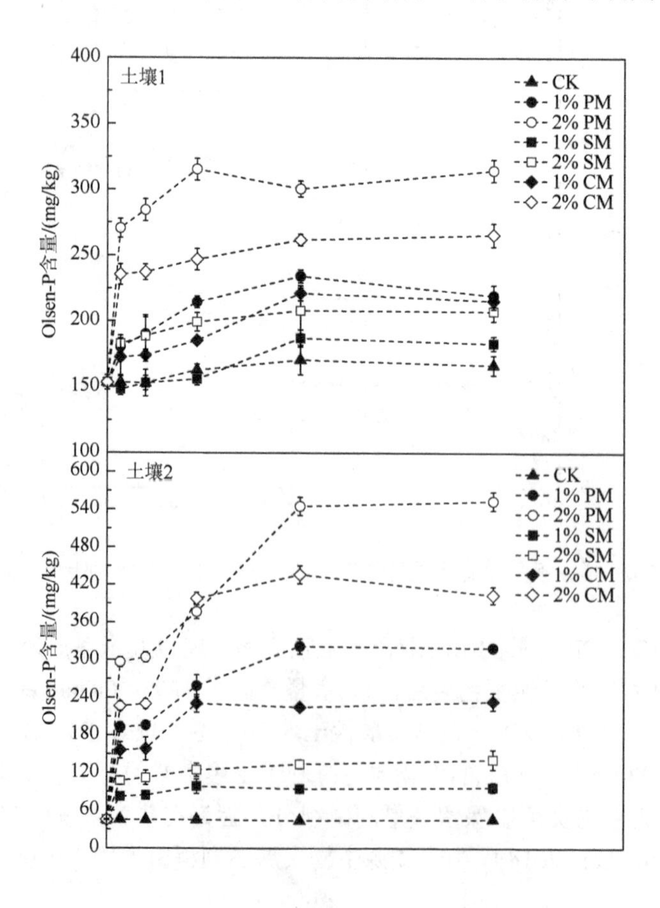

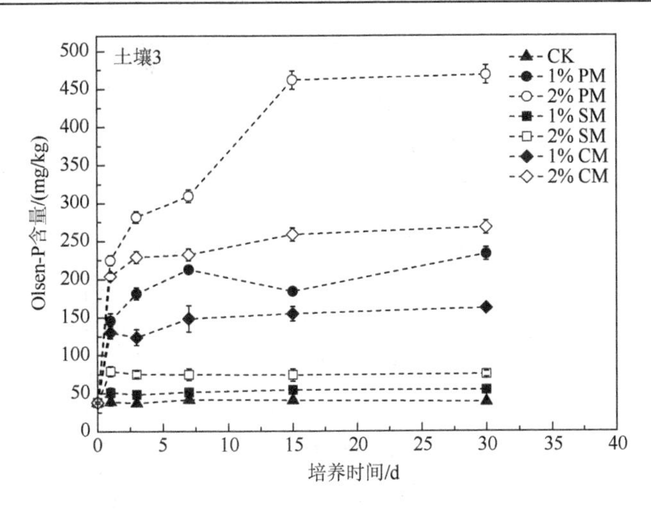

图 12-5　增施不同种类粪源生物炭对 30d 培养期内 3 种水稻土 Olsen-P 的影响

他生物炭相似：①增加土壤 pH，改变阳离子活性（如铝离子、铁离子和钙离子），从而可以降低磷的吸附、增加磷的解析过程（Xu et al.，2014）；②生物炭本身就含有大量的可溶性磷，增加了土壤溶液中可提取的磷元素（Vassilev et al.，2013）；③磷酸酶可以将有机磷转化为无机磷，而生物炭可以改善土壤中磷酸酶的微环境，从而提高磷的可利用性（Nèble et al.，2007）。

12.6　不同种类粪源炭对土壤胶体磷释放规律的影响

3 种供试土壤培养前的胶体磷含量有较大差别，土壤 1 的胶体 TP、胶体 MRP 和胶体 MUP 含量分别为 0.61mg/kg、0.21mg/kg 和 0.40mg/kg，土壤 2 的胶体 TP、胶体 MRP 和胶体 MUP 含量分别为 1.14mg/kg、0.73mg/kg 和 0.41mg/kg，土壤 3 的胶体 TP、胶体 MRP、胶体 MUP 含量分别为 4.83mg/kg、2.73mg/kg 和 2.10mg/kg（图 12-6）。

如图 12-6 所示，添加不同种类的粪源生物炭后，稻田土壤胶体磷的释放规律有很大差别。整体而言，经过 30d 的培养，PM 的添加会显著增强土壤中胶体 TP 的释放，而 SM 与 CM 则对胶体 TP 的释放起到抑制作用。与对照组相比，2%PM 处理下，3 种稻田土壤胶体 TP 的含量分别增加了 54.10%、18.72%和 2.56%，PM 的添加对土壤 1（粉壤土）和土壤 2（粉土）的影响较大，而对土壤 3（黏壤土）的影响较小，3 种土壤胶体 TP 增长率差别较大，可能是土壤胶体磷的背景值差异较大导致的。Santner 等（2012）发现胶体磷的浓度和农田环境土壤中 TP 的浓度有显著相关性。Zhang 等（2003）通过室内砂壤土施加磷的模拟实验发现，磷的施加会引起胶体铁氧化物和胶体磷的迁移。类似的，Siemens 等（2008）的研究显示，在两种富集磷的人造土批量实验中，磷的吸附会引起胶体磷的释放。PM 的施加显著增加了胶体 TP 的含量，这主要是 PM 中含有大量的养分，导致土壤 TP 和 Olsen-P 增加，因此胶体 TP 也有所增加。

在 SM 和 CM 的处理下，土壤 1 和土壤 3 胶体 TP 的抑制效果均呈现 2%SM＞1%SM＞2%CM＞1%CM 的规律，而对于土壤 2 则是呈现 2%SM＞2%CM＞1%SM＞1%CM 的规律。与对照组相比，1%SM 的添加对 3 种土壤胶体 TP 的抑制效果分别为 29.51%、19.10%和

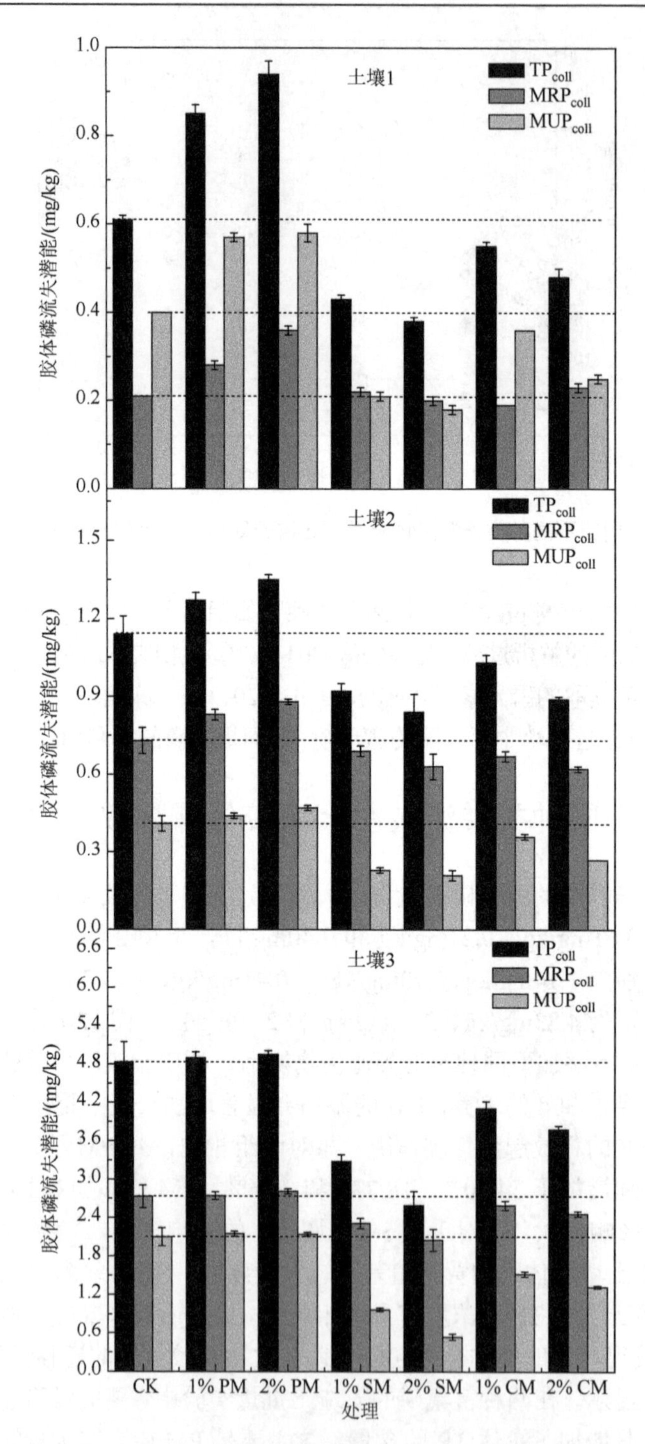

图 12-6　施加不同种类粪源生物炭后土壤胶体磷的流失潜能

TP_{coll}，胶体总磷；MRP_{coll}，胶体钼蓝反应磷；MUP_{coll}，胶体钼蓝不反应磷

32.04%，2%SM 的添加对于 3 种土壤胶体 TP 的抑制效果分别为 37.70%、26.13%和 46.34%。在相同浓度的 SM、CM 处理下（除 2%CM），3 种土壤胶体 TP 抑制效果均为土壤 3（黏

壤土）＞土壤 1（粉壤土）＞土壤 2（粉土），这可能是土壤质地的不同导致的，而 2%CM 处理下对 3 种土壤胶体 TP 的抑制效果没有较大差异，分别为 21.31%、21.73%和 21.68%。从 30d 的培养过程来看，除对照组外，其余 6 个处理在培养开始的一周内胶体 TP 有较明显的增长或降低，之后缓慢变化，而 15d 以后，胶体 TP 的含量基本保持不变（图 12-7）。

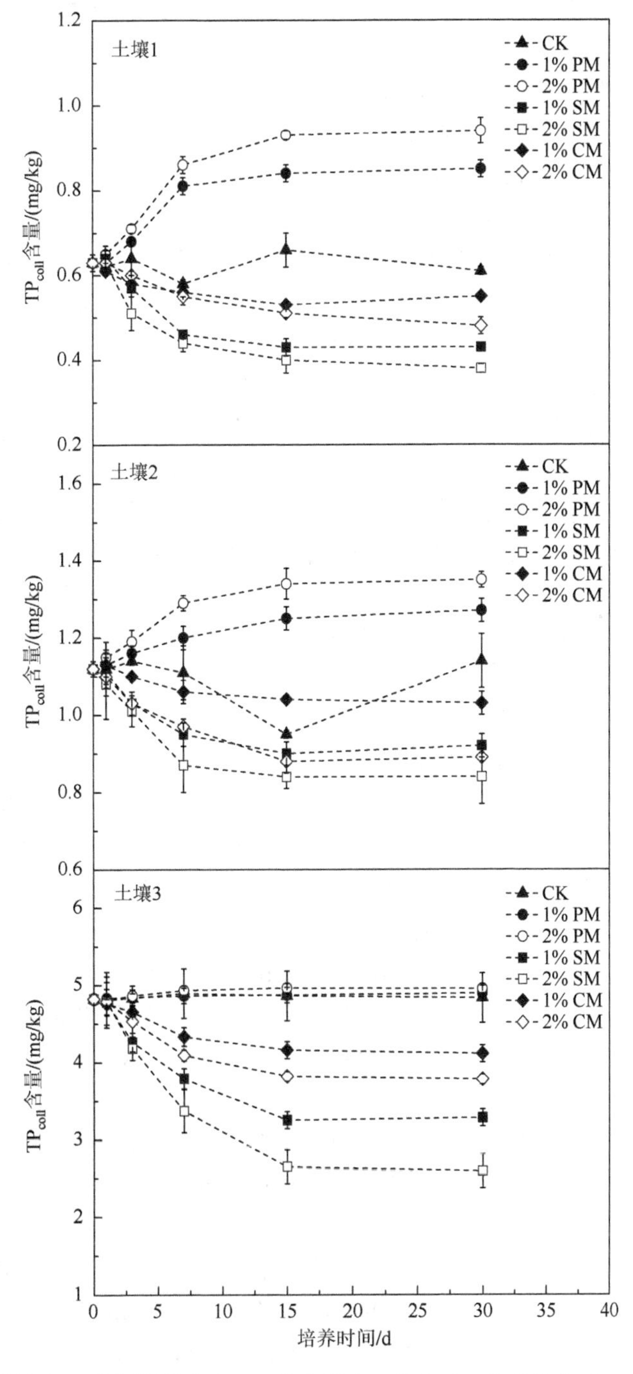

图 12-7　增施不同种类粪源炭对 30d 培养期内 3 种水稻土胶体总磷（TP_{coll}）的影响

当前研究表明，生物炭的施加可以改善土壤的理化性质（如密度、pH、CEC 等），并且可以改善土壤的物理性能，如土壤孔隙率、水的渗透性以及胶体、养分的淋出（Marchetti and Castelli，2013）。生物炭和土壤矿物、天然有机质的相互作用可以增强土壤团聚体，改善土壤结构。Tisdall 和 Oades（1982）的研究表明，粪源炭施加到土壤中，可以被微生物迅速固定，微生物会产生胞外多糖和菌丝结构（真菌和放线杆菌）将土壤颗粒聚集起来，形成大的团聚体，从而减少胶体物质的含量。有研究表明，水分散性胶体于胶体的迁移具有促进作用，Paradelo 等（2013）也观察到生物炭施加到农田土壤中会显著降低水分散性胶体（WDC）的含量。通常电势可以作为胶体释放潜力以及胶体稳定性的关键指标（Mekhamer，2010），电势低于-30mV 时，胶体悬浮液较为稳定（王思玲等，2002），不易释放。而粪源炭的施加可以显著降低土壤的电势值（Mekhamer，2010），从而增强胶体磷的稳定性，减少释放。虽然在 SM 和 CM 的处理下，土壤 TP、Olsen-P 含量都有少量增加，但是两种处理都提高了土壤的 pH，从第 4 章 4.6 节的非线性拟合结果可知，当土壤 pH 在 6～7 时，随着 pH 的增加，土壤中胶体磷的含量逐渐降低。Hens 和 Merckx（2002）的研究表明部分酸不稳定的有机质-金属-磷胶体在溶液 pH 改变时也往往受 H^+的竞争作用影响而发生溶解，即当 pH 升高时，土壤中 H^+减少，部分胶体会发生解析作用，从而胶体磷含量减少。而且 SM 处理下土壤 pH 的增幅要大于 CM 处理下 pH 的增幅，因此与 CM 处理相比，SM 的添加对胶体 TP 的抑制效果更强。此外，Jin 等（2016）的研究表明，在稻田土壤中施加粪源炭，可以显著增加土壤中有机质的含量。Yan 等（2017）的研究表明溶解有机质会降低胶体磷的含量，它主要是通过自身与胶体铁结合形成铁-溶解有机质复合物，从而减少可以与磷结合的胶体铁的含量。这类似于磷和溶解有机质在矿物表面竞争吸附的结果，溶解有机质会显著抑制磷在水铝矿、针铁矿、水铁矿等表面的吸附作用（Fontes et al.，1992；Antelo et al.，2007；Hunt et al.，2007；Weng et al.，2008）。

经过 30d 的室内培养，PM 的添加使 3 种稻田土胶体 MRP 的含量都所有增加，与对照组相比，1%PM 处理下 3 种土壤胶体 MRP 的增长率分别为 36.05%、14.06%和 0.52%；2%PM 处理下 3 种土壤胶体 MRP 的增长率分别为 74.93%、20.93%和 3.09%（图 12-8），PM 的添加对土壤 3（黏壤土）胶体 MRP 的释放影响较小，这与 PM 对胶体 TP 的影响相似。PM 的施加显著增加了稻田土壤胶体 MRP 的含量，但是对胶体 MUP 的含量没有显著影响，其中胶体 MRP 反映的是胶体无机磷的含量，胶体 MUP 反映的是胶体有机磷的含量。可能是因为经 400℃热解制成的猪粪生物炭中主要成分是无机磷，Jin 等（2016）发现正磷酸盐和焦磷酸盐是猪粪生物炭中含量最高的两个成分（占总磷的 91.2%），而磷酸单酯、磷酸二酯等有机磷的含量很低，因此 PM 施加到土壤中后，由于其自身携带大量的无机磷，胶体 MRP 含量有显著增加，而胶体 MUP 含量没有明显变化。

添加羊粪生物炭和牛粪生物炭对土壤 2 和土壤 3 的胶体 MRP 的释放有抑制作用，对于土壤 2，抑制效果为 2%CM（14.80%）＞2%SM（13.42%）＞1%CM（7.93%）＞1%SM（5.18%）；对于土壤 3，抑制效果为 2%SM（24.79%）＞1%SM（15.26%）＞2%CM（9.75%）＞1%CM（4.98%）。而对于土壤 1，不同浓度 SM 和 CM 的处理下，胶体 MRP 的释放没有明显规律，

1%SM 和 2%CM 对胶体 MRP 的释放有增强作用，增长率分别为 6.90%和 11.76%，而 2%SM 和 1%CM 对于胶体 MRP 的释放有一定的抑制作用，分别为 2.82%和 7.68%。在 30d 的培养过程中，除对照组的六种处理下，培养的 15d 内胶体 MRP 有明显增长或降低，之后趋于稳定（图 12-8）。

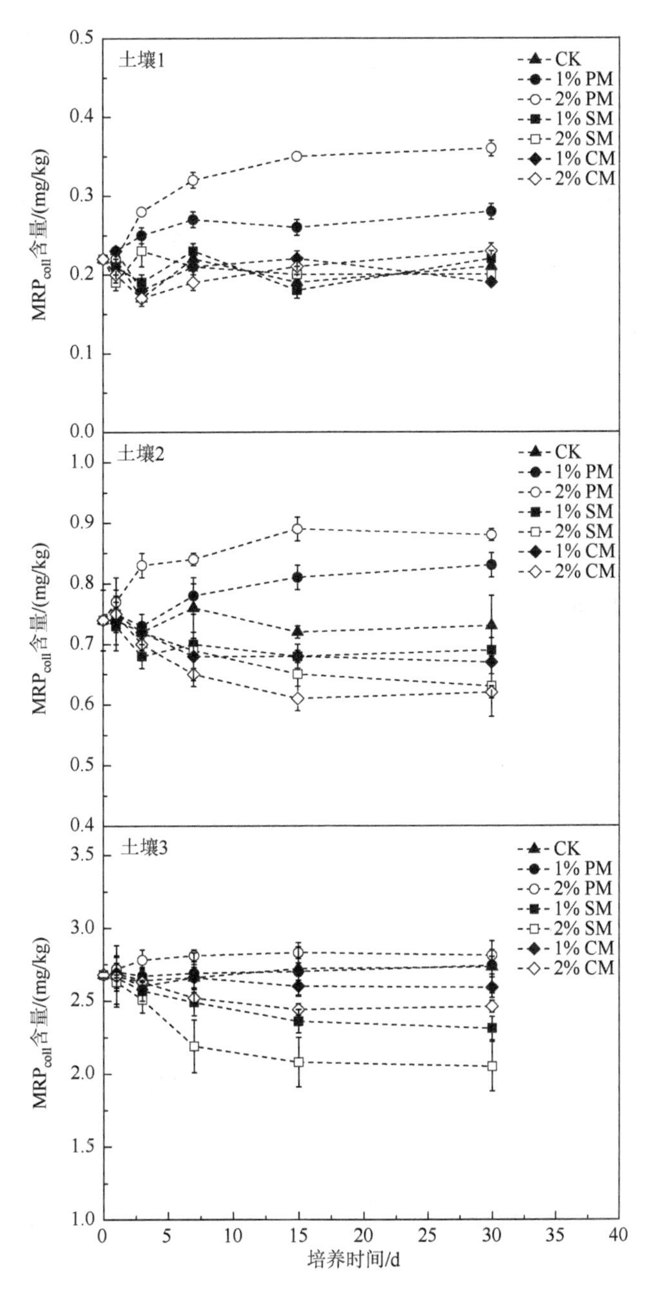

图 12-8 增施不同种类粪源炭对 30d 培养期内 3 种水稻土胶体钼蓝反应磷（MRP_{coll}）的影响

与对照组相比，经过30d的室内培养，PM处理下，土壤中胶体MUP的释放有明显增加，而SM和CM的添加则对胶体MUP的释放有抑制作用。虽然PM对胶体MUP的释放有增强作用，但是其释放规律与PM的添加量没有明显关系，土壤1中，1%PM和2%PM添加后，胶体MUP的释放量分别为0.57mg/kg和0.58mg/kg，差距不大；而在土壤3中，1%PM和2%PM添加后，其释放量增长率为2.34%和1.87%。在土壤1中，1%SM和2%SM处理对于胶体MUP的抑制作用为48.05%和55.47%；土壤2中，1%SM和2%SM处理对于胶体MUP的抑制作用为43.83%和48.72%。CM对土壤胶体MUP的抑制与浓度关联较大，3种土壤中，1%CM处理对胶体MUP的抑制作用分别为10.94%、12.08%和27.65%；而2%CM处理对胶体MUP的抑制作用为38.15%、34.06%和37.17%。3种土壤中，粪源生物炭对胶体MUP的抑制作用都呈现2%SM＞1%SM＞2%CM＞1%CM的趋势。在培养的30d内，添加粪源生物炭后，土壤1和土壤3胶体MUP的释放在培养前15d内持续增长或降低，之后趋于稳定；而土壤2胶体MUP的释放在培养前7d以内有明显增长或降低，之后基本不变（图12-9）。

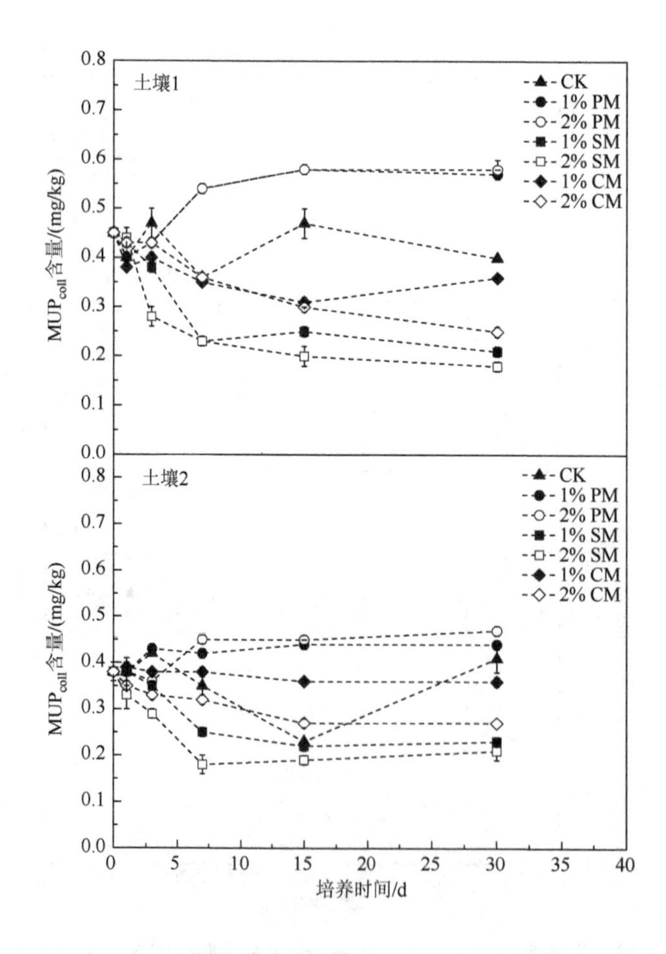

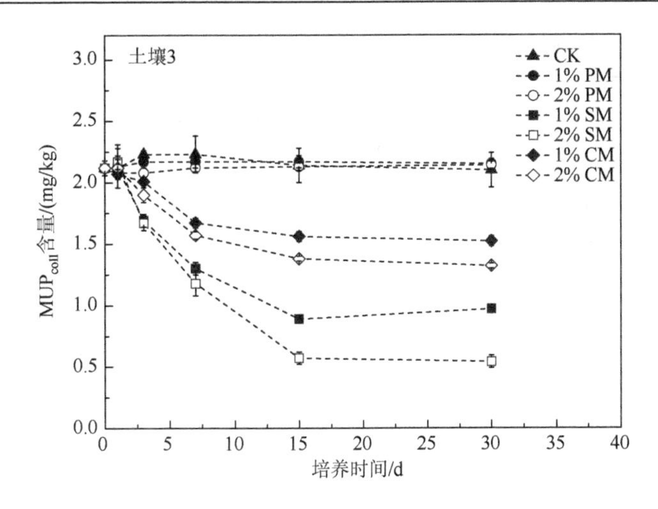

图 12-9　增施不同种类粪源炭对 30d 培养期内 3 种水稻土胶体钼蓝不反应磷（MUP$_{coll}$）的影响

12.7　施加粪源炭后不同土壤中胶体磷流失潜能的预测

表 12-4 是施加不同种类粪源炭后的不同质地土壤胶体磷的多元线性回归方程。其中，胶体 TP、胶体 MRP、胶体 MUP 为因变量，土壤 pH，TC、TN、TP，生物炭施加浓度以及土壤质地为自变量。结果表明，除粪源炭施加种类和浓度外，土壤质地和 Olsen-P 含量在预测各指标流失潜能中也发挥着重要作用，其中，土壤质地的回归系数为 0.028～0.121。在 PM 处理下，胶体 TP（$R^2 = 0.999$，$P = 0.000$）和胶体 MRP（$R^2 = 1.000$，$P = 0.000$）的流失潜能都可以通过粪源炭用量、TP 进行预测，但是胶体 MUP 的预测和粪源炭用量无关。而在 SM 和 CM 处理下，胶体 TP（$R^2 = 0.926$，$P = 0.003$ 和 $R^2 = 0.989$，$P = 0.000$）、胶体 MRP（$R^2 = 0.983$，$P = 0.000$ 和 $R^2 = 0.998$，$P = 0.002$）、胶体 MUP（$R^2 = 0.774$，$P = 0.045$ 和 $R^2 = 0.958$，$P = 0.001$）都可以通过粪源炭用量、土壤质地以及 Olsen-P 含量进行预测。其中，粪源炭的用量和胶体 TP、胶体 MRP、胶体 MUP 都呈负相关。此外，SM、CM 处理下，黏粒的含量和胶体 TP、胶体 MRP、胶体 MUP 呈正相关，SM 处理，黏粒回归系数分别为 0.078、0.050 和 0.028；CM 处理，黏粒回归系数分别为 0.096、0.057 和 0.039。而 Olsen-P 含量的回归系数较小，范围在−0.007～−0.002。

有研究表明，水分散性胶体对胶体的迁移具有促进作用，而土壤中黏粒的含量是控制 WDC 的重要变量之一（Brubaker et al.，1992）。此外，土壤中铁铝含量以及有机质的含量对 WDC 的释放也有显著影响（Igwe et al.，2009）。Vendelboe 等（2011）的研究表明，WDC 的含量和黏粒的含量具有线性关系（$R^2 = 0.79$）。而本书也发现在 SM、CM 处理下，黏粒的含量和胶体 TP、胶体 MRP、胶体 MUP 呈正相关。

表 12-4 供试土壤胶体态磷（TP_{coll}、MRP_{coll}、MUP_{coll}）流失潜能的多元线性回归分析

因变量		常量	预测变量	拟合度 R^2
PM-biochar	TP_{coll}	3.453（0.000）	11（0.005）×biochar＋0.121（0.000）×sand–0.008（0.000）×TP	0.999（0.000）
	MRP_{coll}	18.481（0.000）	6.333（0.001）×biochar–3.787（0.000）×TP–2.174（0.000）×pH	1.000（0.000）
	MUP_{coll}	–13.905（0.000）	0.079（0.002）×clay＋1.960（0.116）×pH	0.996（0.000）
SM-biochar	TP_{coll}	1.212（0.045）	–46.167（0.088）×biochar＋0.078（0.002）×clay–0.006（0.005）×Olsen-P	0.926（0.003）
	MRP_{coll}	0.701（0.004）	–13.167（0.109）×biochar＋0.050（0.000）×clay–0.005（0.000）×Olsen-P	0.983（0.000）
	MUP_{coll}	0.511（0.170）	–33（0.083）×biochar＋0.028（0.031）×clay–0.002（0.134）×Olsen-P	0.774（0.045）
CM-biochar	TP_{coll}	0.967（0.005）	–23.833（0.055）×biochar＋0.096（0.005）×clay–0.007（0.000）×Olsen-P	0.989（0.000）
	MRP_{coll}	0.590（0.000）	–6（0.076）×biochar＋0.057（0.000）×clay–0.005（0.000）×Olsen-P	0.998（0.002）
	MUP_{coll}	0.377（0.056）	–17.833（0.058）×biochar＋0.039（0.000）×clay–0.002（0.004）×Olsen-P	0.958（0.001）

注：括号中的数字表示回归方程中相应参数的显著程度；PM-biochar，猪粪生物炭；SM-biochar，羊粪生物炭；CM-biochar，牛粪生物炭；biochar，生物炭；clay，黏粒；Olsen-P，有效磷；TP_{coll}，胶体总磷；MRP_{coll}，胶体钼蓝反应磷；MUP_{coll}，胶体钼蓝不反应磷。

12.8 小　　结

本章通过室内模拟实验，研究了不同种类粪源炭对稻田土壤养分以及胶体磷释放潜能的影响，得到以下结论。

（1）添加不同种类的粪源炭会显著提高稻田土壤的 pH、TC、TN、TP 以及 Olsen-P 的含量。其中，3 种生物炭对土壤 pH 的影响大小为 SM＞PM＞CM，3 种粪源炭中 SM 更有利于酸性土壤的改良。3 种粪源炭对 TP 和 Olsen-P 含量的影响都是 PM＞CM＞SM，而对 TC 含量的影响则是 SM＞CM＞PM。粪源炭在土壤的养分循环中可以发挥关键作用，但是稻田中粪源炭的施加利用也要考虑养分的流失。

（2）PM 的施加对 3 种土壤胶体 TP、胶体 MRP 和胶体 MUP 的释放都有促进作用，PM 添加量越高，对胶体 TP 和胶体 MRP 释放的促进效果越明显，具体增加比例分别为 1.31%～54.10%和 0.52%～74.93%。而对胶体 MUP 的释放没有显著的促进效果。这主要是胶体磷的浓度和农田环境土壤中 TP 的浓度有显著相关性，PM 中含有大量养分，向土壤带入了更多的胶体 TP 导致的。

（3）SM 和 CM 的添加对 3 种土壤胶体 TP 和胶体 MUP 的释放有明显的抑制作用，相同浓度下，3 种土壤都是 SM 的抑制效果要强于 CM 的抑制效果，而对于同种粪源炭，添加量越大，抑制效果越明显。此外，SM 和 CM 对胶体 TP 的抑制作用还与土壤类型有关，添加相同浓度的 SM 或 CM，对胶体 TP 的抑制效果都是土壤 3（黏壤土）＞土壤 1

（粉壤土）＞土壤 2（粉土）。在培养的 30d 中，与对照组相比，胶体 TP、胶体 MRP 和胶体 MUP 的释放量基本都是在培养开始的一周内有明显增加或减少，在 15d 以后基本达到平衡。SM 和 CM 施加到土壤中，可以被微生物迅速固定，微生物产生的胞外多糖和菌丝结构将土壤颗粒聚集起来，形成大的团聚体，减少了胶体物质的含量。此外，生物炭的施加可以降低土壤中 WDC 的含量，从而减少胶体磷的释放。

（4）通过多元线性回归，发现对于 SM 和 CM 处理下的土壤，胶体 TP、胶体 MRP 和胶体 MUP 的释放潜能都可以通过粪源炭用量、土壤质地以及 Olsen-P 含量进行预测。其中，粪源炭的用量和胶体 TP、胶体 MRP、胶体 MUP 含量都呈负相关。黏粒含量和胶体 TP、胶体 MRP、胶体 MUP 都呈正相关性。具体预测模型为 $TP_{coll}=-46.167(0.088)\times SM+0.078(0.002)\times clay-0.006(0.005)\times Olsen\text{-}P$，$TP_{coll}=-23.833(0.055)\times CM+0.096(0.005)\times clay-0.007(0.000)\times Olsen\text{-}P$。WDC 对胶体迁移具有促进作用，而 WDC 的含量和黏粒的含量具有线性相关，可见黏粒含量对胶体磷的释放具有促进作用。但是在 PM 处理下，胶体 TP（$R^2=0.999$，$P=0.000$）和胶体 MRP（$R^2=1.000$，$P=0.000$）的流失潜能都可以通过粪源炭用量、TP 进行预测，而胶体 MUP 的预测和粪源炭用量无关。

参 考 文 献

王思玲，李玉娟，张景海，等. 2002. 电泳光散射法测定异丙酚微乳剂的动电电位. 沈阳药科大学学报，19（5）：313-315.

谢祖彬，刘琦，许燕萍，等. 2011. 生物炭研究进展及其研究方向. 土壤，43（6）：857-861.

袁金华，徐仁扣. 2012. 生物质炭对酸性土壤改良作用的研究进展. 土壤，44（4）：541-547.

Antelo J，Arce F，Avena M，et al. 2007. Adsorption of a soil humic acid at the surface of goethite and its competitive interaction with phosphate. Geoderma，138（1-2）：12-19.

Brubaker S C，Holzhey C S，Brasher B R. 1992. Estimating the water-dispersible clay content of soils. Soil Science Society of America Journal，56（4）：1227-1232.

Chan K Y，Van Zwieten L，Meszaros I，et al. 2008. Using poultry litter biochars as soil amendments. Australian Journal of Soil Research，46（5）：437-444.

Ch'ng H Y，Ahmed O H，Ab Majid N M. 2014. Improving phosphorus availability in an acid soil using organic amendments produced from agroindustrial wastes. The Scientific World Journal，16：506356.

Enders A，Hanley K，Whitman T，et al. 2012. Characterization of biochars to evaluate recalcitrance and agronomic performance. Bioresource Technology，114：644-653.

Fontes M R，Weed S B，Bowen L H. 1992. Association of microcrystalline goethite and humic-acid in some oxisols from Brazil. Soil Science Society of America Journal，56（3）：982-990.

Fowles M. 2007. Black carbon sequestration as an alternative to bioenergy. Biomass and Bioenergy，31（6）：426-432.

Hens M，Merckx R. 2002. The role of colloidal particles in the speciation and analysis of "dissolved" phosphorus. Water Research，36（6）：1483-1492.

Hunt J F，Ohno T，He Z，et al. 2007. Inhibition of phosphorus sorption to goethite，gibbsite，and kaolin by fresh and decomposed organic matter. Biology and Fertility of Soils，44（2）：277-288.

Igwe C A，Zarei M，Stahr K. 2009. Colloidal stability in some tropical soils of southeastern Nigeria as affected by iron and aluminium oxides. Catena，77（3）：232-237.

Jin Y，Liang X Q，He M M，et al. 2016. Manure biochar influence upon soil properties，phosphorus distribution and phosphatase activities：A microcosm incubation study. Chemosphere，142：128-135.

Khan S，Chao C，Waqas M，et al. 2013. Sewage sludge biochar influence upon rice（*Oryza sativa* L.）yield，metal bioaccumulation and greenhouse Gas emissions from acidic paddy soil. Environmental Science & Technology，47（15）：8624-8632.

Liang B，Lehmann J，Solomon D，et al. 2006. Black carbon increases cation exchange capacity in soils. Soil Science Society of America Journal，70（5）：1719-1730.

Marchetti R，Castelli F. 2013. Biochar from swine solids and digestate influence nutrient dynamics and carbon dioxide release in soil. Journal of Environmental Quality，42（3）：893-901.

Mekhamer W K. 2010. The colloidal stability of raw bentonite deformed mechanically by ultrasound. Journal of Saudi Chemical Society，14（3）：301-306.

Mukherjee A，Zimmerman A R，Harris W. 2011. Surface chemistry variations among a series of laboratory-produced biochars. Geoderma，163（3-4）：247-255.

Nèble S，Calvert V，Petit J L，et al. 2007. Dynamics of phosphatase activities in a cork oak litter（*Quercus suber* L.）following sewage sludge application. Soil Biology and Biochemistry，39（11）：2735-2742.

Paradelo R，van Oort F，Chenu C. 2013. Water-dispersible clay in bare fallow soils after 80 years of continuous fertilizer addition. Geoderma，200-201：40-44.

Santner J，Smolders E，Wenzel W W，et al. 2012. First observation of diffusion-limited plant root phosphorus uptake from nutrient solution. Plant Cell and Environment，35（9）：1558-1566.

Siemens J，Ilg K，Pagel H，et al. 2008. Is colloid-facilitated phosphorus leaching triggered by phosphorus accumulation in sandy soils?. Journal of Environmental Quality，37（6）：2100-2107.

Tisdall J M，Oades J M. 1982. Organic-matter and water-stable aggregates in soils. Journal of Soil Science，33（2）：141-163.

Uchimiya M，Hiradate S. 2014. Pyrolysis temperature-dependent changes in dissolved phosphorus speciation of plant and manure biochars. Journal of Agricultural and Food Chemistry，62（8）：1802-1809.

Uchimiya M，Bannon D I，Wartelle L H，et al. 2012. Lead retention by broiler litter biochars in small arms range soil：impact of pyrolysis temperature. Journal of Agricultural and Food Chemistry，60（20）：5035-5044.

Vassilev N，Martos E，Mendes G，et al. 2013. Biochar of animal origin：a sustainable solution to the global problem of high-grade rock phosphate scarcity?. Journal of the Science of Food and Agriculture，93（8）：1799-1804.

Vendelboe A L，Moldrup P，Heckrath G，et al. 2011. Colloid and phosphorus leaching from undisturbed soil cores sampled along a natural clay Gradient. Soil Science，176（8）：399-406.

Wang T，Camps-Arbestain M，Hedley M，et al. 2012. Predicting phosphorus bioavailability from high-ash biochars. Plant and Soil，357（1-2）：173-187.

Weng L P，Van Riemsdijk W H，Hiemstra T. 2008. Humic nanoparticles at the oxide-water interface：interactions with phosphate ion adsorption. Environmental Science and Technology，42（23）：8747-8752.

Xu G，Sun J N，Shao H B，et al. 2014. Biochar had effects on phosphorus sorption and desorption in three soils with differing acidity. Ecological Engineering，62：54-60.

Yan J L，Jiang T，Yao Y，et al. 2017. Underestimation of phosphorus fraction change in the supernatant after phosphorus adsorption onto iron oxides and iron oxide-natural organic matter complexes. Journal of Environmental Sciences，55（5）：197-205.

Zhang M K，He Z L，Calvert D V，et al. 2003. Colloidal iron oxide transport in sandy soil induced by excessive phosphorus application. Soil Science，168（9）：617-626.

Zhao L，Cao X D，Wang Q，et al. 2013. Mineral constituents profile of biochar derived from diversified waste biomasses：implications for agricultural applications. Journal of Environmental Quality，42（2）：545-552.

第13章　PAM对土壤胶体磷迁移阻滞系数的影响

13.1　引　　言

阻滞系数用于描述地质介质对污染物的离子交换、物理吸附及化学沉积等作用，导致污染物的运移速度显著降低，甚至远低于地下水流速的延迟现象。一般采用动态柱法进行测定，将待测土样装填于玻璃柱中，先用岩样平衡水流通过柱子，然后以连续注入的方式注入含适量无反应的示踪剂和污染源的水溶液，其中示踪剂一般选用 Cl^- 或 F^-，通过采集流出液并测定污染物浓度和无反应的示踪剂浓度，并绘制相应的穿透曲线，求取阻滞系数。

本章针对稻田土（RS）、茶园土（TS）、菜地土（VS）三种不同土壤类型，通过室内模拟，考察了三种土壤淋溶液中胶体磷的流失情况，探讨了不同类型的土壤对胶体磷的阻滞作用以及 PAM 在不同类型土壤中对胶体磷流失的阻控效果。

13.2　试验设计与分析方法

13.2.1　试验设计

本试验的淋洗装置采用定制玻璃柱，柱长 50cm，内径 5cm，淋溶柱底端有出水缓冲区。将土壤风干磨细过 20 目筛，装填于内径 5cm 的无机玻璃管，最下层垫一层滤膜，轻微压实，装填高度 20cm（235g），加入 80mL 水使土壤水分接近饱和。设置蠕动泵流速为 0.5mL/min，折合降水量为 15mm，用锥形瓶收集淋溶液，每 8h 采集一次淋溶液，直至淋溶液颜色变淡为止。进水为去离子水、22.40mg/L 胶体磷溶液以及 50mg/L 的氯化钠溶液。供试土壤分别施加 0 g、0.1175g、0.2350gPAM，充分混匀，PAM 含量分别为 0、0.05%、0.1%，等同于 0 kg/hm^2、12.5kg/hm^2、25kg/hm^2 的 PAM 施加量，所有处理设 3 次平行。图 13-1 为实验装置图。

13.2.2　供试材料

选取了 3 种不同土壤类型：稻田土、茶园土、菜地土，供试土壤均采自浙江杭州余杭区径山镇小古城村慢谷生态园区，土壤为表层 0～20cm 土。3 种土壤的基本理化性质见表 13-1。阴离子型聚丙烯酰胺为粉末状，分子量为 20×10^6，水解度为 20%。

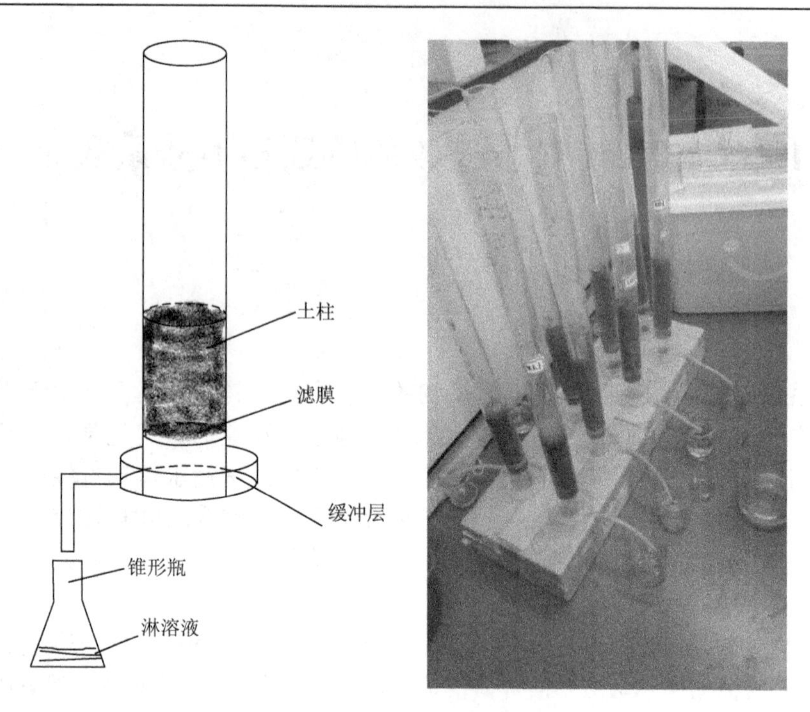

图 13-1　土柱淋溶实验装置图

表 13-1　供试土壤的基本理化性质

指标	稻田土	茶园土	菜地土
黏粒含量/%	24.5	21.6	19.1
粉粒含量/%	40.7	39.1	31.7
砂粒含量/%	34.8	39.3	49.2
pH	6.63	5.19	5.92
总磷/(g/kg)	0.3639	0.5989	0.7044
胶体磷含量/(mg/kg)	2.432	10.008	12.296

13.2.3　样品分析方法

土壤 pH 用玻璃探头 pH 计（pHS-3C，上海雷磁）在土水比为 1∶5 的条件下测定；淋溶液氯离子浓度采用硝酸银滴定法测定。土壤总磷采用 H_2SO_4-$HClO_4$ 高温消解，钼锑抗比色法测定（Murphy and Riley，1962）。

淋溶液胶体磷浓度的测定见 4.2.2 节。

采用动态柱法测定土壤对胶体磷的阻滞系数：将已知浓度的胶体磷溶液连续注入土柱中，并保证水流均匀进入。定时收集流出液体并分析淋溶液中胶体磷浓度，做出浓度与时间相对应的穿透曲线。同时，用 Cl^-作为示踪剂，由于 Cl^-不易被介质吸附，

可以近似认为 Cl^- 的迁移速度和水流速度相等。动态柱法阻滞系数计算公式（李合莲等，2002）如下：

$$R_d = \frac{v_{\frac{1}{2}Cl^-}}{v_{\frac{1}{2}p}} \tag{13-1}$$

式中，R_d 为污染物的迁移阻滞系数；$v_{\frac{1}{2}Cl^-}$ 为氯离子浓度达到穿透浓度 1/2 时的速度（cm/h）；$v_{\frac{1}{2}p}$ 为污染物达到穿透浓度 1/2 时的速度（cm/h）。

13.2.4　数据处理

利用 Microsoft Excel 2013 和 Origin 8.0 进行数据处理和制图。采用 SPSS Statistics 20.0（SPSS Inc. Chicago，美国）软件进行数据的统计分析和数据拟合。利用单因素方差分析（one-way ANOVA）中的最小显著差异法（LSD）进行不同处理间 95%的显著性差异分析；所有数据测定结果均为 3 次重复的平均值。

13.3　PAM 对土壤中胶体磷的流失的影响

向供试土壤中添加 PAM 可有效抑制土壤胶体磷的流失，但对不同土壤的抑制效果各不相同（图 13-2）。不同处理条件下胶体磷的流失含量总体上呈现出先增大后减小，最终趋于稳定的趋势。与未施加 PAM 的对照组相比，稻田土和茶园土在施加 0.05%和 0.10%的 PAM 后，淋溶液中胶体磷的峰值含量均随 PAM 的施加量增加而减小，稻田土分别减少 43.1%和 81.6%，茶园土分别减少 26.9%和 71.5%［图 13-2（a）和（b）］。而在菜地土中，仅在施加了 0.05%的 PAM 后出现了胶体磷峰值含量显著下降的现象（降低 30.2%），在施加了 0.10%的 PAM 后，淋溶液中胶体磷峰值含量虽有所下降，但差异并不显著［图 13-2（c）］。这说明 0.05%的 PAM 施加量足够有效地控制了砂粒含量较多的菜地土中胶体磷的流失。稻田土和茶园土施加了 0.10%的 PAM 后，淋溶液中胶体磷含量达到峰值的时间增大，即胶体磷土壤中的滞留时间增长；而对于菜地土，在施加了 0.05%的 PAM 后出现了胶体磷含量达到峰值的时间增大的现象，而在施加了 0.10%的 PAM 后达到峰值的时间并没有增加，这与上面 0.05%PAM 施加量足以控制菜地土中胶体磷的流失的结论一致。此外，三种供试土壤淋溶液中胶体磷含量达到峰值的时间依次为稻田土、茶园土、菜地土（图 13-2），这可能是供试土壤的胶体磷含量不同导致的。稻田土胶体磷含量最低（表 13-1），因此达到峰值的时间最短；菜地土胶体磷含量最高（表 13-1），时间最长。

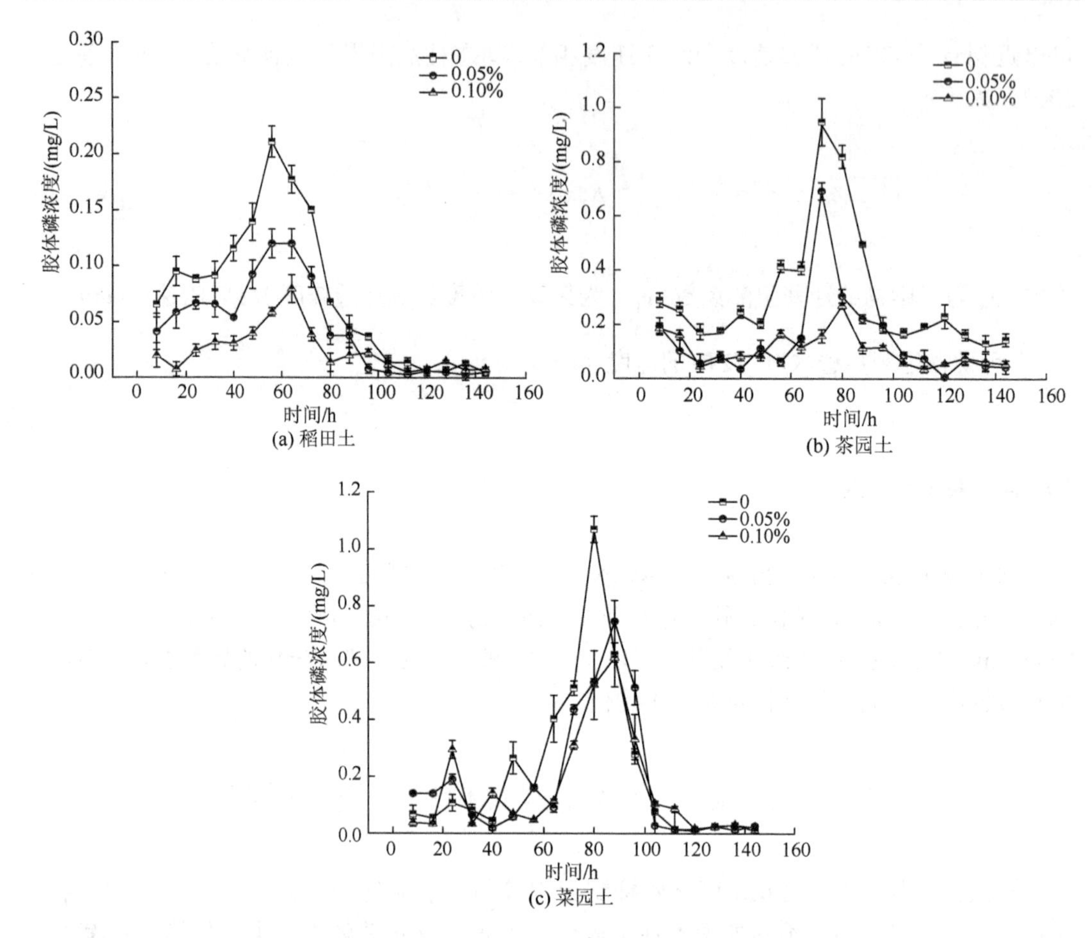

图 13-2　不同 PAM 施加量下 3 种土壤淋溶液中胶体磷的浓度

3 种供试土壤经 PAM 处理后，有效阻控胶体磷流失的机制如下：由于阴离子型 PAM 具有酰胺基结构，且其在水相中极易形成氢键，具有较强的亲水性。因此，可以有效减弱降水及灌溉对土壤的冲击作用，维持土壤团聚体的稳定存在，从而降低胶体及胶体磷在土-水界面的运移能力。此外，PAM 具有很强的絮凝性，可以将已经形成的土壤胶体细颗粒凝聚成易沉降的大颗粒，从而减少了具有长距离迁移特性的细小颗粒的总量（Sojka et al.，2007）。一些研究中的胶体电镜 SEM 扫描发现（Liang et al.，2017），PAM 在胶体中呈网状结构分布，具有大量的土壤胶体团聚颗粒吸附在 PAM 表面，这可能就是施加 PAM 能够有效阻控土壤胶体颗粒及胶体磷迁移释放的主要原因。

13.4　土壤对胶体磷的迁移阻滞的作用

氯离子在三种土壤中的穿透浓度为 50mg/L，胶体磷在三种土壤中的穿透浓度为 22.40mg/L。污染物在土壤固相与液相间的迁移是对流-弥散方程的源与汇，可以建立数学模型，并拟合实验所得的穿透曲线（图 13-3 和图 13-4），求出相关参数。由参数可得水的迁移速度和胶体磷的迁移速度，从而得到迁移阻滞系数（表 13-2）。随着淋溶时间的增长，淋溶液中胶体磷的含量呈现出先快速增加后缓慢增加直至稳定的趋势，稻田土淋溶液中胶体磷含量与茶园土、菜地土的差异比较显著，而茶园土和菜地土差异不明显（图 13-4）。

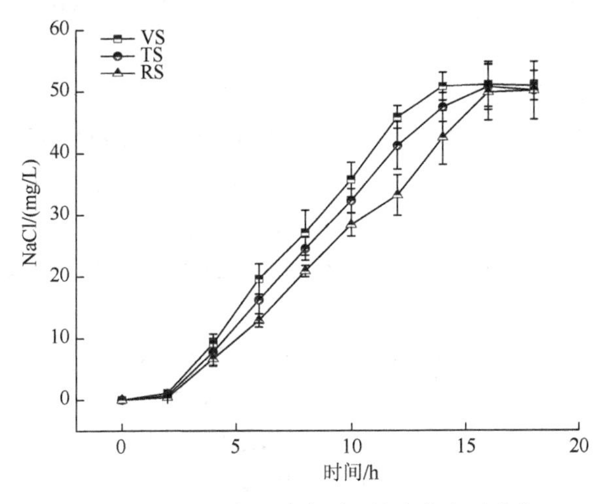

图 13-3　NaCl 在三种类型土壤中的穿透曲线

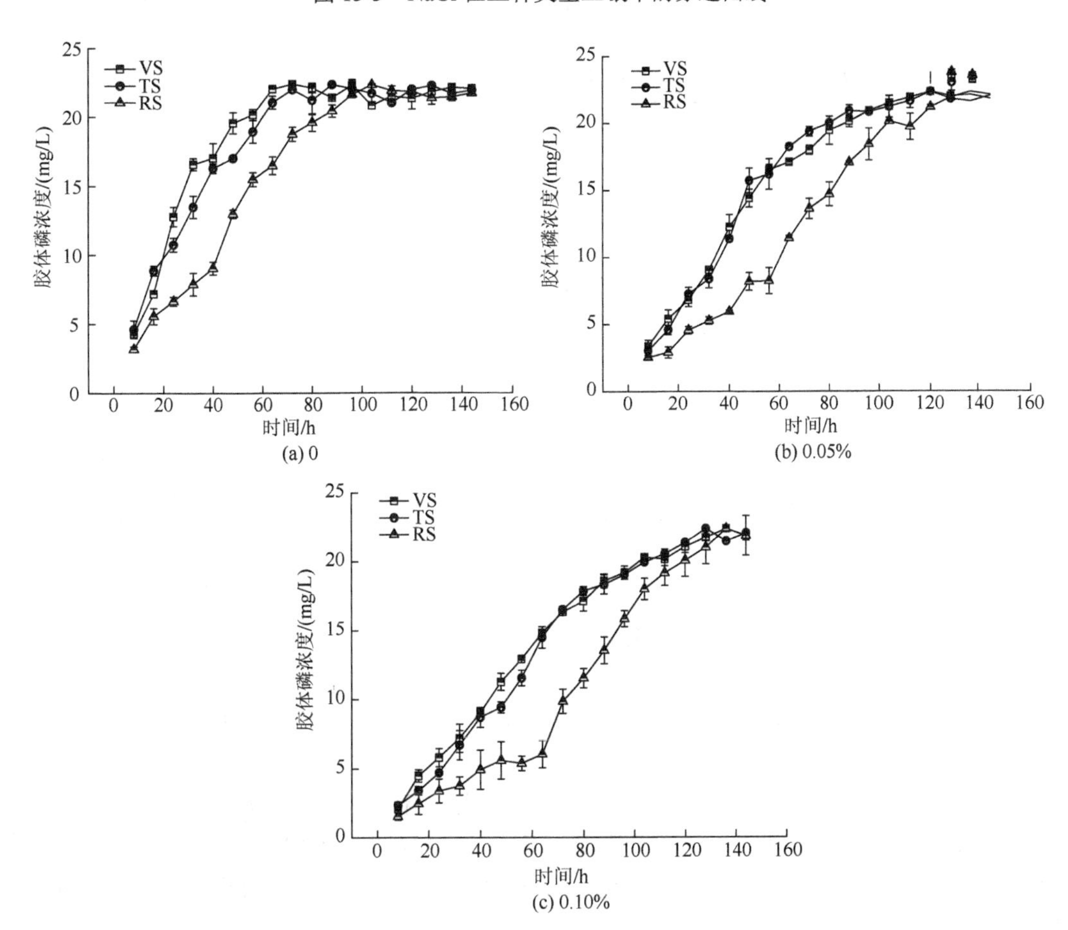

图 13-4　不同 PAM 施加水平（0、0.05%、0.10%）下的土壤中胶体磷的穿透曲线

随 PAM 施加量的增加，淋溶液中胶体磷含量达到峰值的时间也增加。说明施加 PAM 增加了土壤对胶体磷的阻控效果。同样的，在施加 PAM 后，菜地土对胶体磷的阻滞系数从 6.397 增加到 12.004，茶园土从 7.705 增加到 12.876，稻田土从 9.915 增加到 15.903，同样说明了 PAM 的施加可以有效阻滞胶体磷的流失。

施加 PAM 后，各土壤对胶体磷的阻滞系数均在 10 以上（表 13-2），说明施加 PAM 的土壤对胶体磷迁移的阻滞作用较大，且在施加 0 和 0.05%PAM 后，菜地土、茶园土、稻田土对胶体磷的阻滞系数依次增加，这表明土壤对胶体磷的阻滞效果受砂粒含量的影响，砂粒含量越大，阻滞效果越小。而在施加了 0.10%PAM 后，菜地土（12.004）和茶园土（12.876）的阻滞系数并没有明显差异，即 0.10%PAM 施加量对菜地土阻滞胶体磷迁移的作用减弱。

本次试验中，最初设定的 PAM 施加量为 0、0.05%、0.10%与 0.20%。但在实际操作过程中发现，当施加量为 0.20%时，各土柱均发生了阻塞现象导致淋溶无法进行。其原因在于，PAM 施加量过大，PAM 分子在土壤相邻黏粒之间形成过多的“搭接桥”，导致黏结效果过强（于健等，2011）。由于土壤中黏粒含量越大，砂粒含量越小，则 PAM 的阻控效果越好，所以 PAM 在稻田土中的阻控效果最佳，在菜地土中的阻控效果最差。

表 13-2　不同 PAM 施加量下胶体磷在三种土壤中的阻滞系数

土壤类型	v_w/(cm/h)	PAM 施加量	v/(cm/h)	R_d
菜地土	2.325±0.007	0	0.445±0.013	6.397±0.238
		0.05%	0.281±0.009	10.125±0.107
		0.10%	0.237±0.011	12.004±0.205
茶园土	2.601±0.005	0	0.338±0.004	7.705±0.129
		0.05%	0.230±0.006	11.309±0.161
		0.10%	0.202±0.010	12.876±0.193
稻田土	2.845±0.068	0	0.234±0.007	9.915±0.153
		0.05%	0.185±0.027	12.543±0.352
		0.10%	0.146±0.012	15.903±0.174

13.5　小　　结

本章通过室内土柱模拟实验研究在施加不同含量 PAM 后，不同土壤对胶体磷的迁移阻滞作用，并进行计算分析，得到以下结论。

（1）根据不同 PAM 施加量下胶体磷在土壤中流失情况的比较分析，得出结果：施加 PAM 可以有效地抑制土壤中胶体磷的流失，且随 PAM 施加量的增加，抑制效果也增强。相同 PAM 施加量对砂粒含量相对较少的稻田土中的胶体磷流失抑制效果最优，而砂粒含量较高的菜地土的效果则最差。

（2）不管是否施加 PAM，砂粒含量低的稻田土对胶体磷的阻滞系数最大（9.915～15.903），对胶体磷的阻滞效果最好；砂粒含量高的菜地土对胶体磷的阻滞系数最小（6.397～12.004），对胶体磷的阻滞效果最差。施加 PAM 可以增加土壤对胶体磷的阻控效果，且阻滞系数随施加量的增加而增大。

参 考 文 献

李合莲，陈家军，张俊丽. 2002. 阻滞系数的确定方法及其应用. 山东科技大学学报（自然科学版），21（2）：103-106.

于健，雷廷武，张俊生，等. 2011. PAM 特性对砂壤土入渗及土壤侵蚀的影响. 土壤学报，48（1）：21-27.

Ilg K，Siemens J，Kaupenjohann M. 2005. Colloidal and dissolved phosphorus in sandy soils as affected by phosphorus saturation. Journal of Environmental Quality，34（3）：926-935.

Liang X Q，Liu Z W，Liu J，et al. 2017. Soil colloidal P release potentials under various polyacrylamide addition levels. Land Degradation & Development，28（7）：2245-2254.

Murphy J，Riley J P. 1962. A modified single solution method for the determination of phosphate in natural waters. Analytica Chimica Acta，27：31-36.

Sojka R E，Bjorneberg D L，Entry J A，et al. 2007. Polyacrylamide in agriculture and environmental land management. Advances in Agronomy，92：75-162.

第14章　PAM对稻田土壤胶体磷释放阻控效应

14.1　引　　言

本章研究了不同PAM施加量对八种土壤胶体磷的释放阻控效应。

14.2　试验设计与分析方法

14.2.1　试验设计

供试土壤地点及基本理化性质见表14-1。阴离子型PAM分子量600万，水解度20%。分别称取供试土样10g于三角瓶中，分别加入0 mg、5mg、10mg、20mg调理剂，充分混匀，经处理土壤的调理剂含量分别为0、0.05%、0.1%、0.2%，等同于0 kg/hm^2、12.5kg/hm^2（低）、25kg/hm^2（中）、50kg/hm^2（高）四种含量的调理剂施用量，所有处理设三次平行。按照土水比1∶8的比例加入去离子水，培养24h。测定各PAM添加量下的土壤、胶体总磷、胶体MRP、胶体MUP和水分散性胶体（WDC）的流失潜能。

土壤胶体磷的测定参考4.2.2节。土壤胶体总磷（TP_{coll}）、胶体MRP（MRP_{coll}）、胶体MUP（MUP_{coll}）的含量以试样Ⅰ与试样Ⅱ中TP、MRP及MUP含量之差计算得到；真溶解态总磷（TP_{truly}）、真溶解态MRP（MRP_{truly}）、真溶解态MUP（MUP_{truly}）分别为试样Ⅱ中TP、MRP、MUP的浓度。烘干法测定土壤水分散性胶体的释放量：20mL试样Ⅰ和试样Ⅱ在105℃下烘至恒重，以质量差计算水分散性胶体的释放潜能。

14.2.2　数据处理

利用Microsoft Excel 2013、SPSS Statistics 20.0（SPSS Inc. Chicago，美国）和Origin 8.0进行数据处理和制图。

根据不同含量PAM处理对八种供试土壤胶体及胶体磷释放的抑制效果，选择施加25kg/hm^2（0.1%）PAM处理下提取的土壤水分散性胶体，经过冷冻干燥后，利用扫描电子显微镜（SEM）观察胶体形貌。

14.3　不同PAM施加量对土壤胶体磷流失潜能的影响

如表14-1所示，不同供试土壤的质地存在显著性差异。地点1、地点2、地点3的土壤砂粒含量较高；而对于其他地点的土壤，黏粒（地点 4）和粉粒（地点 5、地点 6、地点 7、地点 8）的含量相对高一些。此外，在对照组中，砂壤土、壤质土和粉壤土（地点 7）胶体总磷的流失潜能最大（范围为 6.9～46.1mg/kg），且除了地点 5、地点 7，土壤胶体总磷流失潜能随着砂粒含量减少而减少（图 14-1）。地点 4 和地点 6 的土壤胶体总磷和真溶解态总磷的流失潜能均小于 1mg/kg，而地点 5 相应的数值则分别为 2.4mg/kg 和 3.8mg/kg，地点 7 相应的数值分别为 27.6mg/kg 和 1.3mg/kg，这可能与地点 5 的土壤总磷含量较高，地点 7 为黑土有关（图 14-1 和表 14-1）。

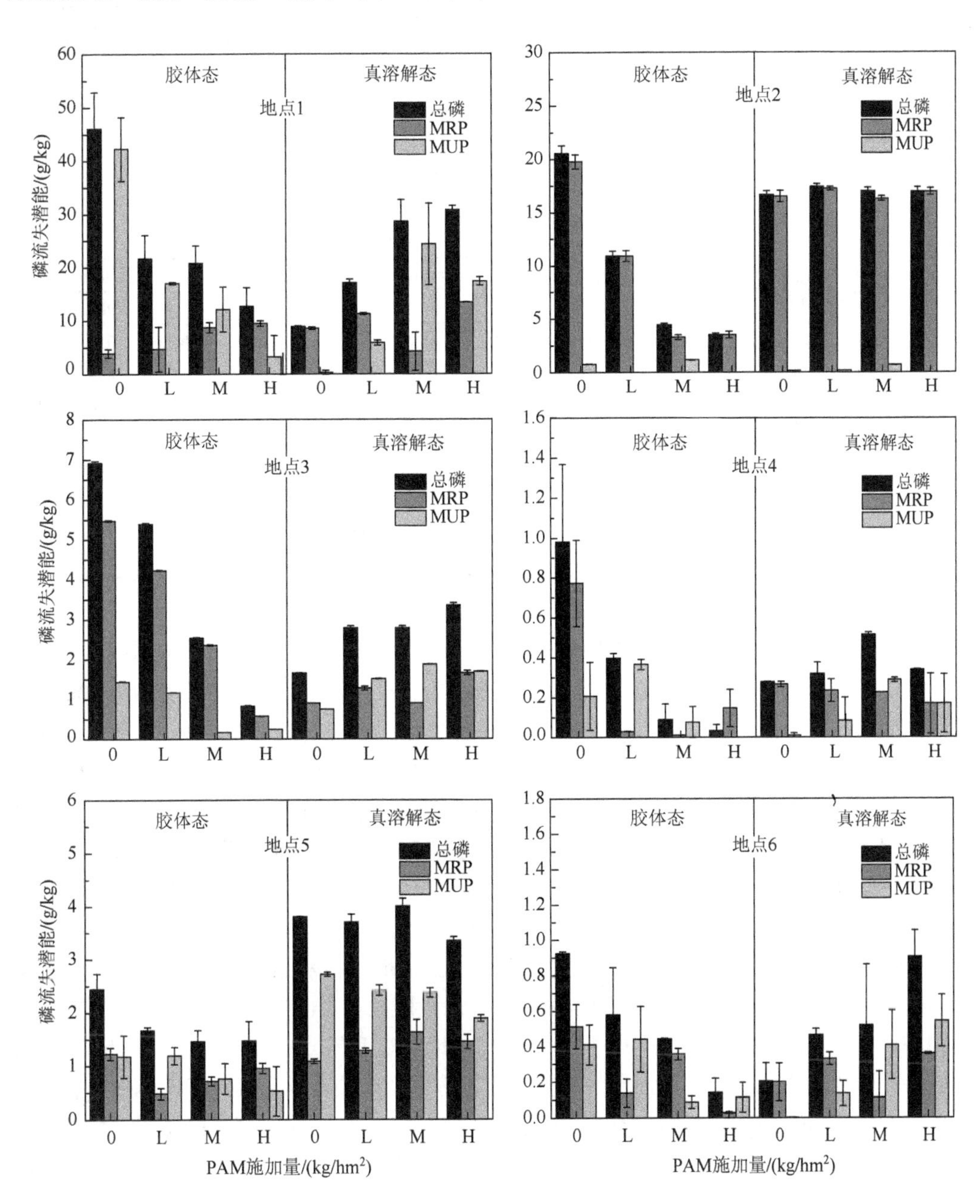

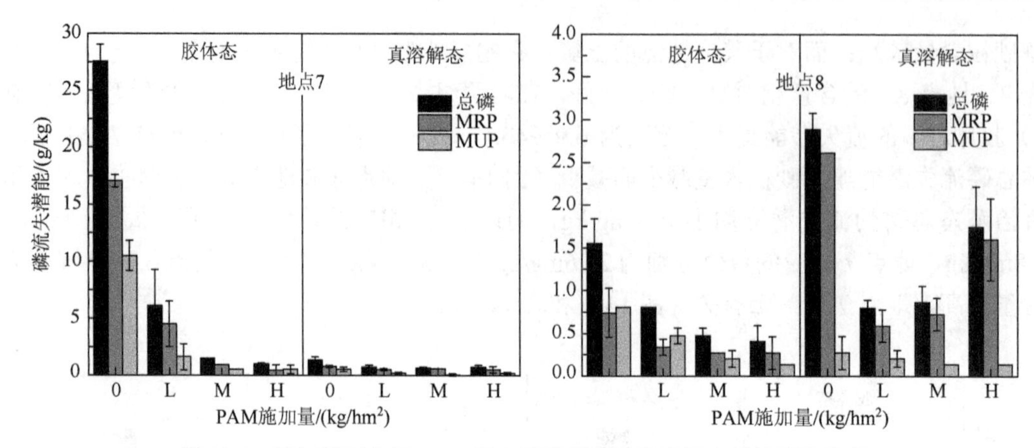

图 14-1　施加不同含量 PAM 后土壤胶体磷和真溶解态磷的流失潜能

0、L、M、H 分别指 0 kg/hm²、12.5kg/hm²、25kg/hm²、50kg/hm² 的 PAM 施加量

表 14-1　供试土壤的基本理化性质

采样点	采样位置	土地利用类型	土壤质地分类	pH（H_2O）	TP/（mg/kg）	TC/（g/kg）	TN/（g/kg）	CEC/（cmol/kg）	机械组成/%		
									砂粒	粉粒	黏粒
地点 1	广东	稻田	砂壤土	5.81 d	999 b	11.48 e	2.42 d	2.02 g	68 a	27 g	5 e
地点 2	浙江-2	蔬菜	壤质土	5.44 d	901 c	26.60 b	3.90 b	16.50 d	43 b	35 ef	22 c
地点 3	浙江-1	稻田	壤质土	5.40 d	493 g	19.60 c	3.34 c	13.70 e	39 c	37 e	24 b
地点 4	浙江-3	蔬菜	黏性土	4.90 f	218 h	2.59 f	0.59 g	10.97 f	20 d	33 f	48 a
地点 5	湖南	稻田	粉土	7.77 b	1011 a	59.01 a	5.65 a	55.03 c	15 e	81 b	4 e
地点 6	江苏	稻田	粉土	8.18 a	873 d	16.78 d	1.81 e	145.16 a	4 f	94 a	2 f
地点 7	黑龙江	稻田	粉壤土	6.97 c	666 e	19.02 c	1.42 f	73.16 b	13 e	65 c	22 c
地点 8	吉林	稻田	粉壤土	7.56 b	525 f	13.84 e	1.40 f	17.40 d	22 d	70 d	8 d

注：每列数据后相同小写字母表示无显著性差异（$P<0.05$）。

向供试土壤中添加 PAM 可有效抑制土壤胶体总磷的流失，但对不同土壤的抑制效果各不相同(图 14-1)。相比对照组，向土壤中添加 12.5kg/hm²(低)、25kg/hm²(中)、50kg/hm²(高)三种水平的 PAM 后，土壤胶体总磷的流失潜能分别平均降低了 47.0%、67.9%、79.3%。在施加高水平的 PAM 后，其对地点 2（82.9%）、地点 3（88.1%）、地点 4（96.3%）、地点 6（84.7%）、地点 7（96.3%）的胶体总磷流失潜能的抑制效果均高于 80%；施加中水平的 PAM 后，其对黏性土（地点 4）和粉壤土（地点 7）的抑制效果分别为 90.8%和 94.6%，其他地点的为 51.9%～78.3%；而在低水平 PAM 施加量的实验组中，其对砂壤土（地点 1）、黏性土（地点 4）和粉壤土（地点 7）的抑制效果均大于 50%。

在施加零、低、中水平的 PAM 后，仅有壤质土（地点 2 和地点 3），黏性土（地点 4）以及粉壤土（地点 7）的胶体总磷流失潜能呈现显著性差异。相较于中水平，高水平的 PAM 施加量更好地抑制了砂壤土（地点 1）、壤质土（地点 2 和地点 3）和粉土（地点 6）的土壤胶体总磷的流失潜能。而黏性土（地点 4）和粉壤土（地点 7 和地点 8）在中、高水平 PAM 的施加量下，土壤胶体总磷的流失潜能并没有显著性差异，同样的结果也出现在了粉土（地点 5）施加低、中、高水平的 PAM 后。这表明 25kg/hm² 和 12.5kg/hm² 的 PAM 施加量均足够有效地控制了土壤胶体总磷的流失。

对于大部分土壤（除了地点 1 和地点 8），胶体总磷主要以 MRP 为主，且施加 PAM 也会抑制 MRP_{coll} 的流失（图 14-1）。同样的，PAM 对胶体 MRP 流失的抑制作用并非随其用量一直显著增强，仅在壤质土（地点 3）中出现了抑制作用一直显著增强的现象。而对于其他的壤质土（地点 2）以及粉壤土（地点 7），其在中水平 PAM 施加量下的胶体 MRP 的流失潜能小于对照组和低水平 PAM 施加量下的，但与高水平的相当。事实上，在一些土壤中，PAM 可能会促进胶体 MRP 流失。例如，粉土（地点 5 和地点 6）在施加中水平的 PAM 后，胶体 MRP 流失潜能反而明显高于施加低水平的。同样地，砂壤土（地点 1）和粉土（地点 5）在施加高水平 PAM 后，胶体 MRP 流失潜能也明显高于施加低水平的。因此，对于粉土（地点 5），胶体 MRP 流失潜能随 PAM 用量增加而增强。PAM 施用对供试土壤胶体 MUP 的流失潜能也呈现一定的抑制作用。在施加高水平 PAM 后，黏性土（地点 4）的胶体 MUP 的流失潜能几乎被完全抑制，且壤质土（地点 3）和粉土（地点 6）在施加中水平 PAM 后，对胶体 MUP 流失潜能的抑制作用达到最大值。但对于壤质土（地点 2），施加中水平 PAM 反而增强了胶体 MUP 的流失潜能，而低水平 PAM 的施加几乎完全抑制了壤质土（地点 2）胶体 MUP 的流失潜能。

在不同 PAM 施用量的条件下，仅粉壤土（地点 7 和地点 8）出现 PAM 可以抑制真溶解态总磷流失潜能的现象，而其他供试土壤中真溶解态总磷的流失潜能的变化与胶体磷的不同（图 14-1）。施加 PAM 可能会增加土壤中真溶解态总磷的流失潜能。例如，当施加的 PAM 从 0 到较高水平变化时，砂壤土中真溶解态总磷的流失潜能会从 8.9mg/kg 明显提高到 30.8mg/kg。在壤质土（地点 3）和粉土（地点 6）中施加高水平的 PAM 后，真溶解态总磷的流失潜能最大，而在其他壤质土（地点 2）中，施加低水平的 PAM 就可以实现真溶解态总磷的最大流失。此外，对于大多数土壤来说，施加中或高水平的 PAM 后，真溶解态 MRP 和真溶解态 MUP 的流失潜能达到最大。

对照组中，高 WDC 流失潜能出现在粗质土中，特别是砂壤土（地点 1）和粉壤土（地点 7）的流失潜能高达 6.8g/kg 和 7.1g/kg。随着 PAM 施用量的增加，所有土壤中 WDC 的流失潜能逐渐减少，但减少率不同（图 14-2）。此外，施加低水平和中水平 PAM 后的砂

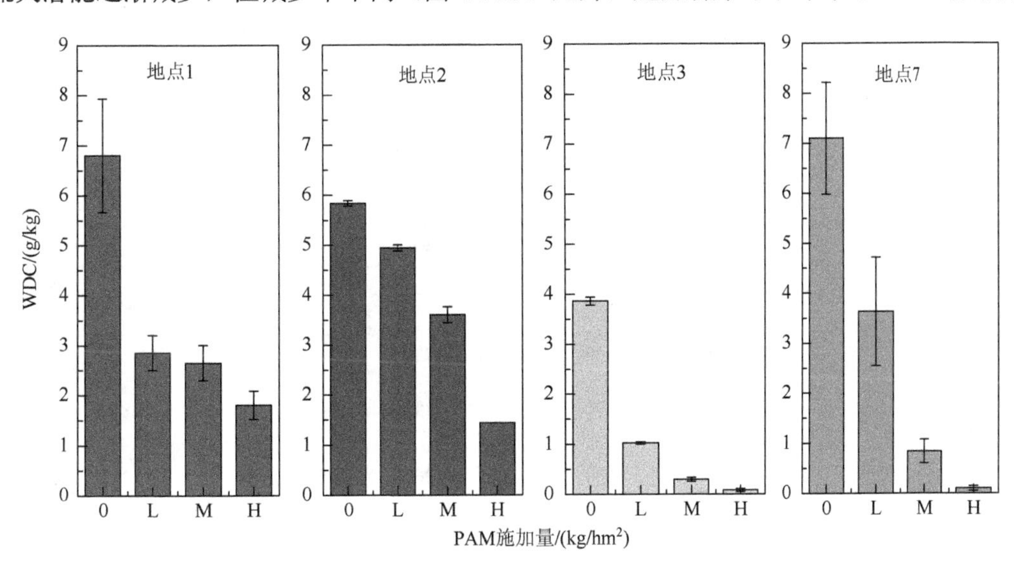

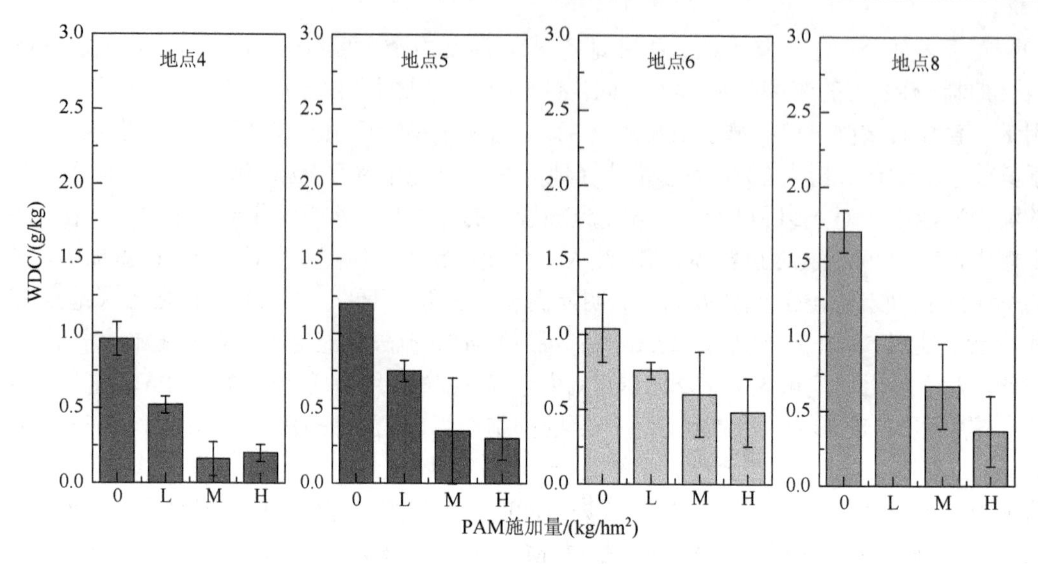

图 14-2　施加不同含量 PAM 后 WDC 的流失潜能

0、L、M、H 分别指 0 kg/hm²、12.5kg/hm²、25kg/hm²、50kg/hm² 的 PAM 施加量

壤土（地点 1）的 WDC 流失潜能无显著性差异；同样的结果也出现在施加中、高水平 PAM 的黏性土（地点 4）和粉土（地点 5）中。这些结果表明，PAM 对土壤中 WDC 流失潜能的影响与 PAM 施加量以及土壤质地相关。PAM 与土壤质地对 WDC、胶体磷、胶体 MRP、胶体 MUP、真溶解态总磷、真溶解态 MRP 以及真溶解态 MUP 的交互分析见表 14-2。

表 14-2　PAM 施加量和土壤质地对胶体态磷（TP_{coll}、MRP_{coll}、MUP_{coll}）、真溶解态磷（TP_{truly}、MRP_{truly}、MUP_{truly}）以及 WDC 流失潜能的交互分析

项目	自由度（df）	TP_{coll}			MRP_{coll}			MUP_{coll}		
		均方（MS）	*F* 值	显著性水平（*P*）	均方（MS）	*F* 值	显著性水平（*P*）	均方（MS）	*F* 值	显著性水平（*P*）
地点	7	870.18	537.30	0.00	150.43	368.52	0.00	483.79	424.73	0.00
PAM 施加量	3	551.12	340.30	0.00	86.87	212.82	0.00	203.98	179.08	0.00
地点×施加量	21	107.90	66.63	0.00	45.12	110.53	0.00	101.40	89.02	0.00
误差	64	1.62			0.41			1.14		

项目	自由度（df）	TP_{truly}			MRP_{truly}			MUP_{truly}		
		均方（MS）	*F* 值	显著性水平（*P*）	均方（MS）	*F* 值	显著性水平（*P*）	均方（MS）	*F* 值	显著性水平（*P*）
地点	7	823.08	2694.17	0.00	433.14	1932.19	0.00	198.11	208.25	0.00
PAM 施加量	3	40.46	132.45	0.00	8.58	38.28	0.00	49.31	51.84	0.00
地点×施加量	21	39.92	130.66	0.00	6.05	26.97	0.00	43.97	46.22	0.00
误差	64	0.31			0.22			0.95		

续表

项目	自由度（df）	WDC		
		均方（MS）	F 值	显著性水平（P）
地点	7	23.98	193.05	0.00
PAM 施加量	3	38.36	308.86	0.00
地点×施加量	21	3.95	31.84	0.00
误差	64	0.12		

14.4　施加 PAM 后的不同质地土壤的胶体磷流失潜能的预测

表 14-3 是供试土壤胶体态磷（TP_{coll}、MRP_{coll}、MUP_{coll}）、真溶解态磷（TP_{truly}、MRP_{truly}、MUP_{truly}）以及 WDC（水分散性胶体）流失潜能的多元线性回归分析。其中，WDC、TP_{coll}、MRP_{coll}、MUP_{coll}、TP_{truly}、MRP_{truly}、MUP_{truly} 为因变量，土壤 pH，TC、TN、TP，CEC 以及土壤质地为自变量。结果表明，土壤质地在预测各指标流失潜能中发挥着重要作用，回归系数为 0.042～0.341。对于一些胶体态和真溶解态磷来说（TP_{coll}、MRP_{coll}、MUP_{coll}），预测流失潜能的自变量仅有砂粒含量，而没有 PAM 用量，回归系数为 0.112～0.229。在 MRP_{coll}、MUP_{coll}、TP_{truly}、MRP_{truly}、MUP_{truly} 的线性回归方程中，并没有 PAM 用量的参数，所以 PAM 用量并不能用来预测这些磷形态的流失潜能。但是，砂粒含量结合 PAM 用量、砂粒含量结合土壤总磷背景值分别成功预测了 WDC（$R^2 = 0.440$，$P<0.001$）、TP_{coll}（$R^2 = 0.542$，$P<0.001$）、真溶解态总磷（$R^2 = 0.777$，$P<0.001$）、真溶解态 MRP（$R^2 = 0.543$，$P<0.001$）的流失潜能。PAM 用量和 WDC、TP_{coll} 呈负相关关系，回归系数分别为–13.843 和–48.537。

表 14-3　供试土壤胶体态磷（TP_{coll}、MRP_{coll}、MUP_{coll}）、真溶解态磷（TP_{truly}、MRP_{truly}、MUP_{truly}）以及 WDC（水分散性胶体）流失潜能的多元线性回归分析

项目		常量	参数	R^2
胶体态	WDC	1.851（0.003）	–13.843（0.001）×PAM + 0.042（0.006）×Sand	0.440（<0.001）
	TP_{coll}	1.159（0.226）	–48.537（0.009）×PAM + 0.341（<0.001）×Sand	0.542（<0.001）
	MRP_{coll}	0.212（0.880）	0.112（0.011）×Sand	0.199（0.011）
	MUP_{coll}	–3.301（0.131）	0.229（0.001）×Sand	0.309（0.001）
真溶解态	TP_{truly}	–10.812（0.001）	11.374（<0.001）×Total P in soil + 0.312（<0.001）×Sand	0.777（<0.001）
	MRP_{truly}	–5.992（0.009）	7.011（<0.019）×Total P in soil + 0.175（<0.001）×Sand	0.543（<0.001）
	MUP_{truly}	–2.124（0.119）	0.151（0.001）×Sand	0.336（0.001）

注：括号中的数字表示回归方程中相应参数的显著程度。

14.5　土壤水分散性胶体的微观结构

在 0.1%PAM 处理下的供试土壤胶体的形貌如图 14-3 所示。在 10μm 的空间分辨率下，八种供试土壤胶体中均可观察到呈网状分布的 PAM 絮状体，并且 PAM 表面还有明显的土壤颗粒物分布。其中在砂壤土和壤质土（地点 1～地点 3）中可以发现它们的孔隙空间更大，而黏性土、粉土及粉壤土（地点 4～地点 8）的颗粒更聚集，与 PAM 之间的联系更紧密。

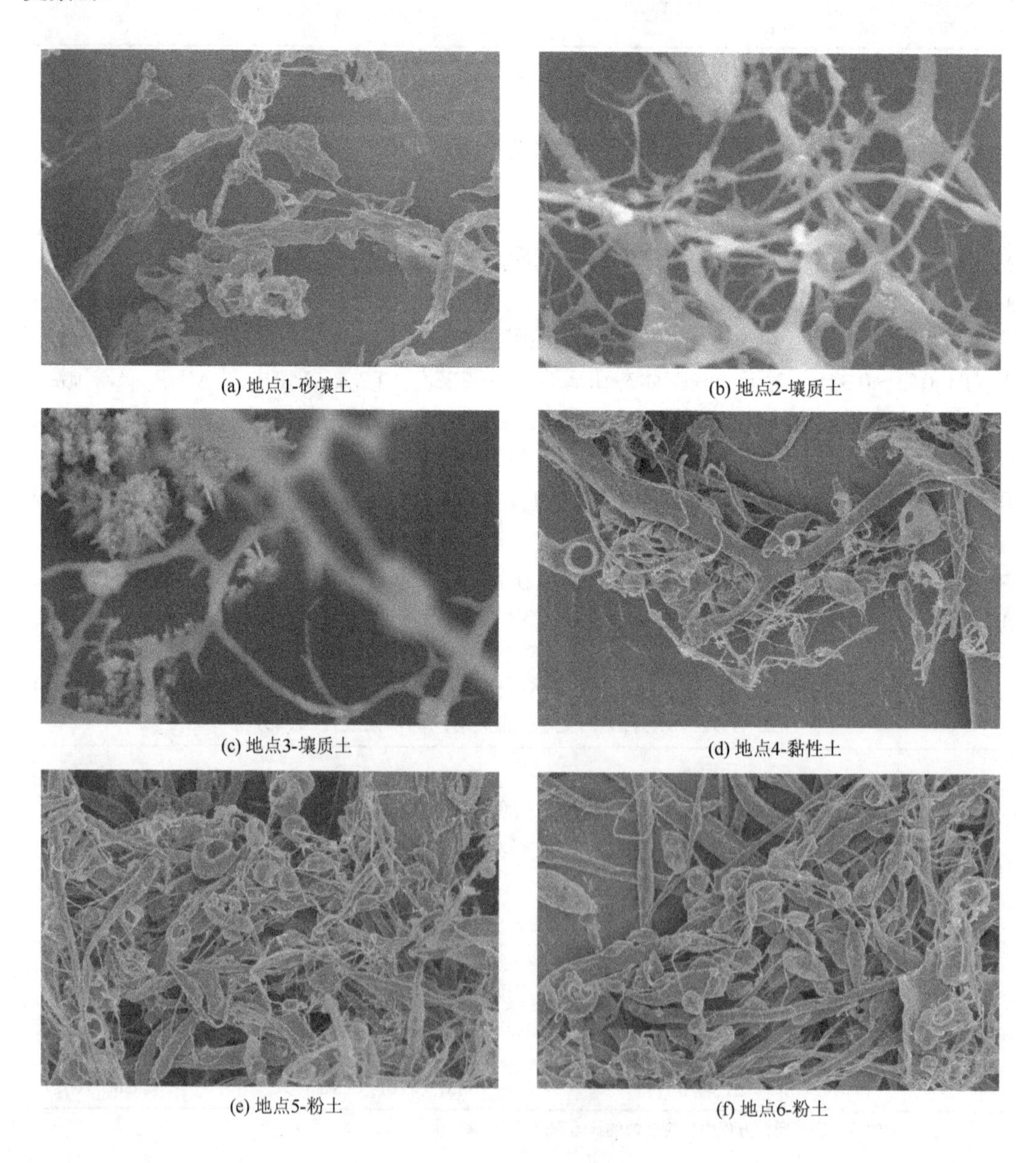

(a) 地点1-砂壤土　(b) 地点2-壤质土

(c) 地点3-壤质土　(d) 地点4-黏性土

(e) 地点5-粉土　(f) 地点6-粉土

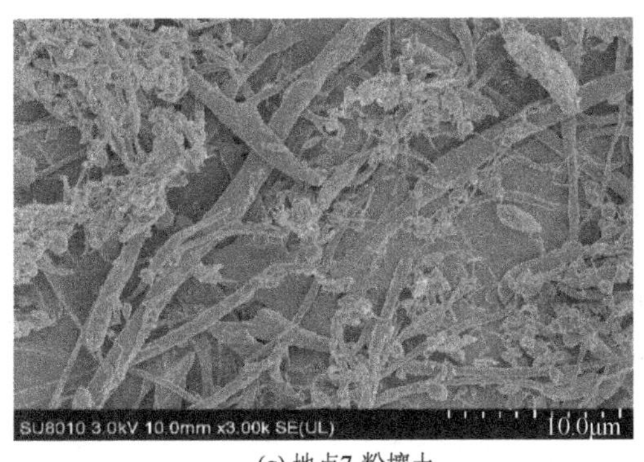

(g) 地点7-粉壤土

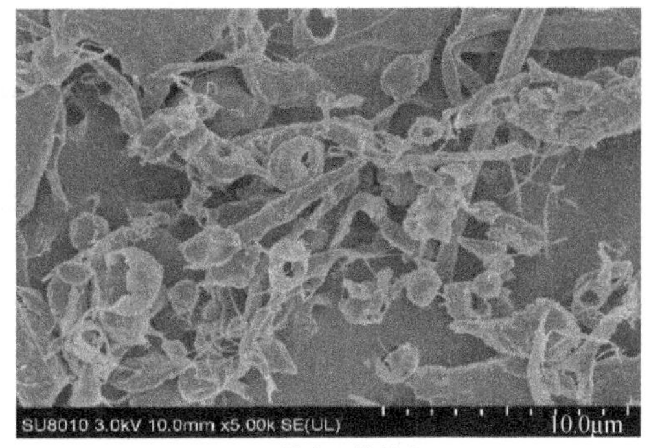

(h) 地点8-粉壤土

图 14-3　施加 25kg/hm^{2}PAM 后土壤水分散性胶体的 SEM 图 14.6PAM 调控胶体磷释放的原因分析

14.6　PAM 调控胶体磷释放的原因分析

14.6.1　PAM 影响胶体磷释放的机制

八种供试土壤经 PAM 处理后，土壤 WDC 以及胶体磷的流失潜能减少的机制如下：①阴离子型 PAM 含有酰胺基，且在水中极易形成氢键，其强亲水性使 PAM 可以减弱灌溉及降水对土壤的冲击作用，保持土壤团聚体的稳定性，从而降低胶体及胶体磷在土-水界面的运移能力。②PAM 具有很强的絮凝性，可以将已经形成的土壤胶体细颗粒凝聚成易沉降的大颗粒，从而减少了具有长距离迁移特性的细小颗粒的总量。由土壤胶体的 SEM 图（图 14-3）可以发现，PAM 呈网状结构分布，并有大量的土壤胶体颗粒的团聚体附在 PAM 表面，这可能就是施加 PAM 可以有效抑制土壤胶体磷及土壤胶体颗粒释放的主要原因。

施加 PAM 对八种供试土壤胶体磷流失的抑制效果主要体现在胶体 MRP（地点 2、地点 3、地点 6、地点 7）以及胶体 MUP（地点 1，地点 3～地点 5，地点 8）上（图 14-1）。MRP 主要以无机正磷酸盐为主，而 MUP 则包含有机和多聚磷酸盐（Shand and Smith，1997），通常情况下主要带负电性，所以在地点 2、地点 3、地点 4、地点 6、地点 7 土壤中，PAM 对胶体 MUP 的作用会弱于对胶体 MRP 的作用。在之前的研究中作者发现地点 2、地点 3 的土壤胶体磷主要以铁氧化物结合态磷为主（Liu et al.，2014），而铁氧化物含有大量带正电的吸附点位，易于吸附带负电性的阴离子型的 PAM，从而进一步导致 PAM 通过絮凝等作用抑制土壤胶体 MRP 的流失。这很可能是在施加 PAM 后，PAM 表面均附着大量土壤胶体的原因（图 14-3）。

此外，作者还发现施加 PAM 会促进胶体 MRP 和胶体 MUP 的流失。这可能是因为 PAM 会促进大粒径土壤颗粒的形成，从而减少了土壤总表面积和吸附点位，进而降低了 PAM 对真溶解态磷的吸附（Teng et al.，2008；Jiang et al.，2010）。同时，PAM 中的带负电的羧基基团、带负电的磷酸根以及溶解性有机质（含 MUP）相互竞争土壤表面的吸附点位，导致 MRP 和 MUP 从土壤表面解析并流失。

14.6.2　PAM 抑制胶体磷流失潜能的影响因素

施加 PAM 可以抑制土壤胶体及胶体磷的流失：随着 PAM 施用量的增加，土壤胶体和胶体磷的流失潜能逐渐减小。但是，PAM 并不是唯一可以影响土壤胶体磷流失的因素。像土壤胶体磷背景值、CEC、土壤质地和土壤 pH 等因素均可能影响 PAM 在抑制胶体磷流失过程中的作用。来自地点 1、地点 2、地点 3、地点 7 中的砂壤土、壤质土以及粉壤土的土壤胶体磷背景值相对较高，分别为 46.098mg/kg、20.552mg/kg、6.912mg/kg、27.564mg/kg（图 14-1），因此需要更多的 PAM 施加量来抑制胶体磷的流失。地点 6 粉土的土壤胶体磷含量较少（0.924mg/kg），但 CEC 值较大（图 14-1 和表 14-1），故 PAM 施加量达到高水平（50kg/hm^2）。

最重要的是，PAM 与土壤质地对 WDC、TP_{coll}、MRP_{coll}、MUP_{coll}、TP_{truly}、MRP_{truly}、MUP_{truly}（表 14-2）有交互作用。多元线性回归分析（表 14-3）显示，在预测 WDC 和胶体磷流失潜能中，土壤砂粒含量为最重要的相关变量。对于八种供试土壤，PAM 施加量需要与砂粒含量相结合，才能对 WDC 和胶体磷的流失潜能做出更精确的预测。PAM 施加量与 WDC、胶体磷的负相关回归系数证实了施加 PAM 可以有效抑制土壤胶体和胶体磷的流失潜能。而在所有的预测中，砂粒含量则和流失潜能呈正相关关系（表 14-3），这是因为在高砂粒含量的土壤中，WDC、胶体态磷、真溶解态磷的流失潜能通常也较大（图 14-1 和表 14-1）。

14.6.3　PAM 的施用考虑

PAM 可以防止土壤侵蚀以及养分流失（包括土壤胶体磷流失潜能）的能力已经得到广泛的评价。在之前的研究中，其他的农业管理措施像免耕、残茬覆盖耕作、施用有机肥等已经被频繁报道。然而，这些措施都有一些局限性。例如，免耕作为一种防止农田生态系统土壤流失的管理措施，在其对作物产量影响这个问题上仍存在很大的争议；特别是在潮湿气候条件下，免耕后的产量要低于翻耕耕作的产量（Pittelkow et al.，2015）。另外，之前的 Meta 分析显示在免耕条件下，水稻种植系统中通过径流流失的养分相较于翻耕增加了 15.4%～40.1%（Liang et al.，2016）。相比于残茬覆盖耕作和施用有机肥，施用 PAM 需要更少的人力，而且节省费用和时间（Prats et al.，2014）。PAM 产品已经商品化，每千克 40～50 元。低廉的价格足以吸引那些既认识到土壤流失问题严重又担心经济问题的农民（Sojka and Lentz，1997）。

当然，施用 PAM 也有一些局限性，并不是在所有情况下都会十分有效（Prats et al.，2014；Lado et al.，2016）。施用 PAM 来减轻土壤侵蚀和养分流失应注意以下几点：①PAM 施用量应控制在一个不会对环境造成污染的比率范围内。PAM 本身是无毒的，但商用 PAM 可能包含一些残留的丙烯酰胺，这可能会引起人们对农业食品安全的担忧。之前的研究表明当施加到沟灌水的 PAM 比率为 1～50kg/hm^2 时，控制农田土壤侵蚀的作用最为适宜，而且环保（Ben-Hur and Keren，1997；Lentz et al.，2002）。然而，随着新的提高水质的法律法规的实施，PAM 的施用标准也将会被重新确定。②需要确定 PAM 适用于哪一种性质的土壤。PAM 有三种，每一种都有不同的性质，且会与不同土壤产生不同的反应。因此，确定 PAM 适用于哪种土壤十分重要。③PAM 的施用需要结合其他农业管理措施一同控制土壤侵蚀和养分流失，如残茬覆盖耕作及一些碳酸盐（如碳酸钙和硫酸钙等）材料使用(Jiang et al.，2010)。这在陡坡环境下是十分值得注意的。

14.7 小　　结

本章对不同 PAM 施加量对不同质地土壤中胶体磷和水分散性胶体流失潜能的阻控效果进行了初步研究，得出以下几点结论。

（1）研究表明，PAM 可以有效地抑制土壤胶体和胶体磷的流失潜能，抑制效果取决于 PAM 的施加量以及土壤质地。总的来说，PAM 对黏土和粉壤土中胶体磷流失潜能的抑制作用较好(59.4%～96.3%)，对胶体磷含量较少的粉土的抑制效果较弱(31.7%～39.6%)。PAM 在砂壤土和壤质土中也能发挥良好的作用，在施加低、中、高三个水平的 PAM 后，抑制率平均为 40.7%～81.2%。但是，PAM 的施加可能会促进土壤中胶体态 MRP、真溶解态 TP、真溶解态 MRP、真溶解态 MUP 的释放。

（2）土壤中砂粒含量是预测 WDC 和胶体磷的重要因素。在已知 PAM 施加量和砂粒含量的情况下，多元回归方程较好的预测了 WDC 和胶体磷（$R^2 = 0.542$，$P<0.001$）。

参考文献

Ben-Hur M，Keren R. 1997. Polymer effects on water infiltration and soil aggregation. Soil Science Society of America Journal，61（2）：565-570.

Jiang T，Teng L L，Wei S Q，et al. 2010. Application of polyacrylamide to reduce phosphorus losses from a Chinese purple soil：a laboratory and field investigation. Journal of Environmental Management，91（7）：1437-1445.

Lado M，Inbar A，Sternberg M，et al. 2016. Effectiveness of granular polyacrylamide to reduce soil erosion during consecutive rainstorms in a calcic regosol exposed to different fire conditions. Land Degradation & Development，27（5）：1453-1462.

Lentz R D，Sojka R E，Mackey B E. 2002. Fate and efficacy of polyacrylamide applied in furrow irrigation：full-advance and continuous treatments. Journal of Environmental Quality，31（2）：661-670.

Liang X Q，Zhang H F，He M M，et al. 2016. No-tillage effects on grain yield，N use efficiency，and nutrient runoff losses in paddy fields. Environmental Science and Pollution Research，23（21）：1-9.

Liu J，Yang J J，Liang X Q，et al. 2014. Molecular speciation of phosphorus present in readily dispersible colloids from agricultural soils. Soil Science Society of America Journal，78（1）：47-53.

Pittelkow C M，Liang X Q，Linquist B A，et al. 2015. Productivity limits and potentials of the principles of conservation agriculture. Nature，517（7534）：365-368.

Prats S A，Martins，dos Santos Martins M A，Malvar M C，et al. 2014. Polyacrylamide application versus forest residue mulching for reducing post-fire runoff and soil erosion. Science of the Total Environment，468-469：464-474.

Shand C A，Smith S. 1997. Enzymatic release of phosphate from model substrates and P compounds in soil solution from a peaty podzol. Biology and Fertility of Soils，24（2）：183-187.

Sojka R E，Lentz R D. 1997. Reducing furrow irrigation erosion with polyacrylamide（PAM）. Journal of Production Agriculture，10（1）：47-52.

Teng L L，Luo Z B，Jiang T，et al. 2008. Effect of Polyacrylamide on phosphorus adsorption in purple soil. Ecology and Environment，17（1）：388-392.

第15章 PAM和生物质炭联合施用对稻田土壤胶体磷释放的影响

15.1 引 言

本章基于室内模拟试验研究了PAM和生物质炭施用对土壤团聚体变化的影响以及对胶体磷流失的联合阻控机制。

15.2 试验设计与分析方法

15.2.1 试验材料

本试验所用的土壤调理剂为阴离子PAM和竹炭，试验土壤为第5章试验区域水稻田采集的原位土壤。阴离子型PAM：100目，水解度为20%，分子量为1200万。竹炭和试验土壤的理化性质见表15-1。

表15-1 生物质炭主要性质

pH	总磷/(g/kg)	有效磷/(mg/kg)	总碳/(g/kg)	总氮/(g/kg)	总氧/(g/kg)	总氢/(g/kg)	氢/碳/%
9.12	0.61	21.82	481.12	30.81	121.31	132.81	27.6

15.2.2 土壤处理

每种供试土壤称量4份，每份10kg，与0 g、25g、50g和75g生物质炭混合。生物质炭水平：0、0.25%、0.50%和0.75%。设置三个重复。将混合土壤置于恒温培养箱中，温度设置为25℃，保持土壤持水量60%，培养6个月后取土样2kg自然风干研磨过筛待用。

15.2.3 测试方法和数据处理

土壤水分散性胶体、胶体磷含量和土壤水稳性团聚体含量测量方法如5.2节所示。利用Microsoft Excel 2016、SPSS Statistics 22.0和Origin 2017进行数据处理和制图。

15.3　生物质炭对稻田土壤水稳性大团聚体含量的影响

不同生物质炭用量下 15 种土壤的水稳性大团聚体含量如图 15-1 所示。土壤中添加生物质炭后，其水稳性大团聚体含量表现不一。对比空白组，除四川、云南、湖北采样点外，其他 12 种土壤在生物质炭添加后水稳性大团聚体含量显著增加。

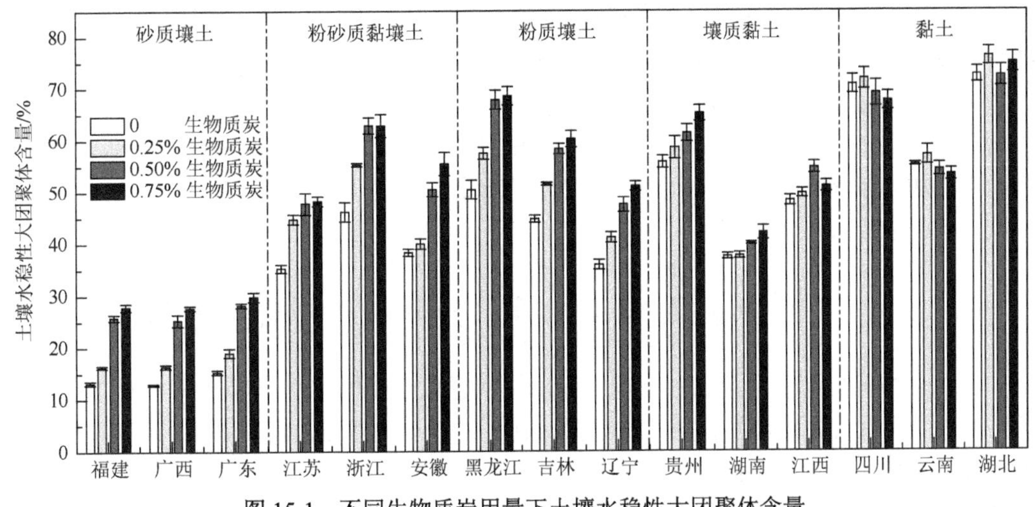

图 15-1　不同生物质炭用量下土壤水稳性大团聚体含量

图 15-1 显示生物质炭添加对不同土壤质地的水稳性大团聚体含量影响不同，而在同一土壤质地下，生物质炭剂量的影响也有所差异。

在砂质壤土中，土壤水稳性大团聚体含量随着生物质炭添加量升高不断增加。0.25%、0.50%和 0.75%生物质炭处理水平下，三种土壤水稳性大团聚体含量增加范围分别为 23.26%～27.42%、85.09%～97.42%和 95.66%～115.94%，但添加 0.75%生物质炭与 0.50%无显著差异（$P>0.05$），如图 15-1 所示。

粉砂质黏壤土、粉质壤土和壤质黏土中，添加三种剂量生物质炭也会提高土壤水稳性大团聚体含量，与 0 组相比，就增加幅度而言，这三种土壤质地土壤皆低于砂质壤土，粉砂质黏壤土中添加 0.25%、0.50%和 0.75%生物质炭后，水稳性团聚体含量增幅均值依次为 17.07%、34.58%和 39.27%，粉质壤土依次为 14.61%、32.34%和 37.64%，壤质黏土依次为 2.75%、9.93%和 11.57%。

生物质炭对土壤水稳性大团聚体影响趋势显示为砂质壤土＞粉砂质黏壤土＞粉质壤土＞壤质黏土。此外，砂质壤土、粉砂质黏壤土和粉质壤土三种类型土中的 8 个土壤随着生物质炭添加量增加，团聚体含量不断增加，而采集于江西的土壤团聚体含量在生物质炭添加量 0 到 0.50%呈线性增加，0.75%与 0 相比显著增加，却未保持线性增加的趋势（图 15-1 所示），这可能源于本试验时间较短，造成生物质炭在高添加量下，还未完全发挥作用（Liu et al.，2012）。

相对于其他质地土壤，黏土在添加生物质炭后，土壤水稳性大团聚体含量变化规律不同。与对照组相比，0.25%的低用量生物质炭添加后，黏土水稳性大团聚体含量提高，但增加 0.50%时，团聚体含量微弱下降，增加到 0.75%时，采集于四川和云南的土壤水稳性大团聚体含量仍微弱下降，而采集于湖北的土壤团聚体含量却有所提高。

土壤团聚体的形成取决于胶结物质的胶结凝聚（Bronick and Lal，2005；Tisdall，1994）。在不同性质的土壤中，胶结作用规律不同，如在有机质含量较高的土壤中，有机胶结物质间的胶结作用主导了这一过程（Bronick and Lal，2005；Tisdall，1994）；在金属氧化物、黏粒含量较高的黏土中，无机胶结物质间则通过静电吸附、配位络合等胶结作用主导这一过程，形成大团聚体（刘广深等，2001）。例如，Burrell 等（2016）和 Ouyang 等（2013）的研究发现，与砂质黏土或黏土相比，生物质炭在砂质土壤中具有更好的效果，可以显著增加土壤水稳性团聚体含量和稳定性，甚至 Lu 等（2014）的研究更是表明，生物质炭的添加降低了黏土的团聚体含量和稳定性，这与本试验结果相吻合。这一现象主要是源于生物质炭添加为土壤提供的有机颗粒，改善了砂质土壤中的胶结作用，而非促进以无机胶结物质为核心的黏土颗粒聚集。

15.4　生物质炭对稻田土壤水分散性胶体含量的影响

不同生物质炭水平下，五种土壤质地土壤水分散性胶体含量表现不同（图 15-2）。与各自的对照组相比，添加生物质炭的砂质壤土、粉砂质黏壤土、粉质壤土、壤质黏土的土壤水分散性胶体含量呈不同程度的削减，且生物质炭用量越多，削减量越高，但在 0.50%与 0.75%水平下，对水分散性胶体含量削减的影响无较大差异，如砂质壤土添加 0.50%和 0.75%生物质炭的平均削减量分别为 55.84%和 55.41%，粉质壤土的平均削减量分别为 33.43%和 36.29%。而采集于四川、云南和湖北的黏土水分散性胶体含量因生物质炭添加而增加，且生物质炭用量越多，增加量越高，如图 15-2 所示。这一现象说明土壤质地对土壤胶体流失有着直接的影响。一方面前期的试验证明土壤质地的理化性质直接影响土壤水分散性胶体含量；另一方面随着生物质炭添加，由其引入的有机胶体会优先与砂质土壤中胶结物质胶结，增强胶体稳定性，进而减少土壤胶体流失（Lu et al.，2014）。

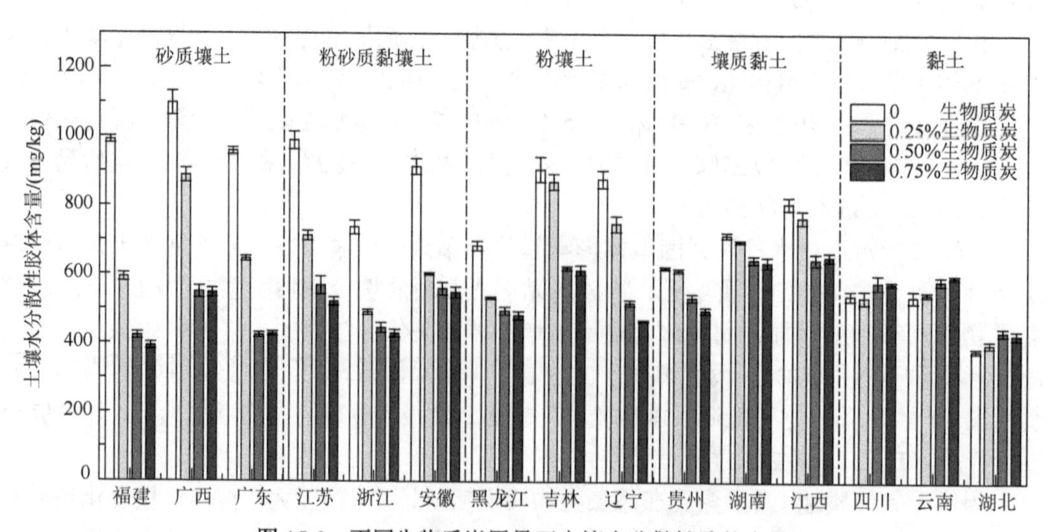

图 15-2　不同生物质炭用量下土壤水分散性胶体含量

相对于空白组，生物质炭添加后不同土壤质地土壤水分散性胶体含量降低比例的大小顺序为：砂质壤土（30.73%～55.38%）＞粉砂质黏壤土（31.90%～43.07%）＞粉质壤土（13.65%～36.29%）＞壤质黏土（2.91%～16.77%）＞黏土（−4.74%～−11.82%），与土壤水稳性大团聚体含量响应情况相同。

15.5　生物质炭对稻田土壤胶体磷含量的影响

表 15-2 为不同生物质炭用量下土壤胶体磷含量。生物质炭添加后，大部分土壤胶体磷含量呈不同程度下降。0 生物质炭添加后土壤胶体磷含量为 3.19～66.49mg/kg，平均值为 26.94mg/kg；0.25%生物质炭添加后土壤胶体磷含量下降为 3.44～48.00mg/kg，平均值为 23.34mg/kg；0.50%生物质炭添加后土壤胶体磷含量为 3.85～26.82mg/kg，平均值为 16.57mg/kg；0.75%生物质炭添加后土壤胶体磷含量为 5.29～26.60mg/kg，平均值为 17.27mg/kg。生物质炭添加量从 0 增加到 0.50%，土壤胶体磷含量平均值不断降低，但 0.75%的添加水平与 0.50%添加水平相比，土壤胶体磷含量变化相近，这表明生物质炭降低了土壤胶体磷含量，但在一定量的条件下其效果不显著。

表 15-2　不同生物质炭用量下土壤胶体磷含量　　（单位：mg/kg）

采样点	土壤质地	0 生物质炭	0.25% 生物质炭	0.50% 生物质炭	0.75% 生物质炭
福建	砂质壤土	44.92±1.05 bA	40.83±1.04 bB	19.32±0.77 dC	20.59±0.5 dC
广西	砂质壤土	66.49±2.65 aA	48.00±0.27 aB	26.82±0.62 aC	26.6±1.08 aC
广东	砂质壤土	42.39±1.49 cA	36.33±1.63 cB	17.43±0.36 eC	15.80±0.43 fgC
江苏	粉砂质黏壤土	24.69±0.50 hA	16.92±0.40 jB	14.61±0.29 gC	16.08±0.18 fB
浙江	粉砂质黏壤土	34.39±0.73 eA	30.10±0.17 eB	19.21±0.76 dC	18.50±0.38 eC
安徽	粉砂质黏壤土	13.07±0.40 lA	11.50±0.29 mB	7.16±0.19 jC	11.09±0.45 iB
黑龙江	粉质壤土	27.30±0.55 gA	24.48±0.74 gB	17.64±0.64 eC	15.59±0.23 gD
吉林	粉质壤土	22.65±0.58 iA	19.70±0.40 hB	14.76±0.38 gC	15.82±0.42 fgC
辽宁	粉质壤土	37.90±0.58 dA	33.19±0.33 dB	23.87±0.71 cC	24.69±0.64 bC
贵州	壤质黏土	15.20±0.68 kA	15.26±0.39 kA	12.03±0.39 iD	14.34±0.40 hC
湖南	壤质黏土	19.10±0.57 jA	18.51±0.52 iA	16.53±0.24 fB	14.75±0.31 hC
江西	壤质黏土	29.21±0.62 fA	27.11±0.15 fB	25.32±0.50 bC	23.02±0.48 cD
四川	黏土	3.19±0.04 nC	3.44±0.09 nC	3.85±0.06 kB	5 .29±0.08 jA
云南	黏土	10.39±0.21 mD	11.35±0.17 mC	13.47±0.26 hB	16.69±0.83 fA
湖北	黏土	13.16±0.59 lC	13.38±0.33 lC	16.47±0.32 fB	20.21±0.3 dA
最大值	—	66.49	48.00	26.82	26.60
最小值	—	3.19	3.44	3.85	5.29
平均值	—	26.94	23.34	16.57	17.27

注：每列数据后字母相同表示无显著性差异（P>0.05）；每行数据后字母相同表示无显著性差异（P>0.05）。

图 15-3 是不同水平生物质炭添加量下土壤胶体磷含量和水稳性大团聚体含量的变化幅度。0.25%、0.50%和 0.75%生物质炭添加后，土壤胶体磷含量比对照组平均削减了12.74%、38.38%和 35.89%。在 0.25%添加量下，大部分土壤胶体磷含量得到轻度抑制，其中 11 种土壤胶体磷含量呈不同程度削减，范围为 3.09%～31.47%，而采集于贵州（0.39%）、四川（7.84%）、云南（9.24%）和湖北（1.67%）的 4 种壤质黏土或黏土胶体磷含量却表现微弱增加趋势。0.50%添加水平下，所有土壤胶体磷含量影响的程度强于0.25%，其中采于福建（56.99%）、广西（59.66%）和广东（58.88%）的砂质壤土胶体磷含量削减量均超过 55%，其他土壤的削减量范围为 13.32%～45.22%，但四川、云南和湖北黏土胶体磷含量却呈现增加趋势，其增加幅度分别为 20.69%、29.64%和 25.15%。当添加量为 0.75%时，采集于四川、云南和湖北的黏土胶体磷含量增加了 50%以上，其余土壤胶体磷含量呈不同程度削减（5.66%～62.73%）。

由上可知，生物质炭对土壤胶体磷含量影响因质地区别而产生差异。从平均削减量来看，生物质炭对除黏土外的其余四类质地土壤影响从大到小排序为：砂质壤土（44.85%）＞粉砂质黏壤土（31.37%）＞粉质壤土（27.88%）＞壤质黏土（11.9%）。生物质炭对黏土胶体磷释放影响与其他质地土壤相反，其促进了黏土胶体磷流失，平均增加量为 30.47%。

综合来看，除贵州、湖南和四川的 3 种土外，生物质炭添加量从 0 增长到 0.50%，土壤胶体磷含量呈显著差异（$P<0.05$），且线性下降，增长到 0.75%时，土壤胶体磷含量平均削减量与 0.50%处理水平相差不大。有六种土壤中，0.50%和 0.75%生物质炭添加水平后，胶体磷含量差异不明显（$P>0.05$），部分土壤胶体磷含量削减量在 0.50%添加量下显示出比 0.75%更大（图 15-3）。因此，从费效层面综合考虑，0.50%是生物质炭阻控土壤胶体磷流失的最适宜剂量。

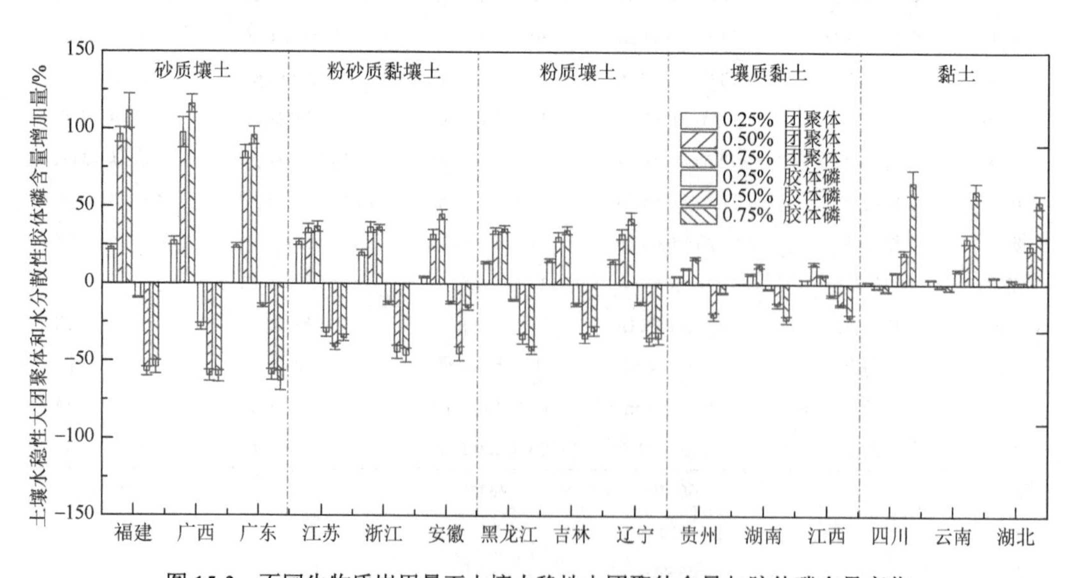

图 15-3　不同生物质炭用量下土壤水稳性大团聚体含量与胶体磷含量变化

15.6　生物质炭添加下稻田土壤胶体磷流失因子方差分析

生物质炭添加后，土壤胶体磷含量的响应情况取决于生物质炭用量和土壤质地。多因素方差分析结果显示，不同生物质炭用量下土壤水分散性胶体、胶体磷含量和水稳性大团聚体含量存在极其显著的差异（表 15-3）。

表 15-3　土壤水分散性胶体、胶体磷含量和水稳性大团聚体含量的多因素方差分析

自变量	因变量	自由度（df）	均方（MS）	F 值	显著性水平（P）
土壤类型（主效应分析）	水分散性胶体含量	4	139029.12	9.38	0.00
	胶体磷含量	4	2535.12	41.63	0.00
	水稳性大团聚体含量	4	9621.49	165.90	0.00
生物质炭（主效应分析）	水分散性胶体含量	3	669239.33	45.17	0.00
	胶体磷含量	3	1114.56	18.30	0.00
	水稳性大团聚体含量	3	993.49	17.13	0.00
土壤类型×生物质炭（交互分析）	水分散性胶体含量	19	207223.61	28.22	0.00
	胶体磷含量	19	944.03	25.08	0.00
	水稳性大团聚体含量	19	2262.10	42.77	0.00

主效应分析结果显示，生物质炭添加量对土壤水分散性胶体含量、胶体磷和水稳性大团聚体含量的影响呈极显著水平（$P<0.01$），这说明生物质炭添加量越多，土壤结构变化越明显，进而造成土壤水分散性胶体、胶体磷含量和水稳性大团聚体含量差异增大；土壤类型同样对土壤水分散性胶体、胶体磷含量和水稳性大团聚体含量的影响呈极显著水平（$P<0.01$），此结果说明，尽管添加同剂量的生物质炭，但不同质地的土壤结构被改造程度各异，因此展现出差异明显的土壤水分散性胶体、胶体磷含量和水稳性大团聚体含量。

交互分析结果则进一步显示，生物质炭用量和土壤类型对土壤水分散性胶体含量、胶体磷含量和水稳性大团聚体含量的交互影响也呈极显著水平（$P<0.01$），即不同质地土壤中水分散性胶体、胶体磷含量和水稳性大团聚体含量在不同生物质炭用量下存在显著差异。

采用多元线性回归分析法分析生物质炭添加量、土壤质地与土壤水分散性胶体、胶体磷含量的相关关系。回归分析采用逐步输入-删除法，其中自变量包括第 5 章表 5-2 中土壤理化性质和土壤水稳性大团聚体含量，因变量包括土壤水分散性胶体和胶体磷含量。结果显示（表 15-4），生物质炭用量和土壤水稳性大团聚体含量在所有因变量中起重要作用。其中，生物质炭用量作为土壤水分散性胶体含量预测方程中第一个被筛选出来的自变量，回归系数 R^2 为 0.35（$P<0.01$），土壤水稳性大团聚体含量则作为土壤胶体磷含量预测方程中第一个被筛出来的自变量，回归系数 R^2 为 0.48（$P<0.01$）；而基于生物质炭用量和土壤水稳性大团聚体含量双自变量的土壤水分散性胶体和胶体磷含量预测方程中，回归系数 R^2 皆有升高，分别为 0.50（$P<0.01$）和 0.51（$P<0.01$），呈极显著水平。此外，在联

合土壤含沙量和含黏土量后的预测方程中，回归系数进一步得到提升，分别为 0.65（P<0.01）和 0.54（P<0.01）。

表 15-4　生物质炭用量、表 5-2 中理化性质和土壤水分散性胶体、胶体磷含量的多元线性回归

因变量	预测方程	回归系数 R^2
水分散性胶体含量	1358.16[±53.78][a](<0.01)[b]–359.462[±36.28]·Biochar(<0.01)	0.35（<0.01）
水分散性胶体含量	925.76[±27.43][b](<0.01)[c]–302.38[±32.71]·Biochar（<0.01）–4.01[±0.54]·Aggregate[c]（<0.01）	0.50（<0.01）
水分散性胶体含量	1358.16[±53.78][b](<0.01)[c]–216.17[±28.93]·Biochar(<0.01)–9.78[±0.79]·Aggregate(<0.01)–6.26[±0.71]·Sand(<0.01)	0.65（<0.01）
水分散性胶体含量	43.67[±1.88](<0.01)–0.47[±0.04]·Aggregate(<0.001)	0.48（<0.01）
水分散性胶体含量	45.18[±1.87][b](<0.01)[c]–8.03[±2.23]·Biochar(<0.01)–0.44[±0.04]·Aggregate(<0.01)	0.51（<0.01）
水分散性胶体含量	44.57[±1.81][b](<0.01)[c]–10.00[±2.21]·Biochar(<0.01)–0.31[±0.05]·Aggregate(<0.01)–0.19[±0.05]·Clay(<0.01)	0.54（<0.01）

a. 参数或系数标准差；b. 参数或系数显著程度；c. 水稳性大团聚体含量。

注：Biochar，生物质炭用量；Aggregate，水稳性大团聚体含量；Sand，砂粒含量；Clay，黏粒含量。

上述分析得知，添加生物质炭可以抑制土壤胶体磷流失。这可能源于以下机理。

（1）土壤胶体磷流失阻控的关键在于控制土壤胶体磷的稳定性，从第 5 章得知，土壤水稳性大团聚体含量与土壤胶体磷含量呈负相关关系，这源于土壤水稳性团聚体含量可在一定程度上代表土壤胶体的稳定性，即土壤团聚体含量越高，胶体越稳定，土壤胶体磷含量也越低。研究结果表明，大部分土壤水稳性大团聚体含量因生物质炭添加而升高，这主要源于生物质炭可以作为有机胶结物质核心，加速胶结作用，提高土壤水稳性大团聚体含量（Rogovska et al.，2014；Hansen et al.，2016），即生物质炭可能通过增加土壤的水稳性团聚体含量来抑制土壤胶体磷流失（图 15-3）。

（2）不同土壤质地中，生物质炭的作用效果不同。在以往的研究中，土壤含砂粒量越高，水分散性胶体及胶体磷含量越高，含黏粒量则相反，相关度极高（Vendelboe et al.，2011；McGechan and Lewis，2002）。而本章中有所不同，土壤含砂粒量越高，土壤水分散性胶体含量越低，土壤含黏粒量越高，土壤胶体磷含量越低，但系数较小，仅为 0.19（表 15-4），这与生物质炭有关。在生物质炭用量作为自变量参与回归预测后，含砂粒量和含黏粒量仅作为第三顺位自变量参与到预测方程中，说明在生物质炭作用削减了含黏粒量对土壤胶体磷含量的影响，而增强了含砂粒量对土壤胶体磷含量的影响，甚至将含砂粒量由正向促进流失变为逆向抑制流失。其实，土壤团聚体的形成同样可以解释这一现象，生物质炭可以作为有机胶结物质核心，促进缺少有机胶结核心的砂质土壤水稳性大团聚体的形成（Rogovska et al.，2014；Hansen et al.，2016）。含黏粒量高且有机胶结物质丰富的黏土，对团聚体形成的促进作用不明显，生物质炭的土壤胶体磷流失阻控效果则不明显，较大粒径的生物质炭颗粒反而会增加黏土孔隙（Cey et al.，2009；Mohanty et al.，2016），甚至造成胶体磷流失量增加。

（3）生物质炭的诸多理化性质会增加土壤胶体稳定性，进而削减土壤胶体磷含量，如高 pH、高比表面积、丰富官能团（Kumari et al.，2014，2017）。众所周知，生物质炭可提高土壤 pH，而高土壤 pH 下，大量 OH^-会中和与某些耐酸性差的有机质-金属-胶体磷竞争吸附位点的 H^+，进而减少胶体磷流失（Hens and Merckx，2002）。生物质炭的比表面积较大，富含有机大分子（尚杰等，2015），可以作为有机配体，与高价阳离子结合吸附到土壤微颗粒表面，促进土壤胶体的胶结和团聚体作用（Brodowski et al.，2006；Li et al.，2014），增加土壤胶体稳定性，同样会减少胶体磷流失。此外，生物质炭表面富含的含氧活性基团，导致其表面带有负电荷，而以往的研究发现，带正电荷的金属氧化物胶体结合磷是土壤胶体磷的重要赋存形态（Liang et al.，2010），因此，生物质炭可能通过影响土壤胶体之间的静电力，来增强胶体磷的稳定性，减少流失。此外，生物质炭还可以通过影响微生物间接促进团聚体的形成，如生物质炭可诱发其产生可以促进胶结作用的有机物质（Piccolo et al.，1997），进而减少胶体磷的释放。

（4）本试验中还发现 0.75%生物质炭用量对土壤胶体磷流失的阻控效果与 0.50%相比，未展现出更高的削减量，甚至还会增加土壤胶体磷含量，这源于生物质炭的大量添加会导致土壤孔隙率增加（Cey et al.，2009；Mohanty et al.，2016），发生优先流的概率增加，在一定程度上增加了胶体磷流失的概率。

15.7　小　　结

（1）本试验中，生物质炭在抑制土壤水分散性胶体和胶体磷含量方面起到了一定作用，其效果与生物质炭用量和土壤质地密切相关。生物质炭对土壤胶体磷流失的抑制效果在砂质土壤中更为明显，就平均削减率而言，砂质壤土（44.85%）＞粉砂质黏壤土（31.37%）＞粉质壤土（27.88%）＞壤质黏土（11.9%）＞黏土（−30.47%），然而生物质炭促进了黏土胶体磷流失。

（2）从 0 生物质炭添加量到 0.50%，除贵州、湖南和四川的三种土外，土壤胶体磷含量呈显著差异（$P<0.05$）。0.75%与 0.50%添加量的处理间差异不显著，因此，0.50%处理作为推荐剂量。

（3）从多元线性回归模拟中得知，土壤水稳性大团聚体含量在土壤水分散性胶体和胶体磷含量预测过程中较为重要，其中最佳预测方程中土壤水分散性胶体和胶体磷含量的回归系数分别为 $R^2=0.65$（$P<0.01$）和 $R^2=0.54$（$P<0.01$）。

参考文献

刘广深，许中坚，徐冬梅. 2001. 酸沉降对土壤团聚体及土壤可蚀性的影响. 水土保持通报，21（4）：70-74.

尚杰，耿增超，赵军，等. 2015. 生物炭对塿土水热特性及团聚体稳定性的影响. 应用生态学报，26（7）：1969-1976.

Brodowski S，John B，Flessa H，et al. 2006. Aggregate-occluded black carbon in soil. European Journal of Soil Science，57（4）：539-546.

Bronick C J，Lal R. 2005. Soil structure and management：a review. Geoderma，124（1）：3-22.

Burrell L D，Zehetner F，Rampazzo N，et al. 2016. Long-term effects of biochar on soil physical properties. Geoderma，282：96-102.

Cey E E，Rudolph D L，Passmore J. 2009. Influence of macroporosity on preferential solute and colloid transport in unsaturated field soils. Journal of Contaminant Hydrology，107（1）：45-57.

Hansen V，Hauggaard-Nielsen H，Petersen C T，et al. 2016. Effects of gasification biochar on plant-available water capacity and plant growth in two contrasting soil types. Soil & Tillage Research，161：1-9.

Hens M，Merckx R. 2002. The role of colloidal particles in the speciation and analysis of "dissolved" phosphorus. Water Research，36（6）：1483-1492.

Kumari K G，Moldrup P，Paradelo M，et al. 2017. Effects of biochar on dispersibility of colloids in agricultural soils. Journal of Environmental Quality，46（1）：143-152.

Kumari K G，Moldrup P，Paradelo M，et al. 2014. Effects of biochar on air and water permeability and colloid and phosphorus leaching in soils from a natural calcium carbonate gradient. Journal of Environmental Quality，43（2）：647-657.

Liang X，Liu J，Chen Y，et al. 2010. Effect of pH on the release of soil colloidal phosphorus. Journal of Soils & Sediments，10（8）：1548-1556.

Li H，Lu Z，Jin H M A. 2014. Effect of biochar on carbon dioxide release，organic carbon accumulation，and aggregation of soil. Environmental Progress & Sustainable Energy，33（3）：941-946.

Liu X H，Feng P H，Zhang X C. 2012. Effect of biochar on soil aggregates in the Loess Plateau：results from incubation experiments. International Journal of Agriculture & Biology，14（6）：975-979.

Lu S G，Sun F F，Zong Y T. 2014. Effect of rice husk biochar and coal fly ash on some physical properties of expansive clayey soil（Vertisol）. Catena，114：37-44.

McGechan M B，Lewis D R. 2002. SW—soil and water：sorption of phosphorus by soil，part 1：principles，equations and models. Biosystems Engineering，82（1）：1-24.

Mohanty S K，Saiers J E，Ryan J N. 2016. Colloid mobilization in a fractured soil：effect of pore-water exchange between preferential flow paths and soil matrix. Environmental Science & Technology，50（5）：2310-2317.

Ouyang L，Wang F，Tang J，et al. 2013. Effects of biochar amendment on soil aggregates and hydraulic properties. Journal of Soil Science & Plant Nutrition，13（4）：991-1002.

Piccolo A，Pietramellara G，Mbagwu J S C. 1997. Use of humic substances as soil conditioners to increase aggregate stability. Geoderma，75（3）：267-277.

Rogovska N，Laird D A，Rathke S J，et al. 2014. Biochar impact on Midwestern Mollisols and maize nutrient availability. Geoderma，230-231（7）：340-347.

Tisdall J M. 1994. Possible role of soil microorganisms in aggregation in soils. Plant & Soil，159（1）：115-121.

Vendelboe A L，Moldrup P，Heckrath G，et al. 2011. Colloid and phosphorus leaching from undisturbed soil cores sampled along a natural clay gradient. Soil Science，176（8）：399-406.